Cahiers de Logique et d'Épistémologie

Volume 7

Echanges franco-britanniques entre savants depuis le XVIIe siècle

Franco-British Interactions in Science since the Seventeenth Century

Volume 3
Hugh MacColl et la Naissance du Pluralisme Logique: suivi d'extraits majeurs de son oeuvre
Shahid Rahman et Juan Redmond
Traduit par Sébastien Magnier

Volume 4
Lecture de Quine
François Rivenc

Volume 5
Logique Dialogique: une introduction. Volume 1: Méthode de Dialogique: Règles et Exercices
Matthieu Fontaine et Juan Redmond

Volume 6
Actions, Rationalité & Décision. Actions, Attitudes & Decision. Actes du colloque international de 2002 en hommage à J.-Nicolas Kaufmann
Daniel Vanderveken et Denis Fisette, directeurs.

Volume 7
Echanges franco-britanniques entre savants depuis le XVIIe siècle
Franco-British Interactions in Science since the Seventeenth Century
Textes réunis et présentés par Robert Fox and Bernard Joly

Echanges franco-britanniques entre savants depuis le XVIIe siècle

Franco-British Interactions in Science since the Seventeenth Century

Textes réunis et présentés par

Robert Fox
and
Bernard Joly

© Individual author and College Publications 2010.
All rights reserved.

ISBN 978-1-84890-002-8

College Publications
Scientific Director: Dov Gabbay
Managing Director: Jane Spurr
Department of Computer Science
King's College London, Strand, London WC2R 2LS, UK

http://www.collegepublications.co.uk

Original cover design by orchid creative   www.orchidcreative.co.uk
Printed by Lightning Source, Milton Keynes, UK

This volume is dedicated to the memory of David Sturdy
(1940-2009)

A scholar of distinction whose humanity
and love of France enriched the world
of learning on both sides of the Channel

Avant-propos

Les contributions rassemblées dans ce volume ont été réalisées à partir des travaux d'un colloque international qui s'est tenu à Oxford les 24 et 25 mars 2006, à l'initiative de l'European society for the history of science et de la Société française d'histoire des sciences et des techniques, en collaboration avec la British society for the history of science, *The Europaeum* (réseau européen d'universités dont le siège est à Oxford) et la Maison française d'Oxford. Nous sommes heureux d'exprimer notre gratitude pour le soutien et l'aide matérielle de ces organismes, ainsi que du service « Sciences et technologies » de l'Ambassade de France à Londres et de la Faculté d'histoire de l'université d'Oxford.

La mort de David Sturdy le 5 avril 2009 a bouleversé et attristé tous ses collègues et amis. En dédicaçant ce volume à sa mémoire, nous avons voulu marquer le respect et l'affection que David inspirait à tous ceux qui ont eu le privilège de le connaître.

Bernard Joly   Robert Fox
Lille   Greenville, NC

Preface

This volume has its origins in an international workshop held at the Maison française, Oxford, on 24 and 25 March 2006. The workshop began as a joint initiative of the European Society for the History of Science and the Société française d'histoire des sciences et des techniques, in collaboration with the British Society for the History of Science, the Europaeum (a network of European universities with its administrative headquarters in Oxford), and the Maison française d'Oxford. It is a pleasure to record our gratitude for the encouragement and material support that we received from these bodies, as well as from the Department for Science and Technology of the French Embassy in London and the Faculty of History of the University of Oxford.

The death of David Sturdy on 5 April 2009 shocked and saddened colleagues and friends everywhere. The dedication of the volume to his memory is a mark of the respect and affection that David inspired in all those who were privileged to know him.

Bernard Joly   Robert Fox
Lille   Greenville, NC

Table des matières

Avant-propos .... p. VII

Table des matières .... p. XI

Notes on contributors/ Notices biographiques .... p. XV

Introduction ....p. XXIII

L'âge classique

1. Diagrams and mathematics in the French and English
translations of Descartes's *Compendium musicae* .... p. 1
Benjamin Wardhaugh

2. Competition, collaboration, and correspondence: comparing
astronomical practice at the Paris and Greenwich
observatories in the late seventeenth century .... p. 13
Voula Saridakis

3. Monsieur Le Febure, « chimiste vulgaire » et français
à la Royal Society .... p. 27
Rémi Franckowiak

4. Cambridge platonism and the problem of organic regulation
in Le Clerc's *Bibliothèque choisie* (1703-1706) .... p. 45
Tobias Cheung

5. Maclaurin et Dourtous de Mairan : deux défenseurs de Newton... p. 67
Olivier Bruneau

L'âge des Lumières

6. Scientific exchange in "La République des Lettres":
the correspondence of Sir Hans Sloane
and the abbé Jean-Paul Bignon, 1709-1741 .... p. 81
David Sturdy

7. Le rôle des traductions dans la première moitié
du XVIIIᵉ siècle. L'exemple des versions françaises
du calcul infinitésimal anglais .... p. 99
Pierre Lamandé

8. A propos de la découverte du phénomène d'aberration
des étoiles par James Bradley en 1729 : lenteur et difficulté
des échanges entre savants anglais et français............................ p. 119
Arnaud Mayrargue

9. Esprit Pezenas (1692-1776), jésuite, astronome et traducteur :
un acteur méconnu de la diffusion de la science anglaise
en France au XVIIIᵉ siècle.. p. 135
Guy Boistel

10. Franco-British interactions and the "figure of the Earth"
question.. p. 159
Michael Hoare

11. Réception en France des recherches sur le cerveau
de Thomas Willis (1621-1675)... p. 173
Thérèse-Marie Jallais

Le XIXᵉ siècle

12. Language, the theory of signs, and the intellectual impact
of French "Idéologie" on Charles Babbage's early
mathematical research .... p. 187
Eduardo L. Ortiz

13. Alternative ways of teaching space: a French geometrical
technique in nineteenth-century Britain...................................... p. 199
Snezana Lawrence

14. A propos de la publication du « Recueil d'observations
géodésiques, astronomiques et physiques » de Biot
et Arago en 1821 .... p. 215
Suzanne Débarbat

15. Cuvier et Geoffroy-Saint-Hilaire dans les carnets
de notes de Darwin, 1837-1838... p. 225
Daniel Becquemont

16. The Baillières: the Franco-British book trade
and the transit of knowledge..p. 243
Josep Simon

Le XXe siècle

17. Les relations scientifiques franco-britanniques
dans les années 1930 et 1940...p. 265
Patrick Petitjean

18. Edgar Douglas Adrian et la neurophysiologie en France
autour de la Seconde Guerre Mondiale ....p. 285
Jean-Gaël Barbara et Claude Debru

19. Les relations franco-britanniques et l'industrie
pharmaceutique : une perspective internationale
sur l'histoire de Rhône-Poulenc ....p. 297
Viviane Quirke

Index des noms propres..p. 319

Notes on contributors

Jean-Gaël Barbara est chercheur au CNRS en neurosciences et histoire des neurosciences. Il s'est consacré à une enquête sur la constitution du concept de neurone au XXe siècle par la convergence des modes d'objectivation des différentes sous-disciplines des neurosciences et les conséquences du développement de ce nouvel objet scientifique dans l'étude des fonctions du système nerveux. Son travail porte essentiellement sur la neuroanatomie et la neurophysiologie des XIXe et XXe siècles, en insistant sur les interactions entre disciplines et leurs convergences, y compris avec la psychologie expérimentale, les sciences cognitives et la philosophie de l'esprit. Il a dirigé, avec Claude Debru et Céline Cherici, un ouvrage sur *L'essor des neurosciences, France, 1945-1975*, Hermann.
jean-gael.barbara@snv.jussieu.fr

Daniel Becquemont, professeur émérite d'études anglaises à l'université de Lille 3, est l'éditeur du *Bulletin de la Société Française d'Histoire et d'Epistemologie des Sciences de la Vie*. Il est l'auteur de *Darwin, darwinisme évolutionnisme* (Paris, Kimé, 1992), et *Le cas Spencer* (Paris, PUF, 1998). Il a publié de nombreux articles sur l'évolutionisme victorien, une traduction en français de la première édition anglaise de *The Origin of Species* (Paris, Flammarion, 1994) et de *The Foundation of the Origin of Species* (Lille, Presses Universitaires de Lille, 1992). Il prépare actuellement un ouvrage sur les carnets de note de Charles Darwin.
becquemont@wanadoo.fr

Guy Boistel est professeur certifié de sciences physiques, docteur en histoire des sciences et des techniques. Il est lauréat de l'Académie de Marine (2002) et de l'Académie des sciences, lettres et arts de Marseille (2004). Chercheur associé au Centre François Viète à Nantes, il est responsable d'un cours d'histoire des sciences physiques contemporaines XIXe-XXe siècles (Master 2) à l'université de Nantes. Ses travaux concernent l'histoire de l'astronomie et l'astronomie nautique, l'histoire des observatoires de la Marine XVIIIe-XXe siècles, l'histoire des sciences physiques (chimie quantique) aux XIXe-XXe siècles. Il a publié : *L'astronomie nautique au XVIIIe siècle en France : tables de la Lune et longitudes en mer*, thèse de doctorat, ANRT, 2003, 2 vols ; G. Boistel (dir.), *Observatoires et patrimoine astronomique français, Cahiers d'histoire et de philosophie des sciences* n° 54 , Lyon, SFHST/ ENS éditions, 2005.

guy.boistel@orange.fr

Olivier Bruneau est chercheur associé au Centre François Viète de l'Université de Nantes et à l'équipe PaHST (Patrimoine, Histoire des Sciences et des Techniques) de l'IUFM de Bretagne (école interne de l'Université de Bretagne Occidentale). Il a soutenu sa thèse « Pour une biographie intellectuelle de Colin Maclaurin (1698-1746) : ou l'obstination mathématicienne d'un newtonien » en 2005. Ses recherches actuelles portent à la fois sur la mathématisation du savoir, l'histoire des mathématiques, et sur la diffusion des idées physico-mathématiques, plus particulièrement pendant le siècle des Lumières. Il participe activement à divers projets d'envergure internationale comme les éditions des œuvres complètes de D'Alembert, ou celles de Jean-Jacques Rousseau. Un article sur Jean-Jacques Dortous de Mairan est sous presse aux Presses universitaire de Perpignan.

bruneauolive@free.fr

Tobias Cheung works currently as a Heisenberg research fellow at the Max-Planck-Institute for the History of Science (Berlin) on models of regulation in biology, psychology, and anthropology in the early decades of the twentieth century. He previously held research and teaching positions at the Humboldt, Tokyo, and Harvard Universities, and at the CNRS unit REHSEIS of the Université Paris VII-Denis Diderot. His main research interest is in the history and epistemology of the life sciences since the seventeenth century. His latest book is *Res vivens. Regulatorische Theorien und Agentenmodelle organischer Ordnung 1600-1800* (2008).

tcheung@mpiwg-berlin.mpg.de

Suzanne Débarbat est actuellement astronome titulaire honoraire de l'Observatoire de Paris, associée au département Systèmes de référence temps-espace (SYRTE), équipe « Histoire de l'astronomie » ; elle a été directeur de département de 1985 à 1992. Astronome de formation, elle a été sollicitée au milieu des années 75 par des historiens des sciences, pour étudier et analyser des observations du XVIIe siècle effectuées par ses prédécesseurs, puis pour mener d'autres études sur différents de leurs instruments ou certains de leurs travaux. Outre son appartenance à l'Union astronomique internationale (plusieurs commissions dont la 41-Histoire de l'astronomie, présidence 1991-1994), elle relève de la Commission instruments scientifiques de l'IUHPST, et elle est membre de l'Académie internationale d'histoire des sciences.
suzanne.debarbat@obspm.fr

Claude Debru est professeur de philosophie des sciences à l'Ecole normale supérieure et directeur du Département de philosophie. Il est membre correspondant de l'Académie des sciences et membre de l'Académie allemande Leopoldina. Parmi ses principales publications, on relève : *L'esprit des protéines, histoire et philosophie biochimiques*, Paris, Hermann, 1983 ; *Neurophilosophie du rêve*, Paris Hermann 1989, deuxième édition 2006 ; *Le possible et les biotechnologies*, Paris, PUF, 2003 ; *L'essor des neurosciences*, France, 1945-1975, Paris, Hermann, 2008 (avec Jean-Gael Barbara et Céline Cherici).
claude.debru@ens.fr

Robert Fox held the chair of the history of science at the University of Oxford from 1988 until his retirement in 2006. Since his retirement, he has held visiting positions at Johns Hopkins University and, most recently, East Carolina University, Greenville, North Carolina. His main research interest is in the history of the physical sciences and technology in Europe since c1700, with special reference to France. He has been active in a number of international ventures, serving as president of the International Union of History and Philosophy of Science in the mid-1990s and as the founding president of the European Society for the History of Science from 2003 to 2006. He has edited the journal *Notes and records of the Royal Society* since January 2008.
robert.fox@history.ox.ac.uk

Rémi Franckowiak est maître de conférences en histoire des sciences et épistémologie à l'université de Lille 1, et membre de l'UMR 8163

« Savoirs, textes, langages » (CNRS, universités de Lille 3 et de Lille 1). Il organise avec Bernard Joly un séminaire de recherche sur la chimie à l'âge classique à l'UMR STL. Son domaine de recherche est l'histoire de la chimie de la fin du XVIe siècle à celle du XVIIIe. Sa thèse de doctorat a porté sur le développement des théories du Sel dans la chimie française. Ses publications concernent les théories chimiques de la matière, l'évolution des rapports entre théorie et pratique en chimie, les interactions entre pensées mécanistes et chimiques, l'Académie royale des sciences, la Royal Society, la chimie dans les dictionnaires et encyclopédies.

remi.franckowiak@univ-lille1.fr

Michael Rand Hoare pursued a research and teaching career in the natural sciences, becoming reader in theoretical physics in the University of London, as well as holding several visiting professorships. Since seeking early retirement in the 1980s, he has turned to research in the cultural history of science, with a focus on science-literature interactions in the Western European languages. His recent study of the Figure of the Earth question grew out of a long-standing interest in Voltaire and the French Enlightenment. Additional projects have involved the history of scientific lexicography and the phenomenon of "scientism" in Europe and the Orient. More recently he has also contributed historical papers to the European Association of Taiwan Studies and the Academia Sinica in Taipei.

m.hoare@scientura.net

Thérèse-Marie Jallais est maitre de conférences à l'université de Tours. Elle a publié, en 2009, un article intitulé « Le Cheminement théologique de John Wesley (1703-1791) » dans la *Revue d'histoire et de philosophie Religieuse,* (CNRS), ainsi que de nombreux articles sur les questions religieuses en Angleterre, *CERPA*, chez Didier Erudition entre 1993 et 2006. Elle travaille actuellement sur les réseaux d'échanges religieux et politiques en Europe entre 1660 et 1789 et, en collaboration avec des chercheurs italiens et anglais, sur un manuscrit inédit de 1665, compilation de l'ensemble des œuvres de James Harrington, l'auteur d'*Oceana.*

jallais-m@wanadoo.fr

Bernard Joly est professeur de philosophie et d'histoire des sciences à l'université de Lille 3, membre de l'UMR 8163 « Savoirs, textes, langages » (CNRS, universités de Lille 3 et de Lille 1). Ses travaux portent principalement sur l'histoire de l'alchimie et de la chimie à l'âge classique, notamment dans leurs rapports avec la philosophie naturelle. Outre de nombreux articles, il a publié *La rationalité de l'alchimie au XVIIᵉ siècle* (Paris, Vrin, 1992) et fera prochainement paraître un ouvrage sur Descartes et la chimie. Bernard Joly a été président de la Société française d'histoire des sciences et des techniques de 2002 à 2008.

bernard.joly@univ-lille3.fr

Pierre Lamandé, docteur en mathématiques et en histoire des sciences, est enseignant à l'université de Nantes. Il a notamment publié : « Théorie et pratique maritimes dans deux textes de Pierre Bouguer sur la mâture des vaisseaux », *Sciences et Techniques en Perspective* ; participation à l'*Histoire de l'université de Nantes* (Gérard Emptoz ed.) ; « La conception des nombres en France autour de 1800 : l'œuvre didactique de Sylvestre François Lacroix » *Revue d'histoire des mathématiques* ; « La place des mathématiques dans la conception philosophique des sciences selon Jacques Maritain » *Sciences et techniques en perspective* ; « Un grand témoin du monde académique E. Picard » in C. Goldstein et L. Mazliak éd. *Mathématiciens français et première guerre mondiale*.

pierre.lamande@univ-nantes.fr

Snezana Lawrence's main research interests lie in exploring the manifold relationships between the historical development of mathematics and the educational systems of Europe since 1800, especially in France, England, and the countries of Eastern Europe and the Balkans. She has been involved with a number of national initiatives to promote the use of the history of mathematics in mathematics education, most recently through her Gatsby Teacher Fellowship and in cooperation with the National Centre for Excellence in the Teaching of Mathematics. Snezana is on the editorial boards of *Mathematics Today* (a journal of the Institute of Mathematics and its Applications) and the *British Society for the History of Mathematics Bulletin,* and is the first Education Officer of the same society. Her chapter on the history of mathematics in the Balkans appeared in the recent *Oxford Handbook of the History of Mathematics*, ed. Jackie Stedall and Eleanor Robson (2008) As a member of the Advisory Board of the History and Pedagogy of Mathematics group (an affiliate of the International Commission on Mathematics Education) she also regularly contributes to their newsletter.

snezana@mathsisgoodforyou.com

Arnaud Mayrargue est maître de conférences à l'université de Paris 12, IUFM, chercheur associé au REHSEIS (Recherches épistémologiques et historiques sur les sciences exactes et les institutions scientifiques), UMR 7596. Ses principaux axes de recherches sont l'optique ondulatoire au XIXe siècle (achromatisme des lentilles ; éther, optique et calorique), l'astronomie et l'optique au XVIIIe siècle, l'émergence du concept d'énergie. Il a notamment publié : « Emergence du concept d'énergie », in ouvrage coll., dir. D. Ghisquier, M. Guedj, Hermann, à paraître 2010 ; « Bouguer et la réfraction astronomique », in *Revue d'Histoire des Science*s, à paraître 2010 ; « Air, lumière, et matière réfractive », in *Revue sur Diderot et l'Encyclopédie*, à paraître 2010 ; « Astronomie et optique Le développement de l'optique des corps en mouvement », in *Revue du Palais de la Découverte*, 2008 ; « How can science history contribute to the development of new proposals in the teaching of the notion of derivatives ? », The Montana Mathematics Enthusiast, 2008, http://www.math.umt.edu/TMME/vol5no2and3
arnaud.mayrargue@univ-paris-diderot.fr

Eduardo L. Ortiz, professor of mathematics and the history of mathematics at Imperial College London, was made an emeritus professor and senior research investigator on his retirement in 1996. His main research interest is in the history of mathematics are the late eighteenth and early nineteenth centuries, and the transmission of mathematics and mathematical ideas across different communities and countries. He is a member of the Royal Academy of Science, Madrid, National Academy of Science, Argentina, and National Academy for the Exact and Natural Sciences, Argentina. He has received the "Jose Babini" History of Science National Prize in Argentina and has been a Guggenheim Research Fellow at the History Department, Harvard University, and a visiting professor at MIT, Orleans, and Rouen. Currently he is Chief Editor of the "Humboldt Library", London.
e.ortiz@imperial.ac.uk

Patrick Petitjean est chargé de recherches au CNRS (LPHS-REHSEIS). Il travaille sur les engagements politiques et sociaux des scientifiques des années 1930-50 au plan international. Il a coordonné un numéro spécial de la revue *Minerva* (vol. 46, 2008) « Politically Engaged Scientists, 1920-1950 : Science, Politics, Philosophy, History » avec une contribution sur la fondation conjointe de l'Unesco et de la fédération mondiale des travailleurs scientifiques. Il a codirigé pour l'Unesco le livre *Sixty Years of Science at Unesco* (2006), rédigeant plusieurs contributions sur Joseph Needham et le début de l'Unesco. Il est coéditeur du livre *Science, histoire et politique. L'exemple de Cambridge* (Vuibert, 2009), avec un chapitre sur les sociabilités scientifiques franco-britanniques des années 1930.

patrick.petitjean@univ-paris-diderot.fr

Viviane Quirke is lecturer in the history department at Oxford Brookes University. She is also secretary of the British Society for the History of Science and editor of the Newsletter of Royal Society of Chemistry Historical Group. She has worked on a number of Wellcome Trust funded projects, including her current project on the history of the cancer research programmes of two firms, Imperial Chemical Industries in Britain and Rhône-Poulenc in France, which is part of a wider RCUK project to study the growth of company-hospital relations in Britain and France since the second world war. She is co-chair of the Working Group on Cardiovascular and Anti-cancer Drugs of the European Science Foundation Research Networking Programme on "Drug Standards, Standard Drugs". She was recently awarded a British Council/Alliance Française Research Partnership Programme grant together with Jonathan Simon, University of Lyon I, for a study of pharmacy and the development of diphtheria anti-toxin in Britain and France.

vquirke@brookes.ac.uk

Voula Saridakis is a lecturer in the Department of History at Lake Forest College outside of Chicago, USA, where she teaches courses in European history, the history of science, and women in modern history. Her Ph.D. thesis (Virginia Polytechnic Institute and State University, 2001) was entitled "Converging elements in the development of late seventeenth-century disciplinary astronomy: instrumentation, education, networks, and the Hevelius-Hooke controversy." Her research interests include the history of astronomy, scientific institutions in the seventeenth century, and the history of women in astronomy. She is currently working on projects related to astronomer Johannes Hevelius and his wife Elisabetha.

saridakis@ameritech.net

Josep Simon holds the degrees of MPhil in History of Science and Medicine (València) and MSc in History of Science (Oxford), and is currently preparing a PhD thesis at the University of Leeds entitled "Communicating science in 19th-century Europe: the production, distribution, and use of Ganot's physics textbooks". His research brings together the history of nineteenth-century physics, the history of education, the history of the book, and the study of scientific instruments in an international scenario of knowledge communication. He has recently contributed to two collective volumes, published by the Bibliothèque interuniversitaire de médecine, Paris, on the Baillières, and by Ashgate, on science popularization.

phljs@leeds.ac.uk

David J. Sturdy was professor of early modern history at the University of Ulster, from where he retired in 2005; he was subsequently honorary professor of history at the University of Hull. He wrote chiefly on French and European history of the early-modern period, and on the French Académie des sciences under the ancien régime. He was the joint-author, with Christiane Demeulenaere-Douyère, of *L'Enquête du Régent 1715-1718. Sciences, techniques et politique dans la France pré-industrielle* (Brépols, 2008), a study of a survey of the mineral resources of France, directed by the Académie des sciences. At the time of his death in April 2009, he was preparing a book on the Abbé Jean-Paul Bignon and his direction of the Académie from 1691 to the 1730s.

Benjamin Wardhaugh holds a post-doctoral research fellowship at All Souls College, Oxford, where he works on the social history of early modern mathematics. He is the author of *Music, Experiment and Mathematics in England, 1653–1705* (Ashgate, 2008) and is working on a textbook, *How to Read Historical Mathematics*. The musical logarithms of his contribution to this volume also feature in "The logarithmic ear: Pietro Mengoli's mathematics of music", *Annals of Science* 64 (2007), 327–348 and "Musical logarithms in the seventeenth century: Descartes, Mercator, Newton", *Historia mathematica* 35 (2008), 19–36.

benjamin.wardhaugh@all-souls.ox.ac.uk

Introduction

Science across the Channel. Franco-British interactions since the seventeenth century

ROBERT FOX AND BERNARD JOLY

Science is an intrinsically international pursuit. The book of nature that Galileo read in the early seventeenth century was the one read by contemporaries throughout the learned world and analysed and discussed by them in exchanges that far transcended national boundaries. And so it was across the extensive Republic of Letters to which eighteenth-century *savants* liked to feel they belonged, and on into the nineteenth and twentieth centuries, which bequeathed to us our own age of international congresses, unprecedentedly easy travel, and electronic communication. The fact remains, however, that science has always been pursued in specific local settings. Increasingly in recent years historians have directed their attention to these settings and to the interplay between science as a universal body of knowledge and the far from universal contexts in which it has been cultivated and advanced. The result has been a distinctive "geographical turn" in analyses of scientific thought and practices. In the process, scholarly effort has been directed at the particular and the local, fostering a change of focus that has allowed us to enter more deeply into the fine structure both of the processes of scientific change and of the more routine day-to-day work in which most men and women of science engage for most of their scientific lives.

Echanges entre savants français et britanniques depuis le XVIIᵉ siècle.
Robert Fox et Bernard Joly (éd.).
Copyright © 2010.

The present volume contributes to this remapping of the world of science with reference to two countries and two national communities that have been bound together by their physical proximity and by shifting phases of competition and cooperation. France and Britain have never been able to remain indifferent to each other any more in science than in other spheres of activity, and the instances of interaction are limitless. Individually, those that are treated here have the character of independent case-studies. But collectively they stand as an attempt to explore some of the consequences of our viewing science as more rooted in time and place than we might once have done.

The nineteen contributions in the volume are divided into four sections, defined chronologically. The first two sections, devoted to the seventeenth and eighteenth centuries, contain ample evidence of the special importance of the early interactions between the great national societies, the Royal Society and the Académie royale des sciences, and between institutions closely associated with them, notably the observatories of Greenwich and Paris. Clearly, what was done in London had much in common with what was done in Paris. But several contributions bring out significant differences in the ways of working and the choice of problems on the two sides of the Channel. Rémi Franckowiak makes the point in his account of the gulf that separated Robert Boyle's conception of an experimental "skeptical" chemistry from that of the "vulgar chemists", still marked by the Paracelsian tradition, of whom his main subject, the Frenchman Niçaise Le Febvre, one of the Royal Society's 98 "Original Fellows" in 1661, was an example. Voula Saridakis's study offers another good illustration. It uses the correspondence between John Flamsteed and Jean-Dominique Cassini, most of it dating from the 1670s, to explore both the competitive and the collaborative facets of the astronomical practices of French and British astronomers in the later seventeenth century: the letters on which she bases her study convey very clearly the interaction between the genuine mutual respect that bound Flamsteed and Cassini and the scarcely veiled competing considerations of national pride. With respect to the famous debate about the Figure of the Earth, Michael Rand Hoare highlights a protracted history of Franco-British disagreement: as he argues, London and Paris were at loggerheads from the end of the seventeenth century, when lingering French Cartesianism reinforced a suspicion of Newton's solution, until a measure of reconciliation was cemented in the later eighteenth century following the election of Cassini III (Cassini de Thury) as a foreign member of the Royal Society in 1751.

Such tensions drew on a divergence between deep-seated intellectual and cultural traditions as well as on a history of healthy rivalry between two countries vying for intellectual as well as military pre-eminence in western Europe. But they also owed much to straightforward problems of communication. Arnaud Mayrargue's study of French responses to James Bradley's discovery of stellar aberration in 1729 points to the gulf between Bradley's essentially empirical Baconian method and the tools of mathematical analysis wielded by Alexis Clairaut. In this case, Clairaut was happy to endorse the discovery by his English contemporary. But the passage of some seven years between Bradley's announcement of his observations and Clairaut's declaration of support for them before the Académie royale des sciences reflects differences of style that made comprehension difficult even for someone as sympathetic and knowledgeable as Clairaut.

An associated and in many cases greater obstacle to the easy passage of results and ideas was language, and it is significant that translators and translations are prominent throughout the volume, though especially in the contributions on the seventeenth and eighteenth centuries. Benjamin Wardhaugh's account of the passage of Descartes's *Compendium musicae* into English and French shows how much can be gleaned from the detailed study of a translated work, in this case one that appeared in seven different versions (including a translation into Dutch as well as those into English and French) between 1650 and 1695. Wardhaugh points, in particular, to small but revealing differences between the diagrams in the Latin and English editions of the *Compendium* (of 1650 and 1653 respectively) and argues that these reflect divergent understandings of the nature of musical pitch, even of music more generally. It is true that some correspondents communicated easily enough without intermediaries. Olivier Bruneau draws on an exchange of letters between Colin Maclaurin in Edinburgh and Dortous de Mairan in Paris to throw fascinating light on the reciprocal flow of ideas between Britain and France in the mid-eighteenth century, when Newton's ideas were taking hold in Britain but receiving a mixed reaction among French philosophers. The case of the correspondence between Sir Hans Sloane and the abbé Jean-Pierre Bignon makes the point no less tellingly. As David Sturdy shows, Sloane and Bignon wrote to each other for over thirty years in their capacities as leading members and at various times presidents of their respective national societies. It is important to stress that the ease with which Maclaurin and Mairan or Sloane and Bignon communicated was by no means unique; the case of Charles Blagden and his many French correspondents several decades later makes that point. Nevertheless, ease of communication was more the exception than the rule at a time when Latin was losing its position as the universal language of the learned world.

By the eighteenth century, in fact, most members of the scientific communities on the two sides of the Channel depended on the work of such men as the Jesuit astronomer and convinced newtonian Esprit Pezenas, who translated a dozen works of mathematics and natural philosophy from English into French, or another jesuit, Louis Bertrand Castel, a respectful critic of Newton who collaborated in the preparation of an important French edition of Edmund Stone's *The Method of Fluxions, both Direct and Inverse* (1730). Guy Boistel leaves no doubt as to Pezenas's role in making the work of British mathematicians known in France, both through his translations and his encouragement of the jesuits who studied with him at the Marseille observatory. Pierre Lamandé similarly recognizes Pezenas's contribution, along with that of a number of other French translators and commentators, including the Breton Le Cozic, whose "translation" of Colin Maclaurin's *Treatise on algebra* (1753) conveyed a somewhat idiosyncratic interpretation of Maclaurin's book and marked the beginning of a move by French mathematicians away from the essentially newtonian British model to styles more closely allied to work in the German tradition.

While contacts between individuals lay at the heart of some of the most fruitful interactions of the seventeenth and eighteenth centuries, the sense that the passage of scientific information and opinion should be formalized was always present. Plans for the translation of the *Philosophical Transactions* into French and the *Journal des savants* into English were already under discussion in the seventeenth century. As it happened, the plans yielded patchy results: the French translations of the *Philosophical Transactions* that existed by the end of the eighteenth century, for example, had been achieved through a rather disorganized accumulation of individual initiatives, and they were in any case based largely on the series of abridgements of the journal that John Lowthorp had launched in 1705.

Where contacts other than the purely institutional were concerned, the successes were more plentiful. Tobias Cheung points to the importance of a series of translations and commentaries through which the Genevan theologian Jean Le Clerc brought Ralph Cudworth's concept of plastic nature and Nehemiah Grew's vital principle to the attention of Francophone contemporaries, including Pierre Bayle. Le Clerc's vehicle for this passage of Cambridge Platonism into the mainstream of French debate between 1703 and 1706 was a private publishing venture, edited by him, the *Bibliothèque choisie*. A later, even more ambitious project was the French *Collection académique*, which from 1755 to 1770 published accounts of the work of five foreign academies, including the Royal Society, going back to the mid-seventeenth century. As Thérèse-Marie Jallais observes, the *Collection académique* can be interpreted as both a response and a contribution to the increasingly international character of the eighteenth-century world of learning, though one that sought to affirm the benign guiding hand of France's Catholic monarchy. Jallais explores a consequence of this tension between the openness of the learned world and the political interests of the Ancien Régime through her account of the strikingly critical French reaction to the writings on cerebral anatomy of the English physician Thomas Willis.

It has often been observed how successfully interactions between the French and British scientific communities transcended the vagaries of strained relations between governments. The revolutionary and Napoleon wars that set France against Britain, with only two brief intervals, from 1792 until 1815 made travel difficult, though not impossible. Correspondence and the passage of books across the Channel continued, albeit with reduced intensity. The conflict was still at its height when Humphry Davy set off on an extended visit to Paris in the autumn of 1813. Yet Davy was warmly received by his French peers and shown a respect that remains an enduring example of science's capacity to soar above strained international relations; Gavin De Beer cited Davy's stay in France in arguing half a century ago that "the sciences were never at war", and the case was not unique. It was in a spirit of internationalism similar to Davy's, as Eduardo Ortiz shows, that Charles Babbage followed developments in French mathematics closely during his undergraduate days at Cambridge between 1810 and 1814. During these years, Babbage participated in the translation of S. F. Lacroix's *Traité du calcul différentiel et du calcul intégral* of 1797-8. He also assembled the information he needed in building on the ideas of Condillac concerning the power of language as an analytical tool in science, although it was not until around 1819 (following a visit to Paris) that he became aware of the challenges to Condillac's views by the French *idéologues* since 1800 – challenges that convinced him of the shortcomings of his "general linguistic" approach to mathematics.

The limitations of Babbage's knowledge of debates in train in France provide telling evidence of the patchy nature of Franco-British exchanges in a quarter of a century in which visits across the Channel in either direction were not easy. Following such impediments, it is not surprising that after 1815 both the British and the French, including many scientists, seized the opportunity of revisiting countries about which they had heard much but, in most cases, never seen. Unfamiliarity added spice to the visits that Charles Dupin made to Britain between 1816 and 1822, as they also did to travels, undertaken by Jean-Baptiste Biot and others from 1817, in pursuit of the long Franco-British tradition of geodesic enquiry. Suzanne Débarbat describes these travels in a contribution that provides further evidence of mutual respect and generally excellent personal relations between the French and British contributors to this taxing work. It was work that lent itself to collaboration, and it provided a natural context for the resurgence of the ideal of a free passage of ideas that characterized the post-war years.

It is stating the obvious to say that those who crossed the Channel after 1815 encountered conditions for science, as in life more generally, very different from those of the 1780s. Thereafter the context for travel and the communication of scientific knowledge continued to change with increasing rapidity. During the first half of the nineteenth century, steam vessels made the transport of goods, correspondence, and people far easier than it had been only a few decades before. And new steam-powered presses significantly reduced the cost of printing and so enhanced the availability of the printed word. Daniel Becquemont shows how profoundly access to French sources in the late 1830s enriched Charles Darwin's incipient thinking on the evolutionary pattern that he was to elaborate two decades later in the *Origin of species*. As Becquemont argues, Darwin at this time would have been acutely conscious of the difficulty of reconciling the very different interpretations of life encapsulated, on the one hand, in Cuvier's emphasis on the functional adaptation of organisms and, on the other, in the notions of a unity of type in the work of Geoffroy Saint-Hilaire. While most of his French and British contemporaries struggled to find some common ground between these interpretations, Darwin's reflexions on the problem resulted in his abandoning the task and fashioning a view of life that gave primacy to the historicity embedded in his evolutionary view.

An important aid to the easier transmission of information across the Channel during the first half of the nineteenth century was the accelerating trend to cheaper books and bigger print-runs, allied to an explosion in the periodical literature emanating from the growing number of scientific societies. The trend owed much to the growth of scientific and, more particularly, medical education and the concomitant enlargement of the academic community. Snezana Lawrence places educational institutions at the heart of her account of the integration in British pedagogical practice of Gaspard Monge's descriptive geometry, or distinctive British forms of it developed by William Farish in Cambridge and the architect and successful author of mathematical books Peter Nicholson, from the 1820s. Josep Simon takes up similar themes in his study of the remarkable contribution to publishing by the brothers Jean-Baptiste, Hippolyte, and Germer Baillière. Beginning with Jean-Baptiste's entry into publishing in Paris in 1818, the Baillières fashioned one of the great scientific publishing houses of the nineteenth century, with premises for sales and production on both sides of the Channel. The three hundred or so titles emerging from Hippolyte's London office between 1839 and 1869 stand as vivid testimony to the international character both of the Baillières' business interests and of the markets that allowed them to prosper.

It is tempting for historians to privilege the aspects of international exchanges in science that illustrate the more extreme cases of either co-operation or competitiveness. But the complexity and changing nature of relations between scientific communities and individuals and the sensitivity that the study of these relations requires are recurring themes of this volume. By fashioning an international perspective on the history of the French chemical group Rhône-Poulenc, Viviane Quirke's paper illustrates how carefully the very notion of "interaction" has to be handled. As she demonstrates, the fortunes of Rhône-Poulenc in France and May & Baker in Britain (long a close associate of Rhône-Poulenc and a subsidiary from 1928) were intimately related through parallel and often overlapping programmes of pharmaceutical research. Quirke argues that, by its close relationship with May & Baker, Rhône-Poulenc participated in the creation of a modern, science-based industry in Britain, and developed drugs that have had a considerable impact not only on pharmaceutical research but also on medical practice. As she shows, a serious engagement with the research performance of these firms allows us to take a broader view than is taken by many economic and business historians whose primary focus is on performance as measured by balance-sheets of profit and loss.

The theme of cooperation is taken up in two other contributions on the twentieth century. It is central to the account, by Jean-Gaël Barbara and Claude Debru, of Edgar Douglas Adrian's laboratory in Cambridge, with which numerous French neurophysiologists had productive contacts before, during, and after the second world war. Franco-British relations in this field were not uniformly easy: Louis Lapique at the Sorbonne maintained what can be described as, at best, a suspicious view of his British peers. But the case of Alfred Fessard, who worked with Adrian in the late 1930s before creating his own electrophysiology laboratory at the Institut Marey in Paris, illustrates a closeness that seems to have been far more typical, at least until the USA began to edge out Britain as the favoured destination for French scientists in the 1970s. The other contribution that takes cooperation as its central theme is Patrick Petitjean's. In a discussion of the consequences of the rise of National Socialism in interwar Germany, Petitjean shows how then and during the conflict that followed, the scientific communities of France and Britain drew together to resist a threat to the free exchange of ideas on which their conception of science rested.

The vision to which Petitjean's French and British communities subscribed stands as an ideal of a world of science and learning without frontiers. It is essentially the vision that has guided the overwhelming majority of the scientific interactions described in this volume. Chauvinism and destructive competitiveness have certainly made their mark: a number of contributions attest to that. But these have been few and short-lived. What has survived, and done so to a striking degree, has been the will in both France and Britain to learn from and, where appropriate, contribute to science across the Channel.

Première section

L'âge classique

Chapitre 1

Diagrams and mathematics in the French and English translations of Descartes' *Compendium musicæ*

BENJAMIN WARDHAUGH

The substance of this paper is encapsulated in Figures 1 and 2, and the subtle – but, I argue, significant – differences between them. Both are depictions of musical pitch from the third quarter of the seventeenth century, appearing in, respectively, the Latin and English versions of a work on music by René Descartes. But, curiously, their mathematical characteristics reveal rather different understandings of the nature of musical pitch and they point towards divergent understandings of the nature of music itself which would become explicit later in the century. Elsewhere I have explored these issues much more fully, and provided a larger context for these images. In this paper I will simply elucidate in brief their most striking features (Wardhaugh 2006, esp. 64-109; Wardhaugh 2008, esp. 29-58).

Introduction

Late-seventeenth-century England saw a small flourishing of mathematical theories of music. A few books, a few papers in the *Philosophical Transactions*, and a slightly larger number of unpublished manuscripts were produced between 1653 and 1705, after which interest in the subject

Echanges entre savants français et britanniques depuis le XVIIe siècle.
Robert Fox et Bernard Joly (éd.).

1

declined again. One stimulus for this flourishing, and perhaps a necessary condition for it, was the availability of new editions and translations of the ancient Greek works on the subject (Meibom 1652; Wallis 1682; Wallis 1693–9). Music, "namely Boethius", remained part of the mathematical curriculum at the English universities in the seventeenth century at least in the statutes if not in reality (Boethius 1989; Gibson 1931: 344, quoted in Caldwell 1986: 201). The later medieval development of the Boethian musical tradition may have been available in principle to scholars at the English universities, but it did not make an appearance in print in this period. Sixteenth-century Italian works such as those of Zarlino did not find their way into English libraries, as far as it is possible to tell (a case in point is the library of Robert Hooke, which contained no sixteenth-century Italian work on music) (Feisenberger 1975). The immediate foundations for English writers on mathematical music in the late seventeenth century, revealed by both explicit citation and unacknowledged dependence, seem instead to have been the works of three continental writers from the first half of the century: Marin Mersenne's *Harmonie universelle* and *Harmonicorum libri* of 1635–6; Athanasius Kircher's *Musurgia universalis* of 1650; and René Descartes' *Compendium musicæ*, written in 1618 and published just after his death in 1650 (Mersenne 1635/6; Mersenne 1636a; Mersenne 1636b; Kircher 1650; Descartes 1650; Descartes 1987).

Mersenne's and Kircher's books are vast encyclopedias of music, each filling around fifteen hundred folio pages. Mersenne's work in particular is perhaps profitably seen as an encyclopaedic treatment of quite a wide range of subjects, structured around music. By contrast Descartes' book is a slim quarto of about a hundred pages. One might surmise, though it is hard to prove this, that the *Compendium* received sustained attention somewhat more frequently than the *Harmonicorum/Harmonie* or the *Musurgia*.

Descartes wrote the *Compendium musicæ* (in Latin) in 1618, as a New Year's gift for the Dutch natural philosopher Isaac Beeckman, and there is evidence from Beeckman's journal that Descartes made some modifications to the work in the light of the older man's comments: Descartes was twenty-two at the time (Cohen 1984: 161–79). It has been the subject of some comment by historians, and I am concerned here with only a small part of its content (e.g. Pirro 1907; de Buzon 1981; Descartes 1897–1909: X, 79–88 (notes on *Compendium musicæ*); Augst 1965). Descartes wrote briefly about the nature of music and nature of sound, defined rhythm and pitch, and devoted most of the rest of his treatise to a detailed discussion of various specific musical intervals, their mathematically defined sizes and their relationships. Finally there were short sections on composition and on different musical scales.

The discussion of musical pitch here was along essentially classical lines. Since antiquity it had been known that pairs of musical pitches which sounded well together were produced by pairs of strings, identical in other respects, whose lengths made simple mathematical ratios. The octave was produced by strings in the ratio 2:1; the fifth by strings in the ratio 3:2; the fourth by 4:3. An innovation of theorists in the sixteenth century was to add two more ratios to the list: the major third corresponding to 5:4 and the minor third to 6:5. In this respect Descartes was a follower of Zarlino rather than Boethius. And he gave a characteristically sixteenth- or seventeenth-century scale, the "just intonation", which was popular among theorists because of its mathematical neatness, but which seems never to have been used in practice (Lindley 1984).

Uniquely among the works of Descartes, the *Compendium* survives in manuscript copies from before its first publication, although we do not have Descartes' autograph of the work. Beeckman copied the whole text into his journal in 1627. Copies were made for Constantijn Huygens in about 1635, and for the Dutch mathematician Frans van Schooten in 1641. Finally the English mathematician John Pell made a copy in 1650[1]. Pell's copy remained unfinished in respect of its diagrams, probably because the work was printed at Utrecht in 1650.

There were further Latin editions in Amsterdam in 1656 and 1683, and in Frankfurt in 1695. More surprisingly, within twenty years of its first appearance in print the book had been translated into three different vernaculars: into English in 1653, into Dutch in 1661, and into French in 1668 (Descartes 1653; Descartes 1668; Descartes 1661). Matthijs van Otegem has done detailed work on the transmission of the text (van Otegem 1999; cf. Descartes 1987: 20–48).

---

[1]Netherlands, Provincial library of Zeeland, MS "Journal of Beeckman", ff. 163r–168v: copy by Beeckman; Leiden, University Library, MS Hug. 29 a: copy for Huygens; Groningen, University Library, MS 108, ff. 60r–83v: copy for van Schooten; London, British Library, Add. MS 4388, ff. 70r–83v: copy by Pell.

The diagrams

A feature of this work which interests me is the concept of musical pitch embodied in certain of its diagrams, which belies the quite traditional discussion of musical ratios in the text. Figure 1 is an example; there are four diagrams broadly similar to this one in the *Compendium*. (In Adam and Tannery's edition of Descartes' works the diagrams are redrawn and distorted quite badly, but Buzon's edition of the *Compendium* reproduces in facsimile those of both the 1650 and 1668 editions.)

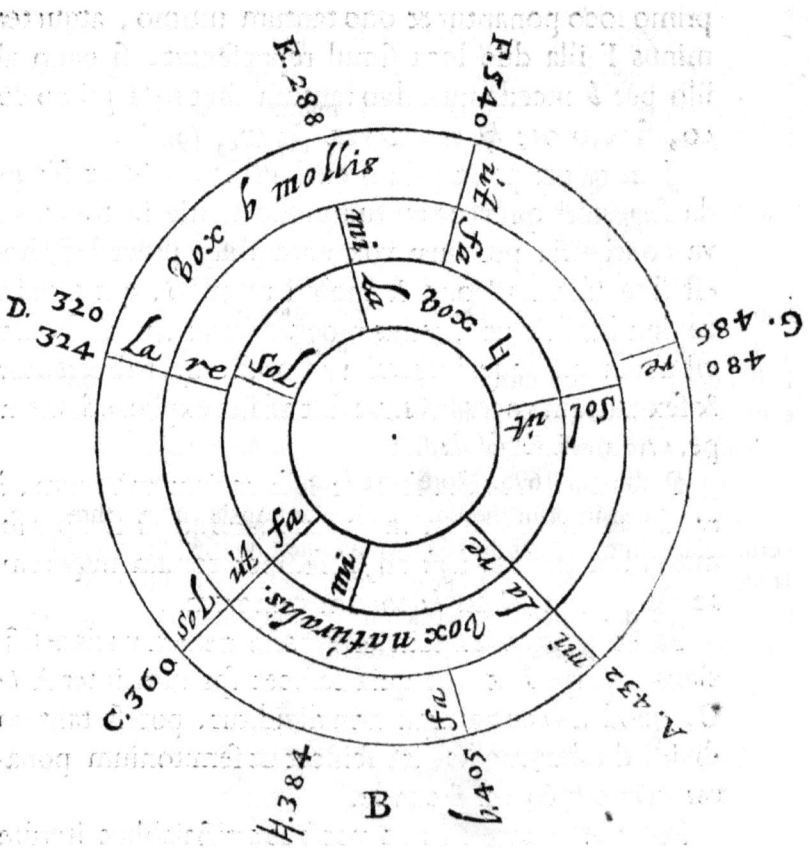

Figure 1: Diagram of musical pitch. Descartes, *Compendium musicæ* (1650), 35. By permission of the Bodleian Library, University of Oxford (shelfmark: 70 d. 21, 4).

Depictions of musical pitch from this period more usually depict a stringed musical instrument (e.g. Descartes 1653: 66, a diagram supplied by Brouncker). It is immediately clear that Descartes' diagram is much more abstract than these: in particular, it does not depict a musical instrument. It is circular, which I believe can be related to changes in musical theory around this time (Wardhaugh 2006: 116–17; Dodds 2007). What is more significant still is the fact that in Descartes' depiction equal musical intervals are represented by equal spaces on the page, and it is on this feature which I will focus for the remainder of this paper.

Consider a single musical string: each musical interval corresponds to a particular mathematical ratio. The octave, for example, corresponds to the ratio 2:1, so that halving the length of a particular string always raises its pitch by an octave. Repeated halving produces a series of octave leaps. This means that at higher pitches the actual lengths of string corresponding to a particular interval get smaller. With a four-foot string, the first octave occupies two feet. The second octave occupies one foot, and the third octave occupies six inches.

This also applies to smaller musical intervals. The whole tone for instance, the interval from F to G, has a ratio of 9:8, and is produced by taking eight ninths of a given string. On a string of length 81 units sounding the note F, the note G will be produced by reducing the string's length to 72 units, and the note A by reducing it again to 64 units. F–G and G–A are both whole tones, and 81:72 and 72:64 are both ratios equal to 9:8. But the first shortening of the string is by 9 units (81–72), while the second is by eight units (72–64). So, again, equal intervals correspond to smaller lengths of string at higher pitches.

This phenomenon is seen, for example, in the fact that the frets of a guitar are closer together higher up the strings. In general, on a musical string or in a representation of musical pitch which depicts a musical string, equal musical intervals correspond to equal ratios but to unequal distances.

Descartes' diagram (Figure 1) has a different property, however. Each whole tone is the same size: C–D, D–E, F–G and G–A (A to B natural and B flat to C are also the same size, but are less clearly displayed on the diagram). Each semitone is the same size, also: E–F, A to B flat, and B natural to C. (The tones are in fact subject to a small variation which I will clarify below: the point at this stage is that they do not become systematically smaller towards one end of the scale.)

This is not a superficially surprising property: I am not aware that it has been remarked on before, perhaps because commentators have assumed that such a representation of pitch is easy both to conceive and to produce. In fact it is neither, because the relationship between a representation of pitch which depicts string length and one like that of Descartes – that is, between one in which equal intervals have equal ratios and one in which they have equal lengths – is mathematically complex. The problem is essentially how to find the correct relative sizes with which to represent different musical intervals: to make all the tones the same size is easy, but how large exactly should they be compared with the octave or the fifth?

The musical scale which Descartes was concerned to represent was not the modern equal-tempered scale, in which a semitone is exactly half of a tone and a tone is exactly a sixth of an octave. Instead it defined the octave by the ratio 2:1, the semitone by 16:15, and the tone by 9:8 or 10:9 depending on its position in the scale. In this context questions about the relative sizes of different musical intervals were not trivial, and it was not even clear until the early seventeenth century that they were either meaningful or capable of solution.

In fact, the relationship between a system of equal ratios and one of equal lengths is precisely that between a set of numbers and the set of their logarithms, so that lengths in one representation of pitch are converted into lengths in the other by taking their logarithms. (This is ultimately because logarithms uniquely have the property that multiplying two numbers corresponds to adding their logarithms.) The implication of this is that logarithms may very well have been used in the construction of these diagrams: they would certainly have facilitated it, although their use would not have been absolutely essential since cruder trial-and-error methods could have given similar results. The relative sizes of the musical intervals in these diagrams are those which would be produced by the use of logarithms to compute them, to an accuracy of one or two degrees[2]. As far as I know these are the first representations of musical pitch to have these properties: equal intervals are of equal sizes on the page, and the addition and subtraction of intervals corresponds quantitatively to the addition and subtraction of their represented sizes.

Logarithms were first described in (Napier 1614). In (1624) Kepler wrote explicitly about the use of logarithms to "measure" ratios, although he made no connection with music (and see Kepler 1625). The circular diagrams are not found in the earliest manuscript of Descartes' *Compen-*

---

[2]Specifically, an interval with ratio R is represented by a circular sector with central angle $a = 360 \log R / \log 2$ if a is measured in degrees.

dium, but only in those from 1635 onwards. I believe that the diagrams were added to the treatise for Huygens' copy of 1635: and I suspect that Kepler's presentation of logarithms may have prompted this.

The diagrams in translation

There are small deteriorations in the accuracy of these diagrams from the Huygens (1635) to the van Schooten (1641) copy of the manuscript, and from the latter to the first printed edition of 1650 (see van Otegem 1999, on deteriorations in the text). When the book was translated rather more serious transformations took place. The English translation of 1653 contains diagrams (see Figure 2) which look superficially similar to those in the manuscripts and Latin edition. But when measured in detail they

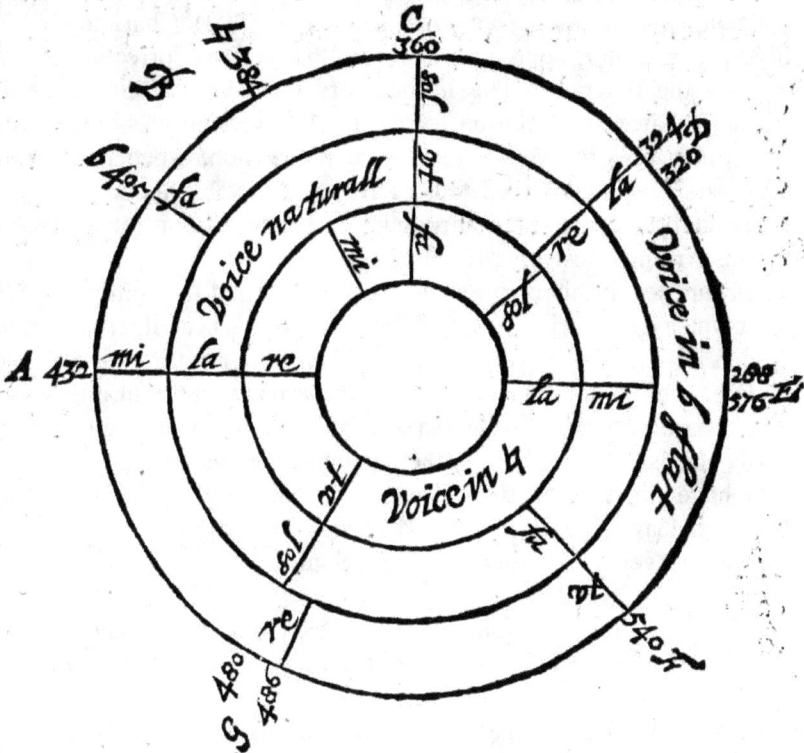

Figure 2: Descartes' representation of pitch in the English translation. Descartes, *Renatus Des-Cartes Excellent Compendium of Musick*, 35. By permission of the Bodleian Library, University of Oxford (shelfmark: 4° R4 Art B5, 3).

turn out to lack the property which I have described above. Equal intervals are represented by systematically smaller segments of the circle at higher pitches. In fact Figure 2 and the other similar diagrams in the English *Compendium* are representations of part of a musical string. Specifically, each represents half of a musical string, and shows the positions on that half at which the whole string would be divided in order to produce particular notes. The fact that the representation is distorted into the form of a circle somewhat obscures this, but it preserves one feature of the original diagrams: the entire circumference of the circle represents a musical interval of an octave.

The English translator was the atomist Walter Charleton; the volume also contained a detailed commentary on the *Compendium* by William Brouncker, who would later be President of the Royal Society (van Otegem 1999, quoting *Transcript* 1913–14: I, 402). Charleton, or possibly another editor, apparently believed that he was correcting a fault by altering the diagrams. The introductory epistle, "The Stationer to the Reader", states that a reason for the English version was "the many and grosse *Defects* observed in the *Latine* Impression, especialy in the *Figures,* and *Diagramms*." In fact he believed that by his carelessness the Latin editor had given the impression Descartes did not understand what he was writing (Descartes 1653: b2r–v).

Brouncker, in his commentary, was concerned to promote an idea of his own, a geometrical way of deriving all musical intervals from the golden ratio. He also spent a good deal of time refuting what he took to be Descartes' arithmetical method of constructing musical intervals. This emphasis on geometric division rather than numerical arithmetic is certainly consistent with the way the diagrams were modified.

I have not examined the Dutch translation of 1661. According to Buzon it leaves unchanged the diagrams from the Latin edition, sometimes not even translating the text contained in them (Descartes 1987: 40).

The French translation of 1668 was made by Nicole Poisson, a mathematician and Oratorian. Like the English translator he felt that the work required a good deal of commentary. The commentary is in Latin, and Poisson explained that it had originally been intended to accompany a new Latin edition. But although the diagrams were redrawn in this edition they were not drastically altered compared with those of the first Latin edition. As with the manuscripts and the first Latin edition there is detectable deterioration in the accuracy of the diagrams here. This suggests, though it does not prove, that at various stages the diagrams were copied without understanding their contents. Certainly the text of the *Compendium* does not help the interpretation of these diagrams.

An obscure English work of 1680 also took up these diagrams and the idea they embodied: the *Synopsis of vocal musick*, by "A. B., philo-mus" (1680: 33, 38; see Herissone 2006: 90, 93), who has not been identified. This book contains a discussion of musical pitch, although little explicit mathematics; and it contains diagrams which seem to be modelled on those in Descartes' book, without the modifications found in the English translation. There is no explicit acknowledgement of Descartes.

Conclusion: motivations

Descartes' treatise on music appeared in a total of seven different versions between 1650 and 1695. This is perhaps explicable by the considerable publicity, both positive and negative, which his ideas in other fields continued to receive during this period. The fact that three of these were vernacular translations seems harder to explain. It is difficult to imagine a seventeenth-century reader with an interest in mathematical music theory, and the mathematical training to understand it, but unable to read Latin.

But at least in England it is possible to find assertions that material of this kind ought to be of interest to practical musicians, men who did not necessarily have university degrees. To the endowment given to the University of Oxford in 1627 for public lectures in theoretical and practical music was attached the specific stipulation that the theoretical lectures be given in English, "because divers skilfull musicians are not so well acquainted with the Latin tongue as university men" (quoted in Gouk 1997: 624). Elsewhere in English writings on mathematical music we find an insistence on its relevance to practical music and, by implication, to practical musicians: "'Tis impossible to conceive how much so happy an union would conduce both to the glory and advancement of Musick ... when the serious Mathematician could be able to reduce his Speculations to practise; and agen the ... composer could render an account of his charms, in a Mathematick Theory" (Salmon 1672: 29). The English *Compendium* had two editions in 1653 but was never reprinted thereafter; Poisson's translation was edited again in 1724. But little evidence has been uncovered about the readers of the translations, which might help to answer the question of whether practical musicians did in fact take any interest in their contents.

The English and French translators both believed the work needed a commentary: Poisson merely felt that "clarifications" ("éclaircissemens necessaires") were needed, but the English translator and commentator believed actual corrections were necessary, under the guise of "animad-versions". The second English presentation of Descartes' musical diagrams, by the unidentified "A. B.", was embedded without acknowledgement in a work on music of a much more practical character, giving the appearance almost of an attempt to smuggle mathematical theory into a practical context. It is difficult to speculate on the motive for this while the author's identity remains unknown.

These translations also reveal something of their translators' assumptions about the nature of musical knowledge itself. This is hinted at by the difference between the Latin and English versions of the diagrams: for the English translator, knowledge about music was knowledge of ratio theory as applied to the lengths of musical strings; for Descartes and perhaps the French translator it also included dividing up the continuous octave so as to show the potentially arbitrary boundaries between its different regions. For "A. B." it excluded mathematics as long as the discussion of pitch was sufficiently precise: but it, too, included the novel continuous, logarithmic concept of pitch.

The concept of pitch as a continuous line, not a set of distinct ratios, was to become very important for mathematical music theorists in the late seventeenth century. If the intervals were a set of ratios there were finitely many of them and they were absolutely different from one another. If they were points along a line the demarcation between one and another would be less sharp. One could start to think about a margin of error, to quantify errors in the ear's judgement of musical intervals; there would even be the possibility that the intervals were defined only conventionally; that the difference between one and another was an accident of the anatomy of the human ear, not an essential property of sound.

Assertions of all of these types were made by mathematical music theorists and anatomists of the ear later in the century. At least two English writers – Isaac Newton and Nicolaus Mercator – explicitly followed Descartes in making diagrams in which pitch was continuous and measured logarithmically. The most systematic such approach to pitch was made by Pietro Mengoli, a Bolognese mathematician who in 1670 tried to found the whole of music theory on his mathematical analysis of the anatomy of the ear and the mechanics of the ear's moving parts (Mengoli 1670; Wardhaugh 2006: 189-210).

A good deal, thus, is illustrated in Figures 1 and 2 and their differences: Descartes' musical diagrams and their "translations".

References

A. B., Philo-Mus. (1680). *Synopsis of vocal musick*. London.

Anon. (1913–14). *Transcript of the Register of the Worshipful Company of Stationers: from 1640–1708*. London: privately printed.

Augst, B. (1965). "Descartes's Compendium on music". *Journal of the History of Ideas* 26, pp. 119–32.

Boethius, A. M. S. (1989). *De institutione musica*, translated Calvin M. Bower, ed. Claude V. Palisca as *Fundamentals of music*. New Haven and London: Yale University Press.

Caldwell, John (1986). "Music in the Faculty of Arts". In *The History of the University of Oxford. Volume III, The Collegiate University*, ed. by James McConica. Oxford: Oxford University Press, pp. 201–12.

Cohen, H. Floris (1984). *Quantifying Music: The Science of Music at the first Stage of the Scientific Revolution, 1580–1650*. Dordrecht: Kluwer.

De Buzon, F. (1981). "Descartes, Beeckman, et l'acoustique". *Archives de philosophie* 44: *Bulletin cartésien* 10, pp. 1–8.

Descartes, René (1650). *Musicæ compendium*. Utrecht.

Descartes, René (1653). *Renatus Des-Cartes excellent compendium of musick and animadversions of the author*, ed. and trans. anon. [trans. Walter Charleton, ed. William Brouncker]. London.

Descartes, René (1661). *Kort Begryp der Zangkunst in de Latijnsche taal beschreven ...*, trans. by J. H. Glazemaker. Amsterdam.

Descartes, René (1668). *Traité de la méchanique composé par Monsieur Descartes de plus l'abregé de musique du mesme autheur mis en François avec les éclaircissemens necessaires*, trans. by N. Poisson. Paris.

Descartes, René (1897–1913). *Œuvres de Descartes*, ed. by C. Adam and P. Tannery. Paris: Cerf.

Descartes, René (1987). *Abrégé de musique: compendium musicæ*, ed. by F. de. Buzon. Paris: Presses Universitaires de France.

Dodds, Michael (2007). "Volvelles in Baroque music theory books". Paper given at the fifteenth Annual Conference of the Society for Seventeenth-Century Music, University of Notre Dame, South Bend, Indiana, 19–22 April 2007.

Feisenberger, H. (1975). *Sale Catalogues of Libraries of Eminent Persons. XI: Scientists*. London: Mansell with Sotheby Parke-Bernet Publications.

Gibson, Strickland, ed. (1931). *Statuta antiqua universitatis oxoniensis*. Oxford: Clarendon Press.

Gouk, Penelope M. (1997). "Music". In *The History of the University of Oxford. Volume IV, Seventeenth-century Oxford*, ed. by Nicholas Tyacke. Oxford: Oxford University Press, pp. 621–40.

Herissone, Rebecca, ed. (2006). *Synopsis of vocal musick*. Aldershot: Ashgate.

Kepler, Johannes (1624). *Chilias logarithmorum, praemissa demonstratione legitima ortus logarithmorum eorum[que] usus*. Marburg. Reprinted in (Kepler 1938–, IX, 275–352).

Kepler, Johannes (1625). *Supplementum chiliadis logarithmorum*. Marburg. Reprinted in (Kepler 1938–, IX, 353–426).

Kepler, Johannes (1938–). *Gesammelte Werke*, ed. by Walther von Dyck and Max Caspar. Munich: Beck.

Kircher, Athanasius (1650). *Musurgia universalis, sive ars magna consoni et dissone*. Rome.

Lindley, Mark (1984). *Lutes, Viols and Temperaments*. Cambridge: Cambridge University Press.

Meibom, Marcus (1652). *Antiquae musicæ auctores septem*. Amsterdam.

Mengoli, Pietro (1670). *Speculationi di musica*. Bologna.

Mersenne, Marin (1635/6). *Harmonicorum libri*. Paris.

Mersenne, Marin (1636a). *Harmonicorum instrumentorum libri quattuor* .... Paris.

Mersenne, Marin (1636b). *Harmonie universelle contenant la théorie et la pratique de la musique* .... Paris.

Napier, John (1614). *Mirifici logarithmorum canonis descriptio*. London.

Pirro, A. (1907). *Descartes et la musique*. Paris: Librairie Fischbacher.

Salmon, Thomas (1672). *A vindication of an essay to the advancement of musick, from Mr Matthew Locke's observations. By enquiring into the real nature, and most convenient practise of that science*. London.

Van Otegem, Matthijs (1999). "Towards a sound text of the *Compendium musicæ*, 1618–1683, by Rene Descartes (1596–1650)". *Lias* 26, pp. 187–203.

Wallis, John (1682). *Claudii Ptolemaei harmonicorum libri tres*. Oxford.

Wallis, John (1693–9). *Opera mathematica* [including editions of Porphyry and Bryennius on music]. Oxford.

Wardhaugh, Benjamin (2006). "Mathematical and mechanical studies of music in late seventeenth-century England". D.Phil. thesis, University of Oxford.

Wardhaugh, Benjamin (2008). *Music, Experiment and Mathematics in England, 1653–1705*. Aldershot: Ashgate.

Chapitre 2

Competition, Collaboration, and Correspondence: Comparing Astronomical Practice at the Paris and Greenwich Observatories in the Late Seventeenth Century

VOULA SARIDAKIS[*]

Building the Observatories

On 21 June 1667, on the longest day of the year (the summer solstice), mathematicians of the Académie royale des sciences determined and traced on the ground a meridian line essential for determining the orientation of a new observatory in Paris. Despite original faulty construction, which included a restricted view of the horizon and the exposure of in-

* I would like to thank the staff of the Manuscripts and University Archives of Cambridge University Library, the staff of the Bibliothèque de l'Observatoire de Paris, and the staff of the Library and archives of the Royal Society for their services and support. Moreover, I especially thank Carol Gayle and the Department of History and Janet McCracken, Dean of the Faculty at Lake Forest College, for their financial assistance for travel to Oxford to present an earlier version of this paper. Finally, my sincerest gratitude to Mordechai Feingold for ideas and assistance on past drafts, Constantine Alexandrakis for comments on more recent drafts, Bernard Joly for his behind-the-scenes editorial assistance, and finally, Robert Fox for all his helpful suggestions and advice.

Echanges entre savants français et britanniques depuis le XVIIᵉ siècle.
Robert Fox et Bernard Joly (éd.).
Copyright © 2010.

struments to the elements, the observatory itself became quite impressive overall. News concerning the construction of the Observatoire de Paris quickly spread through correspondence. The building was completed in 1672 – with further additions to the interior made later – but Henry Oldenburg, Secretary of the Royal Society of London, was informed that the telescopes were in use as early as 1671. On this point, he wrote to the widely admired astronomer Johannes Hevelius of Danzig,

> under the leadership of Cassini, the Parisian astronomers have at last fallen seriously to work upon celestial observations, the Observatory's telescopes having been erected. They lack nothing for the successful pursuit of scientific goals, since the royal bounty has generously furnished all the finance needed for that purpose[1].

The largesse of the "royal bounty" may have been an exaggerated assessment of royal interest in astronomy, however, because it was not until 1677 that the Dauphin visited the Observatory and only in 1682 that King Louis XIV graced it with his presence[2].

In 1669, Giovanni Domenico (Jean-Dominique) Cassini arrived from Bologna to take over as the first director of the observatory, the first of four generations of the Cassini family that would hold the position until 1771[3]. Cassini's reputation as an accomplished astronomer was recognized even before the formation of the Académie des sciences. He was paid a generous salary at the Observatoire[4], and began working immediately upon his arrival. His privileged background, authoritarian attitude, and weak command of the French language did not immediately endear him to many academicians, but through hard work Cassini eventually won over his colleagues (Débarbat 1984: 10).

By the time the Observatoire de Paris was completed, plans to build a national observatory in England were only getting under way. The motives connected to the building of the Observatoire – an instrument of the Académie des sciences – were different from the more practical interests

---

[1] Oldenburg to Hevelius, 12 June 1671, *Oldenburg Correspondence*, Vol. 8, 98.

[2] See Wolf, *Histoire de l'Observatoire de Paris*, pp. 116-19.

[3] For a more detailed account of the four generations of Cassinis, see Débarbat, *L'Observatoire*, pp. 9-14.

[4] Specifically, Cassini was paid 1000 écus (approximately 3000 livres or francs – although the value of écus varied over time) for the trip, and was provided with gracious accommodations and a pension of 9000 livres; see Débarbat, *L'Observatoire*, p. 10.

of the English[5]. In fact, compared with the relationship between the Académie des sciences and the Observatoire, the relationship between the Royal Society of London and the Greenwich Observatory was not as substantial. Whereas the Observatoire was originally intended as the locus of the Académie's activities, the Royal Society of London "had no formal responsibility for the [Greenwich] Observatory or its work during the first 35 years of its existence (Lovell 1994: 283)." Nonetheless, the first Astronomer Royal, John Flamsteed did, in fact, have close connections with the Royal Society. He interacted with members early in his career, and the Royal Society was the "preferred medium" for his work (Feingold 1997: 32-3, 34).

The decision to build a national observatory in England was motivated by the desire to solve the problem of longitude that was necessary for the perfection of navigation[6]. King Charles II signed a warrant appointing Flamsteed the first Astronomer Royal,

> for rectifying the tables of the motions of the heavens, and
> the places of the fixed stars, so as to find the so-much-desired
> longitude of places for the perfecting the art of navigation[7].

Flamsteed received what was regarded as a paltry salary of £100 per annum and was even required to pay ten percent of it in taxes. The royal warrant issued in June 1675 authorized the construction of the Royal Observatory, and Christopher Wren was asked to design the buildings: in August the foundations were laid, and by Christmas, the exterior of the building had been completed (Forbes 1975: 23)[8]. The Astronomer

---

[5] Works on the Royal Greenwich Observatory include: Maunder, *The Royal Observatory Greenwich*; McCrea, *Royal Greenwich Observatory*; Jones, *The Royal Observatory, Greenwich*; Forbes, *Greenwich Observatory*; and the works of Howse, *Francis Place and the Early History of the Greenwich Observatory*; and, *Greenwich Observatory. Vol. 3, The Buildings and Instruments*.

[6] The role of maritime interests in the founding of the Greenwich Observatory is carefully detailed in Forbes, *Greenwich Observatory*, pp. 8-17.

[7] *Flamsteed Correspondence*, Vol. 1, 904. Many of Flamsteed's letters along with an account of his life and work can also be found in Baily's, *An Account of the Revd John Flamsteed*.

[8] Howse's *Greenwich Observatory. Vol. 3, The Buildings and Instruments*, contains a wealth of information on the buildings of the Observatory including information on the specific buildings and work spaces of the Observatory in Flamsteed's time (pp. 1-6), drawings of Greenwich (plates between pp. 32-3), an appendix with actual floor plans of the Observatory and how they changed over time (pp. 161-2), and an appendix listing the chronological changes to the Observatory (pp. 150-4). A color illustration of Greenwich Observatory and environs can be found in Hoskin (ed.), *The Cambridge Illustrated His-*

Royal's lodgings were on the first floor, and an octagonal chamber above formed the observing room. This became known as the Octagonal Room, or Great Star Room[9], but Flamsteed performed most of his observations out of a "small building at the bottom of the garden" – the Sextant House and Quadrant House. By May 1676, "the Royal Observatory was complete (Howse 1975b: 5)."

Competition and collaboration

Cassini and Flamsteed initiated their correspondence at a time when competitive views were routinely espoused by others, particularly in England[10]. Flamsteed's colleagues had jaded (and often suspicious) opinions of the French astronomers, especially since they did not correspond with them as frequently as Oldenburg and Flamsteed did. John Caswell, Flamsteed's colleague, even warned Flamsteed at one point to protect his work because his observations could be

> sold to anyone that would give most for them: and in that case they would fall into the French kings hands, for that no body would bid so high: and then the French Astronomers would maim your observations, they would suppress some, and print others of yours in their own names[11].

Oftentimes, the impetus for international rivalry was "national pride", especially on the side of the English. In an early letter to Lord Brouncker, first president of the Royal Society, for example, Flamsteed called on English astronomers to move into action so that their labors could compete with foreign countries:

> Up! generous English spirits! run and strive to obtain those prizes, which the excluded world endeavours surreptitiously to deprive you of. What then hath cast us behind [foreign coun-

---

tory of Astronomy, pp. 178-9. The best collection of plates were drawn by Francis Place and have been collected and published together in Howse's, *Francis Place and the Early History of the Greenwich Observatory*.

[9] Current visitors to this room will notice few changes with the Francis Place engraving, except that the instruments – a quadrant, telescope, and all but one of the Tompion clocks – are not the originals, nor do they work. Portraits of Charles II and his brother, James II, hang on the wall.

[10] Their correspondence lasted for ten years, from 1673 to 1683, although most of their letters passed through Oldenburg.

[11] 8 May 1705, Flamsteed's Papers, RGO 1/35, ff. 41^r. Ironically, this was already happening to Flamsteed, but by his own countrymen, not the French!

tries]? not our want of wits, but loathe of pains. What hath made them so far outstrip us? not their acuteness, but industry[12].

Rhetorical at times for the sake of acquiring more funds and instruments for the Greenwich Observatory, Flamsteed indicated in a letter to Sir John Worden, a government official, that "the reall grounds of true Philosophy have been fetch'd from her Majesties Observatory," and that despite the "mighty Boasts" that the French have made of their Observatory, they have "done nothing Considerable. Forraign Nations as well as our own will derive the helps to their Ingenous studyes from her Majesties Observatory ....."[13]

English astronomers even suggested that the instruments at the Observatoire de Paris were inferior to their English counterparts. Based on William Molyneux and Edmond Halley's descriptions from their recent visits, the instruments in Paris were smaller and more difficult to manage, leading Flamsteed to comment, "I have no very great opinion [of] them."[14] Flamsteed, although perhaps biased because of his nationality, claimed that English telescopes and lenses were the best in Europe[15]. Despite his claims, however, he could not afford to purchase expensive instruments, and Cassini still managed to make all his discoveries with his better-crafted Campani telescopes. In addition to the quality of the instruments, Flamsteed was not always impressed with the work produced at the Observatoire de Paris in the closing decades of the seventeenth century. Because of personnel changes during the 1680s and 1690s, the Observatoire eventually lagged behind the Greenwich Observatory by the end of the century[16]. However, this in no way prevented the English king,

---

[12] 24 November 1669, *Flamsteed Correspondence*, Vol. 1, 17.

[13] 22 May 1702, *Flamsteed Correspondence*, Vol. 2, 938-9. In a c.1715 draft of the "Account of the Observatory", Flamsteed specified that the "French have done little towards the great Worke of the fixed stars [from] their Stately and Chargeable Observatory ....."; Flamsteed's Papers, RGO 1/35, ff. 146[r].

[14] Flamsteed to Newton, 25 September 1685, *Flamsteed Correspondence*, Vol. 2, 248.

[15] Flamsteed to Brouncker, 24 November 1669, *Flamsteed Correspondence*, Vol. 1, 16.

[16] The Observatoire lost some of its leading astronomers during the second half of the seventeenth century. The French astronomer Adrien Auzout may have been pressured to leave France for Rome in 1668 after a disagreement with certain members of the Académie and his falling out of favor with Jean-Baptiste Colbert, the French minister of finance who was instrumental in the founding of both the Académie des sciences and Observatoire de Paris; see *Oldenburg Correspondence*, Vol. 4, 443 n. 1. Another notable French astronomer, Jean Picard, died in 1682. The Danish astronomer Olaus Roemer, who worked on the speed of light while in Paris, left in 1679 and eventually became Professor of Astronomy at the University of Copenhagen. Additionally, Christian Huygens, a paid member of the Académie from 1666, left France for Holland in 1681 owing to the

James II, from visiting the observatory for himself on 20 August 1690, along with some of his entourage[17].

Despite rivalries and tensions, correspondence between astronomers was encouraged, not only by Oldenburg, but also by John Beale, who argued as early as 1671 that,

> the parisian *observatory* cannot do ye greate things in Astronomy without correspondents amongst yu, or at greater distances. The Satyrist chides us againe. Ubi est Astronomia? Ubi consultissima Sapientiae via. Quis apud nos venit in templum, et vocum fecit, si philosophiae fontem invenisset[18]?

Oldenburg, in particular, faithfully and consistently promoted Flamsteed's work in letters to individuals such as Huygens, Hevelius, Newton, Heinrich Sivers, and Erasmus Bartholin[19]. As the intermediary between the three greatest European astronomers of the 1670s (Flamsteed, Cassini, and Hevelius), Oldenburg had frequently to mend quarrels, juggle egos, and smooth ruffled feathers. Through diplomacy, tact, and the careful editing of correspondence, Oldenburg kept the communication lines open. Even after Oldenburg's death in 1677, however, Flamsteed continued his correspondence with Cassini until 1683 and with Hevelius until 1687, although the number of letters exchanged significantly declined in number.

Comparison of observations and measurements

The relationship between Cassini and Flamsteed was based overall on mutual respect and understanding that stemmed from a consensus over proper astronomical methods. This included obtaining observations over

---

growing religious intolerance of Catholics towards Protestants. It was especially unsafe for him to return to France after the death of Colbert (Huygens' protector) in 1683, and the revocation of the Edict of Nantes in 1685.

[17] "Recit de ce qui s'est passé à l'observatoire le 23 Août sous que le Roy Angleterre y est venue," *Astronomical Letters and Papers of Gian-Domenico Cassini* (**B4**$_3$.5*.41).

[18] 6 August 1671, *Oldenburg Correspondence*, Vol. 8, 186-7. The Halls' translation of the Latin is: "Where is astronomy? Where is the most appropriate path to knowledge? Who among us has come to the temple and made an offering, that he might discover the fount of philosophy?"; see *Oldenburg Correspondence*, Vol. 8, 189 n. 6; from Petronius Arbiter, *Satyricon*, 172-5.

[19] 4 August 1673, Oldenburg to Huygens; 7 August 1673, Oldenburg to Hevelius; 14 September 1673, Oldenburg to Newton; 5 September 1673, Oldenburg to Sivers; 20 September 1673, Oldenburg to Bartholin; all located in *Oldenburg Correspondence*, Vol. 10. For more on Oldenburg's relationship with Flamsteed and the Royal Society, see Hall, *Henry Oldenburg: Shaping the Royal Society*, pp. 218-19.

a long period of time, using the best possible instruments and assistants, ensuring that the instruments were well-calibrated, and cross-checking multiple measurements and observations in order to rule out errors. At the same time, however, Flamsteed was often paranoid and defensive about the French pilfering his work, despite the fact that Cassini was always cordial and respectful in his correspondence. The intense urge to prove his worth as an astronomer internationally as well as to his own country-men contributed to Flamsteed's idiosyncratic behavior. It was in these in-stances that Oldenburg had to intercede and edit the correspondence be-tween Cassini and Flamsteed.

Flamsteed initiated correspondence with Cassini before the building of the Greenwich Observatory in 1673, writing a letter to him without any previous introductions. He was formal yet polite, indicating his interest in sharing observations:

> As I am about to write to you without being known to you, most distinguished Cassini, I would beg your pardon in many words for my boldness, did not the reason for my addressing you being the studies we have in common, your well-known noble conduct among astronomers, and the usefulness of the observations which I am going to share with you, persuade me that this would be altogether superfluous[20].

Thereafter, the two men established a cordial correspondence (one that survived Flamsteed's occasional complaints to Oldenburg) that focused on the promotion of astronomy, a sentiment captured by Cassini in an early letter to Flamsteed:

> Farewell, famous Sir, and since God Almighty has endowed you with an extraordinary gift for promoting astronomy, make use of it, and as you have begun to do, make us sharers in your observations and researches[21].

Most of the correspondence between Cassini and Flamsteed dates from the 1670s. In it they treated various astronomical topics and ex-changed observations and measurements with great interest, although there were several instances when their figures did not agree[22]. One of the

---

[20] 7 July 1673, *Flamsteed Correspondence*, Vol. 1, 215.

[21] 1/11 August 1673, *Flamsteed Correspondence*, Vol. 1, 232.

[22] Cassini indicated to Flamsteed that perhaps their observations did not agree because of differences in their "methods of observation" (29 October/8 November 1673, *Flamsteed Correspondence*, Vol. 1, 258).

first topics they discussed concerned the maximum and minimum digressions of Jupiter's satellites from its center. Flamsteed provided Cassini with his own measurements of the digressions in his first letter (July 7, 1673), carefully describing his instruments and methods of observation. He even took the time to compare his measurements with those published in Cassini's *Ephemerides Bononienses mediceorum syderum* (Bologna, 1668), and noted the discrepancies between several measurements. Specifically, Flamsteed "found the motion of [Jupiter's third satellite] a degree-and-a-half less than [Cassini's] figures make it" although, as Flamsteed pointed out, this may have been caused by differences in "latitude, or by the eccentricity of the satellites orbit, things which are not yet fully explored."[23] Cassini responded that he had expressed the maximum distances of Jupiter's satellites "in round numbers only, restricted ... to the year 1665," and that "if there is any discrepancy it is uncertain whether it is to be attributed to the difficulty of [making] the observations, or to a variation."[24] The motions and eclipses of Jupiter's satellites continued to be a central topic for Flamsteed well after his correspondence with Cassini came to an end and he frequently claimed his tables to be superior to Cassini's[25].

Flamsteed also shared his measurements of solar parallax with Cassini – these were "at most 10" and the [Earth-Sun] distance 21,000 terrestrial radii" – an astonishingly high number. Solar parallax was determined by obtaining Mars' parallax, which Flamsteed indicated was "never greater than 25 seconds of arc"[26] – although he later changed it to 26 seconds of arc[27]. Cassini was delighted that his figures agreed so closely with Flamsteed's:

> As far as the parallax of Mars is concerned, it is remarkable how far we agree in our definitions of it .... I found the parallax of Mars to be 25 seconds of time. And ... I defined the mean solar distance from Earth as 22 thousand earth-radii .... *Certainly by so close an agreement of observations great authority*

---

[23] 7 July 1673, *Flamsteed Correspondence*, Vol. 1, 219.
[24] 1/11 August 1673, *Flamsteed Correspondence*, Vol. 1, 231.
[25] See for instance Baily, p. 33; 11 October 1694, Flamsteed to Newton, also in Baily, pp. 135-6; 15 March 1706/7, Flamsteed to Sharp, *Flamsteed Correspondence*, Vol. 3, 405.
[26] 7 July 1673, *Flamsteed Correspondence*, Vol. 1, 219.
[27] Flamsteed to Cassini, 5 September 1673, *Flamsteed Correspondence*, Vol. 1, 251.

is conferred upon the ratios determined by us between the radius of the Earth and the distances of all the planets[28].

Cassini added that he was eager for Flamsteed to send him his measurements of Mars' diameter. On this matter, however, Flamsteed's ratios did not agree – he found the ratio between Mars' diameter and parallax to be 5:4, "a little different from what [Cassini] stated"[29]. "As concerns the diameter of Mars," Cassini wrote, "I do not know whether the difference of a few seconds between our observations is to be attributed to the residue of rays from which it is with difficulty freed in less perfect telescopes, or to the method of observation." Undaunted, Cassini concluded that "this discrepancy will urge me on to make further observations."[30]

Flamsteed and Cassini also realized that their observations of Jupiter's shape did not agree. Flamsteed mentioned that the disc of Jupiter was "broader in the direction of the digressions of his satellites."[31] However, Jupiter had always appeared round, according to Flamsteed, and the work of other astronomers never indicated that Jupiter was oval or bulged more at the equator than towards the poles[32]. Cassini insisted that the shape was oval but proposed in the following letter that he would make further observations of Jupiter's shape as soon as it could be observed[33]. After further observations with longer telescopes (Flamsteed's mistake, he claimed, came from using a "short" thirteen-foot telescope), Flamsteed accepted Cassini's view that Jupiter was oval-shaped (Baily 1966: 34).

Both Flamsteed and Cassini rejoiced when they compared each others' observations of the lunar eclipse of June 26, 1675, and realized that their measurements agreed for the most part. This led Cassini to write to Oldenburg,

> ... we have found other observations of the same eclipse made elsewhere and communicated to us to be wanting in the same perfection. However, there is a notable agreement between yours [i.e., Flamsteed's] and ours, and *both unite [to produce] authority*[34].

---

[28] (Emphasis mine) 1/11 August 1673, *Flamsteed Correspondence*, Vol. 1, 232.

[29] 5 September 1673, *Flamsteed Correspondence*, Vol. 1, 251.

[30] 29 October/8 November 1673, *Flamsteed Correspondence*, Vol. 1, 258.

[31] 1/11 August 1673, *Flamsteed Correspondence*, Vol. 1, 231.

[32] 5 September 1673, *Flamsteed Correspondence*, Vol. 1, 251.

[33] 29 October/8 November 1673, *Flamsteed Correspondence*, Vol. 1, 258.

[34] (Emphasis mine) 28 July 1675, *Oldenburg Correspondence*, Vol. XI, 429.

Flamsteed, however, did find discrepancies in Cassini's determination of the meridians between London and Paris based on his lunar eclipse observations. Flamsteed therefore used observations of the solar eclipse of June 1666 to determine the temporal difference in meridians between Danzig and London ("not greater than 1 hour 16 minutes"), and between London and Paris ("not less than 12 minutes")[35]. A few years later, he indicated to Cassini that he had determined the difference between the Paris and London meridians to be 9¼ minutes[36].

In one instance at least, Flamsteed and Cassini's observations completely diverged. In 1681, Flamsteed discovered that the French astronomers believed that the comets observed in 1680 and 1681 were two distinct comets. Flamsteed, on the contrary, believed they were one and the same comet – a theory he could not "answere ... as yet without unpresidented suppositions."[37] When Cassini sent Flamsteed a printed treatise on the 1680-81 comets[38], Flamsteed unhesitatingly informed Cassini that he found errors in Cassini's positions of the comets and indicated that he saw no reason why he should "depart from [the] opinion" that the two comets were the same[39]. Apparently, however, Cassini never discussed the one-comet theory with Flamsteed.

Despite all their differences, Cassini and Flamsteed were both proponents of the new instrumentation, especially the use of telescopic sights and micrometers on positional measuring instruments such as quadrants and sextants. For his part, Flamsteed even tried to engage Cassini in the controversy over the use of naked-eye sights between Hevelius and Hooke by referring to Hevelius repeatedly[40]. On one occasion, he wrote to Cassini that Hevelius was planning a star catalog of his own, but because Hevelius still used naked-eye sights rather than telescopic sights, "it is scarcely permissible to expect any greater precision from him than we find in Tycho". If anyone should attempt to undertake such a labor, it should be Cassini and his colleagues at the Observatoire de Paris because it "will be undertaken by yourselves in a better way with telescopes prop-

---

[35] 19 September 1675, *Flamsteed Correspondence*, Vol. 1, 370.

[36] 8 January 1678/9, *Flamsteed Correspondence*, Vol. 1, 668. The current value is 9 minutes 23 seconds; *Flamsteed Correspondence*, Vol. 1, 672 n. 3.

[37] Flamsteed to [Caswell], 4 February 1680/1, *Flamsteed Correspondence*, Vol. 1, 753.

[38] Enclosed with a letter dated 20 June 1681, *Flamsteed Correspondence*, Vol. 1, 791.

[39] 1 November 1681, *Flamsteed Correspondence*, Vol. 1, 836.

[40] The Hevelius-Hooke controversy over the relative merits of naked-eye versus telescopic sights is discussed at great length in my doctoral dissertation "Converging Elements in the Development of Late Seventeenth-century Disciplinary Astronomy: Instrumentation, Education, Networks, and the Hevelius-Hooke Controversy."

erly applied to instruments."[41] On another occasion, Flamsteed even indicated to Cassini that of those who do not use "lenses", a "screw", or a
"moving device", "nothing is to be expected but that the observations will
conflict with each other and be as unreliable as the instruments."[42]
Cassini, however, refused to either directly address the issue of naked-eye
sights, or comment on Flamsteed's criticisms of Hevelius. It appears
Cassini *never* addressed the issue of sights in any letters to Flamsteed,
and when he did mention Hevelius to Flamsteed, it was by praising
Hevelius' lunar maps[43].

Conclusion

Years before he began his work at Greenwich, Flamsteed listed what
he believed to be the necessary characteristics of the successful astronomer: "indefatigable industry, some watchful nights, careful days, curious
calculations, a Lynceus' eyes, Apelles' hands, and Kepler's ingenuity" –
"truly Herculean labours."[44] Cassini would have agreed. Irrespective of
their differences, the meticulous observational programme embraced by
Flamsteed was clearly espoused by Cassini. The Cassini-Flamsteed correspondence demonstrates how each astronomer moved beyond specific
differences in measurements and observations, and emphasized instead
the broader context – that is, understanding the connection between quality of instruments and observations, and defining the appropriate methods
of observation – qualities that transcended personality and rank.
Flamsteed also insisted on the essential symbiosis between observer and
instruments – a careful balance between an experienced astronomer and
the most advanced instruments available. Furthermore, he maintained that
astronomical practitioners had to avail themselves of the most advanced
astronomical improvements and devices in order to confer authority on
their results. French astronomers were also using the latest improvements
and measuring devices on their finely crafted telescopes.

Beyond instruments, however, Flamsteed was also drawn to Cassini
because he recognized him as a "kindred spirit" – someone who had so
much in common with Flamsteed in terms of a successful research program in astronomy that went beyond the simpler comparisons of exact

---

[41] 5 September 1673, *Flamsteed Correspondence*, Vol. 1, 253.
[42] 19 September 1675, *Flamsteed Correspondence*, Vol. 1, 371.
[43] 1 February 1675/6, *Flamsteed Correspondence*, Vol. 1, 426. French astronomers, such
as Auzout and Picard, were committed to the use of micrometers and telescopic sights on
positional measuring instruments.
[44] Flamsteed to Brouncker, 24 November 1669, *Flamsteed Correspondence*, Vol. 1, 17.

numbers and observations. Cassini, in turn, admired Flamsteed's "dili-
gence and experience."[45] What their exchange of information demonstrates (and other similar cases that are beyond the scope of this paper), is
that correspondence on astronomical matters was more than just a method
for checking and cross-checking one's work – it also became a vehicle
for enlisting colleagues and collaborators, solidifying one's own reputation, and defining astronomical practice by determining which methods
and instruments were acceptable and even necessary[46]. Cassini and
Flamsteed focused on the goal of elevating the status of observational
astronomy throughout their careers. And although their specific measurements and observations did not always agree, they recognized the significance of matching methodologies of observation, supporting and
using new instrumentation, and sharing an enthusiasm for the study and
promotion of observational astronomy. Their correspondence sheds light
on the ways in which observational astronomy was emerging in the late
seventeenth century as a scientific activity in which trusting in the new
instrumentation and defining methods of observation had become essential to astronomical practitioners of the highest caliber.

References

Baily. Francis (1966). *An Account of the Revd John Flamsteed, The First Astronomer Royal*. Reprint by London: Dawsons of Pall Mall.

Bennett, Jim (1997). "Flamsteed's Career in Astronomy: Nobility, Morality and
Public Utility". In *Flamsteed's Stars. New Perspectives on the Life and Work
of the First Astronomer Royal (1646-1719)*, ed. by Frances Willmoth.
St-Edmundsbury, Suffolk, UK: The Boydell Press, pp. 17-30.

Cassini, Gian-Domenico. *Astronomical Letters and Papers of Gian-Domenico
Cassini*. Paris: Bibliothèque de l'Observatoire de Paris.

Débarbat, Suzanne (1984). *L'Observatoire de Paris. Son Histoire*. Paris: Observatoire de Paris.

Feingold, Mordechai (1997). "Astronomy and Strife: John Flamsteed and the
Royal Society". In *Flamsteed's Stars. New Perspectives on the Life and Work
of the First Astronomer Royal (1646-1719)*, ed. by Frances Willmoth.
St-Edmundsbury, Suffolk, UK: The Boydell Press, pp. 31-48.

Flamsteed, John. Cambridge University Library, Archives of the Royal Greenwich Observatory, Flamsteed's Papers (RGO 1/35).

Forbes, Eric G. (1975). *Greenwich Observatory. Vol. 1, Origins and Early History (1675-1835)*. London: Taylor & Francis.

---

[45] 28 July 1675, Cassini to Oldenburg, *Oldenburg Correspondence*, Vol. XI, 429.
[46] See also Bennett, "Flamsteed's Career in Astronomy", p. 27.

Forbes, Eric G., Lesley Murdin, and Frances Willmoth, eds. (1995). *The Correspondence of John Flamsteed, The First Astronomer Royal. Volume One 1666-1682*. Bristol and Philadelphia: Institute of Physics Publishing.

_____, eds. (1997). *The Correspondence of John Flamsteed, The First Astronomer Royal. Volume Two 1682-1703*. Bristol and Philadelphia: Institute of Physics Publishing.

_____, eds. (2002). *The Correspondence of John Flamsteed, The First Astronomer Royal. Volume Three 1703-1719*. Bristol and Philadelphia: Institute of Physics Publishing.

Hall, Marie Boas (2002). *Henry Oldenburg: Shaping the Royal Society*. Oxford: Oxford University Press.

Hall, Rupert A. and Marie Boas Hall, eds. (1967). *The Correspondence of Henry Oldenburg*, Vol. 4. Madison, WI: University of Wisconsin Press.

_____, eds. (1971). *The Correspondence of Henry Oldenburg*, Vol. 8. Madison, WI: University of Wisconsin Press.

_____, eds. (1975). *The Correspondence of Henry Oldenburg*, Vol. 10. London: Mansell Information/Publishing Limited.

_____, eds. (1977). *The Correspondence of Henry Oldenburg*, Vol. 11. London: Mansell Information/Publishing Limited.

Hoskin, Michael, ed. (1997). The *Cambridge Illustrated History of Astronomy*. Cambridge: Cambridge University Press.

Howse, Derek (1975a). *Francis Place and the Early History of the Greenwich Observatory*. New York: Science History Publications.

_____ (1975b). *Greenwich Observatory. Vol. 3, The Buildings and Instruments*. London: Taylor and Francis.

Jones, Harold Spencer (1943). *The Royal Observatory*. London: Greenwich, Longmans, Green, and Co.

Lovell, Sir Bernard (1994). "The Royal Society, the Royal Greenwich Observatory and the Astronomer Royal". *Notes and Records of the Royal Society of London* 48, pp. 283-97.

Maunder, E. Walter (1900). *The Royal Observatory Greenwich*. London: The Religious Tract Society.

McCrea, William Hunter (1975). *Royal Greenwich Observatory. An Historical Review Issued on the Occasion of its Tercentenary*. London: H.M.S.O.

Saridakis, Voula (2001). "Converging Elements in the Development of Late Seventeenth-century Disciplinary Astronomy: Instrumentation, Education, Networks, and the Hevelius-Hooke Controversy". Doctoral dissertation: Virginia Polytechnic Institute and State University.

Wolf, Charles (1902). *Histoire de l'Observatoire de Paris de sa fondation à 1793*. Paris: Gauthier-Villars.

Chapitre 3

Monsieur Le Febure : « chimiste vulgaire » et français à la Royal Society

RÉMI FRANCKOWIAK

Un chimiste français à la Royal Society

Nicaise Le Febvre (*c.* 1610-1669) est non seulement le premier chimiste mais le premier Français membre d'une académie savante nationale, en l'occurrence la Royal Society de Londres ; il en est même un des quatre-vingt dix-huit « Original Fellows » puisqu'il inscrit son nom sur les registres de la Société le 11 décembre 1661, avant que celle-ci ne se dote d'une charte la plaçant officiellement sous patronage royal en 1663 et ne prenne son nom actuel[1]. Le Febvre sera par la suite, le 30 mars 1664, choisi pour participer à la commission de chimie de la Royal Society à laquelle il a appartenu jusqu'à sa mort et où il semble être intervenu jusqu'en décembre 1667. « Monsieur Le Febure » – c'est souvent de la sorte que son nom apparaît dans les textes outre-Manche[2] –

---

[1] Voir Michael Hunter, *The Royal Society and its fellows, 1660-1700: the morphology of an early scientific institution*, Chalfont St. Giles, Bucks, British Society for the History of Science, 1982. On notera que Le Febvre est le premier *fellow* à être explicitement et uniquement défini par Hunter comme chimiste ; le second est aussi un étranger, Hjarne Urban, entré à la Royal Society en 1669 à la mort de Le Febvre.

[2] Comme dans Thomas Birch, *The History of the Royal Society of London for improving of natural knowledge from its first rise, in which the most considerable of those papers communicated to the Society, which have hiherto not been published, are inserted in their*

Echanges entre savants français et britanniques depuis le XVIIᵉ siècle.
Robert Fox et Bernard Joly (éd.).
Copyright © 2010.

est donc un *fellow* à part entière, à la différence près qu'il ne devait pas s'exprimer en anglais mais en français (et sans doute en latin aussi).

Robert Boyle contre la chimie vulgaire

Cependant, en 1661, la même année que son admission à la Royal Society, un autre *fellow* – et non des moindres –, Robert Boyle, qui fera lui également partie de la commission de chimie, fait paraître son célèbre *Sceptical Chymist*[3], dans lequel il prend position contre la théorie principielle paracelsienne, du moins celle des cinq principes (Sel, Soufre, Mercure, Eau et Terre), invoquée par ceux qu'il appelle les « chimistes vulgaires » pour rendre compte, par les qualités qu'ils portent, des propriétés des corps des trois règnes de la nature qu'ils sont censés constituer. La cible principale de l'ouvrage est donc cette classe de chimistes vulgaires composée des apothicaires iatrochimiques, des auteurs de cours de chimie et des adeptes de la cosmologie paracelsienne[4], qui auraient dégradé, selon Boyle, le statut de la chimie en l'abaissant à un vulgaire ensemble de pratiques opératoires et d'applications techniques, ou en la présentant comme panchimie[5] ; autrement dit classe à laquelle pourrait bien appartenir Monsieur Le Febure. Aussi Boyle ne voit-il en ces chimistes vulgaires que de simples manœuvres d'une discipline dont les opérations doivent trouver leur raison dans le cadre de son « hypothèse mécanique » plutôt que par les principes chimiques paracelsiens avancés, lesquels, selon lui, en plus d'être touchés d'une élémentarisation inacceptable et d'être étendus de manière outrancière à l'ensemble des corps mixtes[6], sont en totale contradiction avec l'expérience qui met en évi-

---

proper order, as a supplement to the "Philosophical Transactions", London : A. Millar, 1756-1757, 4 vol. ; ou encore dans le journal de John Evelyn édité par William Bray (ed.), *The diary of John Evelyn from 1641 to 1705-6, with memoir*, London : W. W. Gibbings, 1890.

[3] Robert Boyle, *The Sceptical Chymist : or Chymico-Physical Doubts & Paradoxes, Touching the Spagyrist's Principles Commonly call'd Hypostatical, As they are wont to be Props'd and Defended by the Generality of Alchemists*, London, 1661. Sur les contresens historiques de la lecture de ce titre, voir Lawrence M. Principe, *The Aspiring Adept. Robert Boyle and his Alchemical Quest*, Princetown University Press, Princetown, 1998, pp. 30-35.

[4] Comme l'a clairement montré Principe, *ib.*, pp. 58-62.

[5] Voir Principe, *ib.*, pp. 36-37.

[6] C'est à tort que Boyle perçoit les principes paracelsiens comme devant posséder une nature élémentaire, constante et universelle pour les « chimistes vulgaires » (à l'exception d'Etienne De Clave, non dans son *Cours de Chimie* (Paris, 1646), mais dans son ouvrage théorique, *Nouvelle Lumière Philosophique* (Paris, 1641) ; voir Rémi Franckowiak, « Le

dence leur hétérogénéité et leurs différences entre substances princi-
pielles de même nom. Les propriétés des corps ne doivent pas être por-
tées à une quelconque composition en trois ni même en cinq substances
élémentaires pour Boyle, mais à des interactions et à des groupements de
corpuscules dont la texture rend compte physiquement des propriétés chimiques des corps[7]. Ainsi Boyle en 1661 souhaite-t-il selon ses mots :

> (…) retirer à ces Artistes [c'est-à-dire aux chimistes vulgai-
> res] leur confiance excessive en leurs principes et les rendre un
> peu plus philosophes (dans le rapport) à leur Art[8]. […] [Il y a]
> une grande différence entre être capable de faire des expérien-
> ces et être capable d'en fournir une explication philosophique[9].

Une philosophie de type mécaniste doit alors être invoquée comme
cause immédiate des changements ; les effets visibles ne pouvant prove-
nir que d'un changement d'ordre mécanique[10]. Aussi Boyle souhaite-t-il
fonder une « chimico-physique » correspondant à l'association de la
philosophie corpusculaire aux expériences chimiques, qui n'est plus
chimie – car n'en sont conservées que les observations et les expériences –, sans être pour autant stricte physique mécaniste. Boyle ne peut de
ce fait pas être caractérisé comme simple défenseur de la chimie expérimentale, pas plus que comme simple opposant à la doctrine paracelsienne

---

Cours de Chimie d'Etienne de Clave », *Corpus*, 39, (2001), pp. 73-99). Pour le montrer
nous ne citerons que Jean Beguin (*Elemens de Chymie*, 1624, p. 35), sans doute le
chimiste vulgaire paradigmatique dans le *Sceptical Chemist*, qui précise clairement que
les principes avec lesquels travaille le chimiste paracelsien ne doivent surtout pas être
considérés comme homogènes : « Il faut toutesfois noter qu'aucun des susdicts principes
n'est si seul, & simple, qu'il ne tienne quelque peu des autres. Car le Mercure contient
une substance sulphurée & une saline. Le Souphre une substance saline, & une mercurielle, & le Sel une substance sulphurée & une mercurielle ». Voir Rémi Franckowiak,
« La chimie au XVIIe siècle : une question de principes », *Methodos* n° 8 (2008),
http://methodos.revues.org/document1823.html.
[7] Voir Antonio Clericuzio, *Elements, Principles, and Corpuscles : A Study of Atomism
and Chemistry in the Seventeenth Century*, Archives Internationales d'Histoire des Idées,
171, Kluwer, Dordrecht, 2000, pp. 137-138.
[8] Boyle déclare avoir rédigé le *Sceptical Chymist* « […] to take those Artists off their
excessive Confidence in their principles and to make them a little more Philosoph(ical)
with their Art » (in Michael Hunter, *Robert Boyle by himself and His Friends*, Pickering
& Chatto, London, 1994, p. 29).
[9] « […] There is a great Difference betwixt the being able to make Experiments, and the
being able to give Philosophical Account of them » (Boyle, *op. cit.* in note 3, p. 208, et
répété p. 307).
[10] Voir Principe, *op. cit.* in note 3, p. 208.

sur la base d'une philosophie mécaniste : son intention est bien plutôt de doter la pratique de la chimie de principes philosophiques et inversement[11]. Passée la première partie de son ouvrage[12], Boyle n'argumente plus seulement à la manière sceptique, mais s'autorise des affirmations positives quant à la composition des corps. Le *Sceptical Chymist* ne sert alors pas tant à jeter le doute sur la chimie paracelsienne qu'à la réduire à une discipline purement pratique[13] ; faire de ce qui faisait la force de la chimie – sa pratique de laboratoire –, une fois privée de tout discours qui lui soit propre, son unique dimension. C'est par conséquent refuser à un Nicaise Le Febvre le titre légitime, pensait-il, qu'il s'octroyait de « Philosophe sensal » ; appellation que l'on retrouve reprise, mais pour s'en moquer, par Boyle dans son *Sceptical Chemist* :

> Mais comment les Chimistes font apparaître qu'il y a de tels corps primitifs et simples [leurs Principes] dans ceux dont nous parlons [les corps composés] […] ? Et s'ils prétendent par la raison prouver ce qu'ils affirment, [alors] que deviennent leurs

---

[11] La chimico-physique de Boyle est illustrée dans ses *Certain Physiological Essays* de 1661, par le récit de ses expériences commentées sur le salpêtre, c'est-à-dire une lecture de type mécaniste de l'opération chimique de « rédintégration » du salpêtre, intitulé « A Physico-Chymical Essays, containing an Experiment, With some considerations touching the differing Parts and Redintegration of Salt-Petre ». Voir à ce sujet Rémi Franckowiak, « Du Clos criticizes Boyle », *in* Dan Garber and Sophie Roux (eds.), *The Mechanization of Natural Philosophy*, Springer-Verlag, collection "Boston Studies of Science", Boston, à paraître.

[12] Comme le souligne Antonio Clericuzio, « Carneades and the Chemists: A Study of The *Sceptical Chymist* and its Impact on Seventeenth-Century Chemistry », *in* Michael Hunter (éd.), *Robert Boyle Reconsidered*, Cambridge University Press, Cambridge, 1994, pp. 80-81.

[13] Boyle n'est pas le seul à avoir exprimé ce souhait. Dès 1660 par exemple – un an avant le parution du célèbre *Sceptical Chymist* –, Samuel Sorbière souhaitait déjà confisquer la parole aux chimistes (13 juillet 1660) : « Certes, Monsieur, autant que je les [les chimistes] admire, tandis que je les vois lutter proprement un Alambique, philtrer une liqueur, bastir un Athanor ; autant me déplaisent-ils lors que je les entends discourir sur la matiere de leurs operations. Et cependant ils croyent que tout ce qu'ils font, n'est rien au prix de ce qu'ils disent. Je voudrais qu'ils ne prisent pas cette peine, qu'ils ne se missent pas si fort en frais, et que tandis qu'ils se lavent les mains au sortir de leur travail, ils laissassent escrire ceux qui se sont plus attachés à polir leur discours. Ce seroit aux Galilees, aux Descartes, aux Hobbes, aux Bacons et aux Gassendis, à raisonner sur leur labeur ; et ce seroit à ces bonnes gens d'écouter ce que leur diroient les personnes doctes et judicieuses, qui se sont accoutumées à faire le discernement des choses. *Quam scit uterque libens censebo exerceat artem* » (*Relations, Lettres et Discours de Mr Sorbière sur diverses matières curieuses*, Paris, Roberet de Ninville, 1660, pp. 167-168).

vantardises assurées que les Chimistes (qui sont appelés par conséquent, après Beguin, *Philosophus* ou *Opifex Sensatus* [= Philosophe ou Ouvrier sensé]) peuvent convaincre nos yeux, en montrant de manière manifeste dans tout corps mixte ces substances simples dont elle [la raison] leur enseigne qu'ils sont composés ? Et en fait, si les Chimistes ont recours dans ce cas à d'autres preuves que des expériences, comme ils doivent ici brandir le grandiose Argument qui est donné pendant tout ce temps comme démonstration ; alors cela me libère de l'obligation de poursuivre la contestation dans laquelle je me suis engagé à n'examiner que les preuves expérimentales[14].

Au vu de la position affirmée de Boyle dans son *Sceptical Chemist*, la réunion des deux chimistes – le sceptique et le vulgaire – sur une même scène académique aurait pu paraître tout à fait improbable, ou du moins conflictuelle. Aussi plusieurs questions viennent-elles immédiatement à l'esprit : les huit années passées à la Royal Society aux côtés de Boyle ont-elles rendu Monsieur Le Febure plus « philosophe » ? Le Febvre était-il au moins le bienvenu dans cette société savante ? N'y-a-t-il pas eu incompréhension entre les savants britanniques et ce chimiste vulgaire ? Sa présence a-t-elle eu des répercussions sur la chimie du continent ? Mais sans doute est-il nécessaire de rappeler avant de poursuivre que Boyle n'est pas le pourfendeur d'une alchimie égarée sur le chemin d'une improbable Pierre philosophale comme on le présente malheureusement encore trop souvent. Boyle est un chimiste de son temps, certainement important, mais qui ne dénigrait pas – loin de là – des recherches plus spéculatives sur, entre autres, un certain Mercure des philosophes dont l'intérêt pour lui n'a cessé de croître du milieu des années 1660 jusqu'à son décès[15]. Cette précision est l'occasion d'en ajouter une

---

[14] « For how do Chemists make it appear that there are any such primitive and simple bodies, in those we are speaking of […]? And if they pretend by Reason to evince what they affirm, what becomes of their confidents boasts, that the Chemists (whom they therefore, after *Beguinus*, call a *Philosophus* or *Opifex Sensatus*) can convince our Eyes, by manifestly shewing in any mixt body those simple substances he teaches them to be compos'd of? And indeed, for the Chemists to have recourse in this case to other proofs then Experiments, as it is to wave the grand Argument that has all this while been given out for a demonstrative One; so it releases me from the obligation to prosecute a Dispute wherein I am not engag'd to Examine any but Experimentall proofs » (Boyle, *op. cit.* in note 3, pp. 236-237).

[15] Comme l'a parfaitement montré Principe, *op. cit.* in note 3.

autre : chimie et alchimie sont deux termes exactement synonymes au XVIIe siècle, sans que cela signifie pour autant qu'ils désignent un savoir irrationnel ou au mieux une pré-chimie, mais simplement la science chimique du moment[16].

Nicaise Le Febvre

Qui est donc Nicaise Le Febvre[17] ? Le Febvre est né, vers 1610, à Sedan où il apprend son métier d'apothicaire auprès de son père qui y tenait boutique, avant de s'installer à Paris au milieu des années 1640. Alors apothicaire ordinaire du roi et « distillateur chimique de sa Majesté et de Monseigneur de Metz, duc de Verneuil », il succède à partir de 1651 à William Davisson au poste de démonstrateur de chimie au Jardin royal des plantes[18]. Le Febvre est l'auteur en 1660 d'un *Traicté de la Chymie* qui connut plusieurs rééditions : traduit en anglais, en allemand, en latin, et quatre fois réédité en langue française dont la dernière fois en 1751[19]. C'est un ouvrage très complet, en deux volumes, mais qui développe un discours théorique et pédagogique sur environ un quart de l'ouvrage, chose assez considérable pour ce genre de texte ; d'autant plus que Le Febvre n'avait le projet à l'origine que de proposer un simple

---

[16] Voir William R. Newman, Lawrence M. Principe, « Alchemy vs. chemistry: the etymological origins of a historiographic mistake », in *Early Science and Medicine*, 3(1), (1998), pp. 32-65.

[17] Sur Le Febvre, voir Owen Hannaway, in C. C. Gillispie (éd.), *Dictionary of Scientific Biography*, New York, Charles Scribener's sons, 1970-1980, vol. 8, pp. 130-131 ; Hélène Metzger, *Les Doctrines Chimiques en France du début du XVIIe à la fin du XVIIIe siècle*, 1923, réédition Blanchard, Paris, 1969, pp. 62-82 ; J. R. Partington, *A History of chemistry*, MacMillan, London, 1962, vol. III, pp. 17-24.

[18] Davisson a été le premier Britannique professeur de chimie ; il l'a été en France. Voir J. Read, « The First British Professor of Chemistry », *Ambix*, 9 (1961), pp. 70-101.

[19] Nicaise Le Febvre, *Traicté de la Chymie*, Paris, 1660. Antonio Clericuzio (« The internal laboratory. The chemical reinterpretation of medical spirits in England (1650-1680) », *in* P. Rattansi et A. Clericuzio (éd.), *Alchemy and chemistry in the 16th and 17th centuries*, Archives internationales d'histoire des idées, 140, Dordrecht-Boston-Londres, 1994, p. 56) écrit que ce traité constitue « un des plus populaires manuels de chimie de la seconde moitié du XVIIe siècle ». Contrairement aux manuels de chimie déjà publiés à cette époque, le vouvoiement est de mise dans l'ouvrage de Le Febvre ; l'auteur ne s'adresserait alors plus uniquement un public corporatiste de professionnels de la santé, mais plus généralement à toute personne intéressée par la philosophie naturelle. Sur le courant des cours de chimie, voir également de A. Clericuzio, « Teaching Chemistry and Chemical Textbooks in France. From Beguin to Lemery », in *Science & Education*, vol. 15, (2006), pp. 335-355.

abrégé de chimie. Les mille quatre-vingt-douze pages du *Traicté de la Chymie* sont divisées en deux grandes parties : la première

> (…) qui servira d'instruction & d'introduction, tant pour l'intelligence des Autheurs qui ont traité de la théorie de cette science en général : que pour faciliter les moyens de faire artistement & méthodiquement les opérations qu'enseigne la pratique de cet Art, sur les animaux, sur les végétaux & sur les minéraux, sans la perte d'aucune des vertus essentielles qu'ils contiennent.

et la seconde

> (…) qui contient la suite de la préparation des sucs qui se tirent des Végétaux, comme aussi celle de leurs autres parties, & celle des Minéraux.

Le Febvre débute son cours par des considérations sur la nature de la chimie, des principes et éléments des choses naturelles, des vaisseaux et fourneaux, avant d'exposer de très nombreux procédés. L'auteur, tout en s'appuyant sur Paracelse, revendique Jean-Baptiste Van Helmont et Rudolph Glauber comme « les deux phares »[20] à suivre pour bien entendre la théorie chimique et pour bien en pratiquer les opérations ; sans toutefois citer Pierre-Jean Fabre dont l'*Abrégé des secrets chymiques* lui aurait servi de source non négligeable[21], tout comme très certainement Joseph Du Chesne, qu'il ne cite pas davantage. Son ouvrage, qui dans la forme souhaite imiter ceux de Schröder et Zwelfer, s'adresse d'abord aux apothicaires puisque son ambition est bien de promouvoir une nouvelle pharmacie dressée sur le fondement solide de la philosophie chimique, expérimentale par définition. Et une parfaite connaissance de

---

[20] Le Febvre, *ib.*, p. 5.

[21] Voir Sylvain Matton, « Une source inavouée du *Traicté de la Chymie* de Nicaise Le Febvre : L'*Abrégé des secrets chymiques* de Pierre-Jean Fabre », *Chrysopœia* n°5 (1992-1996), S.E.H.A. – Archè, Paris et Milan. On relèvera que Boyle, qui se voyait appartenir à une avant-garde de la « nouvelle science » et qui souhaitait être reconnu comme « nouveau philosophe », en plus de l'adoption d'une certaine rhétorique de la nouveauté censée accentuer une cassure avec ses prédécesseurs ou contemporains qu'il critiquait et desquels il voulait se distinguer, sélectionnait aussi dans ses écrits les influences qu'il acceptait de divulguer pour qu'il n'y ait aucune ambiguïté sur sa position, en minimisant même certaines de ses sources importantes, comme George Starkey ; voir William R. Newman et Lawrence M. Principe, *Alchemy tried in the Fire*, Chicago, The University of Chicago Press, 2002, pp. 31-33.

la matière est sans aucun doute un pré-requis indispensable à la pratique pharmaceutique comme à la médecine. Or – et sans trop entrer dans le détail –, il ne va pas de soi au XVIIe siècle que la matière se donne ainsi aux sens. Le Febvre reprend en effet explicitement à son compte la doctrine qui avait alors cours d'un sel corporificateur d'un être spirituel omniprésent, en faisant intervenir un sel volatil servant de forme intermédiaire à tous les corps mixtes sur le chemin du retour à une indifférence universelle. La matière est ainsi d'abord une force purement spirituelle d'engendrement et de conservation, un Esprit universel, qui s'exprime suivant ses trois natures ou trois principes – les Soufre/Mercure/Sel – accessibles par l'expression développée du troisième, le Sel principe, qui assure aux deux autres une certaine réalité tangible. La matière première de Le Febvre, son Esprit universel, est une substance totalement dépouillée de corporéité ; et le Sel principe sera le moyen par lequel il pourra s'exhiber en trouvant en lui un support à ses actions ; l'Esprit ainsi salifié par nécessité dans notre monde ici-bas passe pour la forme la plus pure possible de la matière, correspondant concrètement à celle d'un sel volatil. Cet Esprit universel est l'élément le plus important de son discours, il est le feu, la lumière solaire, il est semence universelle, principe premier, radical et fondement de toute chose. Indifférent à être telle ou telle chose, il est spécifié suivant l'idée qu'il prend de la matrice où il est reçu, avant de se recouvrir d'une enveloppe élémentaire aqueuse ou terreuse[22].

La chimie vulgaire de la Royal Society

La chimie de Le Febvre a donc pour objet toutes les choses créées, tant corporelles que spirituelles, tant visibles qu'invisibles, mais ne reçoit pour principes que des choses perçues par les sens. En effet – et Le Febvre ne cesse de le marteler tout au long de son texte –, la chimie est science et art, contemplation et opérations, théorie et pratique ; cette double dimension représente la grande particularité de la chimie dans le champ de la physique. Elle est pour lui une « science pratique & fac-

---

[22] Chez Le Febvre, il est dans l'ordre des choses que tout tende à son « premier principe par une circulation continuelle qui se fait par la nature, qui corporifie pour spiritualiser, & qui spiritualise pour corporifier » (Le Febvre, *op. cit.* in note 19, 23). Cette circulation spirituelle se fait aussi entre deux corps suivant une attraction de sympathie réciproque. Voir Rémi Franckowiak, *Le développement des théories du Sel dans la chimie française de la fin du XVIe siècle à celle du XVIIIe*, thèse de doctorat soutenue le 22 décembre 2002, Université Charles de Gaulle – Lille 3, t. 1, partie 2, § 5.

tive »[23]. Le physicien chimique « met la main à l'œuvre pour examiner toutes ses propositions par des raisonnements qui sont fondés sur les sens, sans se contenter d'une pure & simple contemplation », à la différence du physicien spéculatif, qui se contente de « satisfaire notre curiosité par nos oreilles »[24]. Les « physiciens ordinaires » ayant apporté peu de lumière à la connaissance des corps, Le Febvre ne peut pas ne pas faire le constat dans son avant-propos à l'adresse de « Messieurs les Apothicaires de la France » de la « décadence de la pharmacie » et de la nécessité d'en « relever la dignité » en établissant la « véritable pharmacie » qui est pour lui la chimie, c'est-à-dire « la véritable clef de la nature »[25], « la science de la nature même » par le moyen de laquelle on cherche les principes constitutifs des choses naturelles, et découvre « les causes & les sources de leurs générations, de leurs corruptions, & de toutes les altérations auxquelles elles sont sujettes »[26].

Cette approche expérimentaliste raisonnée de la physique dans l'établissement d'une solide connaissance de la nature ne pouvait que plaire à la jeune société savante anglaise nommée dans les premiers temps « The Society for promoting Philosophical Knowledge by Experiments »[27], et dont la devise est *Nullius in Verba*. Mais l'intérêt des membres de la Royal Society pour ce chimiste français n'a en réalité pas été soudain ni n'a attendu la publication de son cours de chimie. Nicaise Le Febvre était connu de certains *fellows* depuis déjà plus d'une douzaine d'années lors de leur passage à Paris.

En effet, que cela participa de la formation des jeunes aristocrates britanniques ou pour des raisons politiques lors de la parenthèse révolutionnaire des années 1640 à 1660, de nombreux futurs membres de la Royal Society ont séjourné un temps plus ou moins long à Paris où ils ont pu rencontrer Nicaise Le Febvre. Ainsi, par exemple, John Evelyn[28], qui

---

[23] Le Febvre, *op. cit.* in note 19, p. 11.

[24] *Ib.*, p. 12.

[25] *Ib.*, p. 4.

[26] *Ib.*, p. 1.

[27] Voir la page de titre de l'ouvrage (d'abord lu le 23 janvier 1661) de Kenelm Digby, *A discourse concerning the vegetation of plants. At a meeting of the Society for promoting Philosophical Knowledge by Experiments*, 1661.

[28] Evelyn s'en est également pris aux cours de chimie, comme Boyle dans son *Sceptical Chemist*, mais uniquement à ceux de « ces professeurs de rue » qui, se contentant « d'une science sommaire & superficielle », prétendent faire de leurs auditeurs de vrais chimistes « en un mois de temps ou deux » (voir pour l'année 1652, *Voyage de Lister à Paris en 1698, traduit pour la première fois, publié et annoté par la Société des bibliophiles*

avait déjà assisté au cours de chimie d'Annibal Barlet en automne 1646 à Paris[29], rapporte-t-il dans son journal qu'il a fréquenté à partir du 18 février 1647 – semble-t-il par l'intermédiaire de monsieur de Metz, duc de Verneuil, chez qui il aurait logé une quinzaine de jours – le cours privé de chimie « du célèbre Mr. Le Febure qui œuvre sur la plupart des opérations les plus nobles »[30]. Son intérêt pour la chimie ne s'est d'ailleurs jamais démenti : cours de chimie à Sayes Court[31] et chez William Davisson, premier démonstrateur de chimie au Jardin du roi, en 1649[32], souper à Londres chez M. Dubois en compagnie d'une « gentlewoman » nommée Evrard qui serait, précise-t-il, une « grande chimiste »[33], en 1650, visite du laboratoire du frère Nicolas « qui est un excellent chimiste » d'un couvent de Chaillot[34] et visite en 1651 à Paris à Kenelm Digby qu'il prend toutefois pour un « charlatan »[35] pour discuter chimie, avant de se retrouver tous deux la semaine suivante au cours de chimie de Le Febvre, cette fois peut-être au Jardin des plantes, en compagnie de plusieurs personnes savantes et de qualité[36] ; enfin livraison en 1653 de la part d'un certain Monsieur Roupel de Paris d'une fiole d'or potable[37]. Mais on retiendra surtout la correspondance que Evelyn a entretenue avec Le Febvre au moins de 1652 à 1656, et son intention dans les années 1660 de reprendre, en relation avec son ancien maître – cette fois en Angleterre –, ses notes de cours de chimie dans le but de les publier[38].

---

françois. On y a joint des extraits des ouvrages d'Evelyn relatifs à ses voyages en France de 1648 à 1661, Paris, 1873, p. 306). Anita Guerrini (« Chemistry Teaching at Oxford and Cambridge, circa 1700 », in Rattansi, Clericuzio, op. cit. in note 19, p. 185) note effectivement que les cours de chimie – du moins celui de Nicolas Lemery – duraient huit semaines, à raison de trois ou quatre séances par semaine.

[29] Robert Illiffe, « Foreign bodies: Travel, empire and the early royal society of London. Part 1. Englishmen on tour », Canadian Journal of History, (1998).

[30] Evelyn, op. cit. in note 2, 28/01/1647, p. 195. Rappelons par ailleurs que Le Febvre se présente en 1660 comme distillateur chimique du duc de Verneuil.

[31] Ib., 22/01/1649, p. 198.

[32] Ib., 21/10/1649, p. 202.

[33] Ib., 05/07/1650, p. 207.

[34] Ib., 24/02/1651, pp. 209-210.

[35] Ib., 07/11/1651, pp. 215-216 ; l'expression est « errant mountebank » (« charlatan dévoyé »).

[36] Ib., 17/11/1651, p. 216.

[37] Ib., 27/06/1653, p. 226.

[38] Voir F. Sherwood Taylor (« The Chemical Studies of John Evelyn », in Annals of Science, vol. 8/4, 1952, pp. 285-298) qui fait état de quatre lettres adressées par Le Febvre à Evelyn : 29/03/1652, 25/05/1652, 30/09/1655, et 13/09/1656.

On peut compter encore parmi les futurs membres de la Royal Society formés à la chimie en France, William Petty et Robert Moray[39] qui ont été élèves de Davisson (et peut-être pour le second aussi de Le Febvre) ; d'autres les imiteront plus tard, comme Edward Browne qui a suivi en 1664 les cours de Barlet et de Christophe Glaser[40], et plus tard encore (1683-1684) Burnett suivant ceux de Nicolas Lemery. Cette chimie vulgaire continentale est même enseignée par l'apothicaire allemand Peter Stahl directement en Angleterre à sept Fellows à partir de 1659 : Wren, Wallis, Bathurst, Lower, Locke, Millington et Williamson[41]. L'intérêt pour la chimie – pour la chimie vulgaire donc – porté par la Royal Society est patent. Samuel Sorbière[42] lors de son voyage en Angleterre témoigne à ce sujet du grand nombre de nobles qui, à la restauration, ont fait bâtir un laboratoire de chimie après s'y être intéressés durant la période de troubles. Et le premier d'entre eux étant bien sûr le roi Charles II lui-même, qui est celui qui a fait venir en 1660 Nicaise Le Febvre à Londres, de son retour d'exil. Charles II lui construit un laboratoire à Saint James, le fait chimiste du roi le 15 novembre 1660, puis le nomme le 31 décembre professeur de chimie[43] et apothicaire de la famille royale[44]. Mais, cette fonction n'est pas celle d'un simple apothicaire

---

[39] Voir Jan Victor Golinski, « A Noble Spectacle: phosphorus and the noble cultures of science in the early Royal Society », *Isis*, 80 (1989), p. 12.

[40] Voir Illiffe, *op. cit.* in note 29.

[41] Voir Guy Meynell, « Locke, Boyle and Peter Stahl », in *Notes and Records of the Royal Society of London*, vol. 49, (1995), pp. 185-192.

[42] Samuel Sorbière, *Relation d'un voyage en Angleterre, où sont touchées plusieurs choses, qui regardent l'estat des Sciences, & de la Religion, & autres matières curieuses*, Cologne, 1666 : durant la période troublée, « les gens de qualité n'ayant plus de Cour à faire, se sont appliquez à l'étude, & que quelques-uns se sont tournez du costé de la Chymie, de la Mechanique, des Mathematiques, & de la science des choses naturelles. Le Roy mesme ne les a pas négligées, & il a acquis des connoissances qui me surprirent en l'audience que j'eus de sa Majesté […] » (p. 61) ; à la restauration, « les Mylords Digby, Boyle, Bronckers, Moray, Devonshire, Worcester, & plusieurs autres (car la Noblesse d'Angleterre est presque toute sçavante & fort éclairée) ont fait bastir des Laboratoires, dresser des machines, ouvrir des mines, & employé cent sortes d'artisans, pour essayer de trouver quelques nouvelles inventions. Le Roy ne s'est pas éloigné de cette curiosité ; & mesme il a fait venir de Paris un grand Chymiste [= Le Febvre], auquel il a fait construire un tres-beau Laboratoire dans le parc de S. James […] » (p. 62).

[43] Le Febvre n'est pas le premier paracelsien français proche de la couronne ; Théodore Turquet de Mayerne a été le médecin de trois générations de monarque Stuart, de 1610 à sa mort en 1655 ; voir J. Andrew Mendelsohn, « Alchemy and Politics in England 1649-1665 », in *Past and Present*, n° 135, (1992), note 13, p. 33.

[44] Partington, *op. cit.* in note 17, p. 17.

préparant des pilules, un certain John Jones a été appointé quelques mois plus tard pour ce travail, mais d'un apothicaire pour nobles opérations, pour, par exemple, étudier la composition du grand Cordial de Raleigh et la raison de son efficacité[45], ou encore confectionner des remèdes contre le scorbut[46] qui décime la marine britannique. Charles II est en effet fortement piqué de chimie, il passe le plus clair de son temps dans son laboratoire de chimie[47], absorbé entre autres par le problème de la fixation du mercure (dont il mourra sans doute intoxiqué[48]), et ce en compagnie parfois de Le Febvre[49] et de Robert Moray[50] qu'il aurait fait venir à Whitehall Palace davantage pour des raisons chimiques que politiques[51]. Moray, réputé grand chimiste, aurait en effet passé les deux dernières années précédant la restauration enfermé dans son laboratoire de chimie de Maastricht où il était réfugié[52]. Il est par ailleurs – représentant alors le roi à la Royal Society – la personne qui a proposé la candidature de Le Febvre à cette institution en novembre 1661[53].

---

[45] Mendelsohn, *op. cit.* in note 43, pp. 58-59.

[46] Voir l'avertissement de la seconde édition française du *Traicté de la Chymie* de 1669 de Le Febvre, dont le contenu, d'ailleurs, après huit années passées par son auteur à la Royal Society, est presque identique à celui de la première édition.

[47] Voir D. C. Martin, « Sir Robert Moray, F.R.S. (1608?-1673) », in *Notes and Records of the Royal Society of London*, vol. 15, (1960), p. 246.

[48] Voir Myron Wolbarsht, « Charles II, a Royal Martyr », in *Notes and Records of the Royal Society of London*, vol. 16, (1961), pp. 154-157.

[49] Le prince Rupert était aussi en rapport avec Le Febvre ; voir la lettre de Oldenburg à Boyle du 10 septembre 1664 (Michael Hunter, Antonio Clericuzio, Lawrence M. Principe (éds.), *The correspondence of Robert Boyle*, Pickering & Chatto, London, 2001, t. 2, pp. 323-324 : « [...] Prince Rupert is ready to embarque, and that before the king goes to Hamptoncourt, which will be, as they say, the latter end of next weeke. The Prince taketh with him a gallant Apparatus medicus, contrived by Sir Alexander Phrasier, and made by Monsieur le Fevre, in whose house I saw them yesterday, finding many stately names affixed to them, and no lesse than those of Aqua Reginae Hungariae, Aqua Mirabilis, Aqua Carbunculi, etc. Item some preparations of all the 3 Hypostaticall principles, <as> Spiritus Salis, Spiritus Sulphuris, but instead of Spiritus Mercurii, Mel mercuriale, and severall douzens of many other [?] not a little luciferous to the preparer ». Par ailleurs, en 1669, année de la mort de Le Febvre, Louis XIV a conduit une diplomatie secrète avec Charles II par un agent, l'abbé Pregnani, officiellement venu pour assister le roi dans ses activités chimiques (Mendelsohn, *op. cit.* in note 43, note 137, p. 62).

[50] Voir E. S. Beer, « King Charles II, Fundator et Patronus (1663-1685) », in *Notes and Records of the Royal Society of London*, vol. 15, 1960, p. 42.

[51] Voir Martin, *op. cit.* in note 47, p. 246.

[52] *Ib.*, pp. 243-244.

[53] Voir Hunter, *op. cit.* in note 1.

Donc, non seulement Le Febvre était loin d'être inconnu des savants anglais de la Royal Society, mais les travaux chimiques qui s'y faisaient ne lui étaient pas du tout étrangers. La première communication publiée par un membre fondateur de la Royal Society sur demande de celle-ci porte sur un sujet chimique – ce qui dénote une sensibilité évidente de la part de ses membres pour la chimie[54] : le *Discourse concerning the vegetation of plants* de 1661 de Kenelm Digby[55], entièrement construit sur une théorie chimique saline très proche de celle développée par Le Febvre dans son traité, mais traduit toutefois dans une pensée atomiste. Digby avait peu de temps auparavant fait paraître son *Discours sur la poudre de sympathie lu devant une assemblée savante à Montpellier en 1657*, poudre dont on trouve également une préparation dans le traité de Le Febvre[56] ; la poudre de sympathie étant un remède vitriolique capable de guérir un blessé à distance en l'appliquant non pas sur la plaie mais sur l'arme qui l'a causée ou sur le vêtement taché de sang (des expériences sur cette poudre ont été ordonnées en juin et juillet 1661 à la Royal Society qui ont impliqué Talbot, Moray, Hammond, Clarke, Goddard, Whistler, Croone et Vermuyden[57]). Le 27 mars puis le 26 juin 1661[58], il est demandé de reproduire la calcination de l'antimoine suivant la description qui en est faite dans le livre de Monsieur Le Febure, dont le nom est pour la première fois prononcé à la Royal Society, avant même sa candidature. Cette calcination doit conduire à une augmentation de près de la moitié du poids de l'antimoine par, suivant Le Febvre, une fixation sur le corps du feu solaire – c'est-à-dire de l'Esprit universel – et transformer ainsi la nature de l'antimoine en un souverain remède (chose qui avait été rapportée dans chacun des deux ouvrages cités de Digby qui très certainement a trouvé sa source chez Le Febvre[59]). Le 20 juillet

---

[54] Comme le laisse entendre Thomas Sprat, *History of the Royal Society of London, for Improving of Natural Knowledge*, London, 1667, p. 37.

[55] Voir John Fulton, « Sir Kenelm Digby, F.R.S. (1603-1665) », in *Notes and Records of the Royal Society of London*, vol. 15, (1960), p. 208.

[56] Préparation du « crocus de vitriol de Vénus » (« C'est aussi de ce vitriol que se fait la vraye poudre de sympathie […] » ; Le Febvre, *op. cit.* in note 19, pp. 804-806.

[57] Voir Birch, *op. cit.* in note 2, pp. 31 et 33.

[58] *Ib.*, pp. 20 et 31.

[59] Voir Kenelm Digby, *Discours fait en célèbre assemblée, par le Chevalier Digby, Chancelier de la Reine de la Grande Bretagne, &c. Touchant la guérison des Playes par la poudre de Sympathie*, édition de 1666, reproduite par Georges Démarest, Paris, 1895, pp. 167-169 ; et *Discours sur la végétation des plantes, fait par le chevalier Digby, le 23 Janvier 1660. En présence de Messieurs de l'Académie Royale d'Angleterre, où il dé-*

1664, Goddard et Boyle affirmeront avoir constaté au contraire une diminution du poids, et Le Febvre répondra que la calcination n'a pas été poussée assez loin (il avait en effet déjà relevé dans son traité une pareille perte de poids avant l'augmentation consécutive à l'absorption de lumière[60]). Citons encore Henshaw qui travaille en 1662 sur le salpêtre (substance particulière proche de l'Esprit universel pour Le Febvre[61]), et en 1665 sur la rosée de mai (supposée par le Français contenir à cette époque davantage d'Esprit universel[62]), et Coxe la même année étudie les sels (qui sont un grand sujet du *Traité de la Chymie*).

L'activité de Le Febvre au sein de la Royal Society ne se distingue pas essentiellement de celle des autres membres[63]. Il y présente les différentes éditions de son traité de chimie, et de son *Discours sur le Grand Cordial de S' Walter Rawleigh*, commande personnelle de Charles II, reposant fortement sur sa philosophie chimique saline, fruit d'un travail de plus d'une année, rédigé d'abord en français puis en anglais mais édité en 1664 d'abord à Londres puis disponible l'année suivante en France. Sa première intervention date du 1er janvier 1662 au sujet d'un cristal blanc de soufre minéral, la suivante concerne une substance qui agit à la manière d'une teinture métallique. Il intervient parfois sur demande comme expert pour analyser certaines liqueurs ou terres, exhibe des choses curieuses qu'on lui aurait confiées comme une nageoire qui pourrait être celle d'une sirène, et joue aussi le rôle d'intermédiaire en lisant à ses pairs une lettre d'un chirurgien parisien sur la manière de soigner des tendons sectionnés (lettre qu'il fait suivre au College of Physicians[64]). Mais son plus important travail concerne le sel de tartre, et plus précisément la volatilisation de ce sel normalement fixe ; opération qui semble

montre la méthode qu'il faut tenir pour bien cultiver la physique ; ensemble l'utilité de plusieurs Expériences très-curieuses sur ce point, traduction française, Paris, 1667, p. 36.
[60] Voir Birch, *op. cit.* in note 2, vol. I, p. 452 ; et Le Febvre, *op. cit.* in note 19, p. 900.
[61] Voir Sprat, *op. cit.* in note 54, p. 260-276 ; et Le Febvre, *op. cit.* in note 19, pp. 964-967.
[62] Le travail de Henshaw est présenté dans les *Philosophical Transactions* du 8 mai 1665, p. 33. Sur la rosée de Mai davantage chargée d'esprit universel et de sel spirituel servant à la génération de toute chose de Le Febvre, voir *op. cit.* in note 19, p. 184, et p. 21 au sujet de la génération spontanée d'insectes par l'esprit universel, dans le même esprit que Henshaw avec la rosée.
[63] Voir Birch, *op. cit.* in note 2, vol. I : pp. 20, 54, 66-68, 82, 214-215, 217-218, 241, 268-269, 406, 418, 420, 452, 499, et vol. II : 54, 134, 222-223, 225, 231-232, 353, 392.
[64] On peut préciser que Le Febvre, avec George Starkey et d'autres helmontiens, avait milité pour la création d'un College of Chymical Physicians. Voir Mendelsohn, *op. cit.* in note 43, p. 66.

avoir attiré l'attention de Boyle[65]. C'est un travail de deux années inspiré par un procédé de Paracelse, digne d'être signalé puisqu'il apparaît avoir été mené en partie en collaboration avec le futur chimiste de l'Académie Royale des Sciences de Paris Samuel Cottereau Du Clos (que Evelyn et Digby ont certainement dû rencontrer à Paris) que Le Febvre a tenu au courant par correspondance presque étape par étape, marquant toutefois une pause lors d'une absence en séance de Boyle pour que celui-ci puisse constater de visu l'état de la matière sur laquelle Le Febvre travaille avant de poursuivre[66], et dont le résultat devait être un remède efficace contre de nombreux désordres, ce qui pourrait tout à fait correspondre à l'alkahest (plutôt le sel circulé de Paracelse), dont il avait d'ailleurs été question à la Royal Society en octobre et novembre 1661 avec Goddard et Oldenburg[67].

Conclusion

Cette courte présentation s'inscrit dans un travail mené sur l'état de la chimie dans le troisième quart du XVIIe siècle et sur la réception en France de la pensée chimique de Boyle[68]. S'il apparaît que Boyle est loin d'avoir représenté en France le réformateur qu'on a cru voir en chimie – son apport principal étant d'avoir ouvertement exposé une chimie qui ne reposait plus sur aucun principe –, il semble bien, dans les années 1660 tout au moins, avoir eu peu de prise sur les esprits de ses pairs de la Royal Society acquis plutôt à une chimie continentale. Même s'il de-meure effectivement pour une part suivant sa définition un chimiste vul-

---

[65] Voir la lettre de Hooke à Boyle du 3 Juillet 1663 (Hunter, Clericuzio, Principe, *op. cit.* in note 50, t. 2, p. 97) : « There was very little done this week at Gresham college, the whole stay being not much above an hour. [pour la séance du 1 Juillet 1663, voir Birch, *op. cit.* in note 2, vol. 1, pp. 268-271]. [...] There was an account read of Monsieur Le Fevre's trial to volatilize salt of tartar with burnt alum, which you have long since heard ». On notera que la même année, Christian Huygens aurait également réalisé une expérience de volatilisation du tartre en Angleterre.

[66] « Le Roy, Mrs de Moray et d'Igby, Mrs Fabre et Poleman avec toute nostre academie Royale l'ont veu plus beau que je ne le dépeins et je n'attends plus que Mr Boÿle pour le voir avant que j'en fasse la dissolution &c. » (lettre de Le Febvre de 1664, lue en partie en avril 1667 par Samuel Cottereau Du Clos in « Observations sur le vin, et sur les parties qui le composent », *Procès-Verbaux de séances de l'Académie Royale des Sciences*, t. 1, registre de Physique, p. 74.

[67] Voir Birch, *op. cit.* in note 2, vol. 1, pp. 51 et 53.

[68] Voir Franckowiak, *op. cit.* in note 6 ; *op. cit.* in note 11 ; et « Du Clos, un chimiste post-*Sceptical Chemist* », in Myriam Dennehy et Charles Ramond (éds.), *La philosophie naturelle de Robert Boyle*, Vrin, Paris, 2009, pp. 361-377.

gaire, Le Febvre, bien inséré dans la société savante britannique[69], ne devait pas laisser Boyle indifférent, et la réciproque était sans doute vraie, même si presque aucun document ne nous permet d'établir avec certitude cette affirmation[70]. Son discours sur les principes chimiques ne prête en réalité pas trop le flanc aux critiques du *Sceptical Chymist*. Ses centres d'intérêts chimiques et sa culture d'une noble chimie étaient sans doute peu éloignés de ceux de Boyle. Il reste que dans son texte *Of use-*

---

[69] Le Febvre est intégré dans la Royal Society mais pas pour la raison que laisserait entendre Golinski (*op. cit.* in note 39) qui écrit à tort que l'activité expérimentale de Le Febvre prend ses distances avec le passé de « confusions verbales » pour prendre sa place dans la nouvelle philosophie naturelle. Golinski se risque à départager une illusoire chimie irrationnelle d'une saine chimie. Voir Bernard Joly, *La rationalité de l'alchimie du XVIIe siècle*, Vrin, Paris, 1992.

[70] S'il est avéré que Boyle contrôlait l'image qu'il donnait de lui (voir note 21), il est possible que le manque de document relève de cette même pratique ; à savoir ici de ne pas vouloir associer son image à celle de Le Febvre. Toutefois, le XVIIIe siècle semble avoir retenu un lien assez fort entre Le Febvre et Boyle ; voir Alexandre Savérien, *Histoire des philosophes modernes, avec leur portrait ou allégorie*, Paris, 1769, t. 7, p. 49. Il est sans doute très probable que les échanges entre ces deux hommes se faisaient directement de vive voix, à la Royal Society, ou à leur domicile ou dans leur laboratoire ; il semblerait en effet – du moins en 1678 – que Boyle ait logé juste en face de l'officine d'apothicaire de Le Febure (le fils ?). Robert Moray a présenté, sans succès semble-t-il, la candidature de Le Febvre le jeune le 19 décembre 1666 à la Royal Society (voir Hunter, *op. cit.* in note 1, p. 59). Sans rien connaître de ce fils, il est toutefois possible de le supposer en relation avec Boyle. Un certain Pierre a adressé en janvier 1678 – près de neuf ans après la mort de Nicaise Le Febvre – une lettre à Boyle, « rue Saint James vis-à-vis de monsieur Lefebure apothicaire du Roy à Londres » (Hunter, Clericuzio, Principe, *op. cit.* in note 49, t. 5, p. 13). Le même Pierre lui écrit de nouveau un mois plus tard pour obtenir la raison pour laquelle « ches vous […] quelqu'un […] [a] donné coppie à Clomarez garçon apothicaire qui demeure ches Lefebure <devant> ches vous de toutes les receptes que vous avez envoyées pour presenter à l'assemblée […] » (*ib.*, t. 5, p. 28). Les procès verbaux de séances de l'Académie Royale des Sciences de Paris nous informent que « Pour les choses ordinaires, on a leu une lettre en Anglois que Mr Boyle écrivoit au Secretaire de l'Academie par laquelle il luy envoyoit la maniere de faire le Phosphore sec de Balduin, et un autre liquide ou aerien. Depuis Mr Bourdelin a receu une lettre de Mr Le Fevre qui demeure à Londres, par laquelle il luy mande qu'il avoit vû Mr Boyle lequel luy avoit dit qu'il avoit reussi dans la preparation du phosphore liquide : quoyqu'il soit tres difficile à executer, et que pour le Phosphore sec il n'avoit encore pû y reussir. Mr Le Fevre envoye la maniere d'y proceder, qui est la mesme que celle que Mr Boyle m'avoit envoyée » (*Procès Verbaux de séances de l'Académi des Sciences*, t. 9, entre août 1680 et 15 Juin 1681, f. 73r). Nous savions que Nicaise Le Febvre entretenait une relation épistolaire avec Samuel Cottereau Du Clos de l'Académie, nous voyons qu'après sa mort sans doute son fils a-t-il maintenu ce lien avec la société savante française cette fois par l'intermédiaire de Claude Bourdelin, et Boyle directement par son secrétaire perpétuel.

fulness of natural philosophy de 1663[71], lorsque s'adressant à son neveu Richard Jones (alias Pyrophilus), qui a rencontré Le Febvre à Paris lors de son voyage sur la continent avec Oldenburg entre 1657 et 1660, Boyle n'associe pas aux chimistes vulgaires « l'ingénieux et expérimenté Monsieur Le Febure » qui lui a révélé le secret de la composition d'un remède paracelsien du nom de *Ens primum* – rendant jeunesse et vigueur aux animaux décrépits –, lui assurant à plusieurs occasions de la vérité de ses dires. Aussi Monsieur Le Febure passe-t-il parfaitement pour un chimiste moderne, tout à fait à sa place dans cette Royal Society nouvellement fondée dans laquelle, durant la décennie 1660, la chimie semble se jouer dans une certaine indifférence vis-à-vis de la philosophie corpusculaire de Boyle.

---

[71] Robert Boyle, *Of usefulness of natural philosophy*, London, 1663, Partie II, section I, chap. VIII, pp. 190-193.

Chapitre 4

Cambridge platonism and the problem of organic regulation in Le Clerc's *Bibliothèque choisie* (1703-1706)

TOBIAS CHEUNG

In this essay, I focus on Jean Le Clerc's translations of Ralph Cudworth's *The true intellectual system of the universe* (1678) and Nehemiah Grew's *Cosmologia sacra* (1701). I also discuss the debate between Le Clerc and Pierre Bayle about the problem of agency and regulating activities in animals and plants around 1700. The term *regulation* had already been frequently used by Cambridge platonists as Henry More and Ralph Cudworth.[1] In the second half of the seventeenth century, corpuscularian philosophers challenged Aristotelian and scholastic theories of qualities of matter, substantial forms, and vital forces. In reaction to these debates, More and Cudworth tried to combine atomistic theories of passive matter with regulating active principles or agents.[2] They thought that not only thinking, but also living entities suppose an agent. Natural laws that govern chemical processes and physical movements seemed for them not sufficient to explain the phenomena of or-

---

[1] For concepts of regulation in the seventeenth and eighteenth century, see Canguilhem 2000: 81-99 and Cheung 2008.
[2] For a discussion of the relation between corpuscularian philosophy and late Aristotelianism in the seventeenth century, see Des Chene 1996 and Schmitt 1973.

ganic bodies.[3] Besides the Cambridge platonists, William Harvey and Francis Glisson were influential natural philosophers who established a relation between their experiments and theories of regulating agents.[4] In *De generatione animalium* (1651), Harvey refers to the self-moving vital properties of the blood to model the development of organic bodies. In *De natura substantiae energetica* (1672), Glisson outlines a new metaphysics of natural perception to explain the "irritability" of plants and animals.[5]

In the seventeenth century, the problem of organic regulation is also an important theme in the French context. In *De la sagesse* (1601), Pierre Charron defends Montaigne's position, in the *Essais*, that animals possess memory and reason. Jourdain Guibelet, Pierre Chanet, Marin Cureau de la Chambre, Nicolas Malebranche, Jean-Baptiste Duhamel and Ignace Gaston Pardies focus on animal instincts and the sensitivity of plants as natural faculties or as effects of a supernatural, divine intervention.[6]

Between 1703 and 1706, Le Clerc, a Genevan theologian who teaches in Amsterdam, translates and comments on extracts from Cudworth's *The true intellectual system* and Grew's *Cosmologia sacra* in a series of articles of the *Bibliothèque choisie*.[7] In *The true intellectual system* and *Cosmologia sacra*, Cudworth and Grew refer to the properties of a specific vital principle to explain the development of organized structures and certain chains of activities of organic bodies. [8] Pierre Bayle reads Le

---

[3] For the problem of natural laws after Descartes, see Hartbecke 2006a and Hüttemann 2006.

[4] Cf. Pagel 1967.

[5] Cf. Temkin 1964; Giglioni 2002; and Hartbecke 2006b.

[6] Cf. Piobetta 1937; Rosenfield 1968; Bouillier 1972; Chevroton 1976; and Fontenay 1998.

[7] The *Bibliothèque choisie* was an encyclopedia of abstracts, reviews, and abridged reprints of ancient and modern books about various topics. Cf. Le Clerc 1703-18, vol. 1 (1703), Avertissement: "Je n'ai d'autre dessein, que de parler confusement de Livres anciens & modernes, à mesure, qu'ils me tomberont entre les mains, ou que je les lirai, comme j'aie accoutumé de faire; sans observer en cela aucun ordre, & sans avoir égard au tems auquel ils ont paru. J'en ferai des extraits exacts & je dirai ce que j'en pense, lors que je le trouverai à propos & que cela se pourra faire, sans chagriner personne ..." On the general structure of the *Bibliothèque choisie*, see Wijngaards 1986. For the reception of Cambridge platonism in Europe, see Cassirer 1932: 110-41; and Rogers *et al.* (eds) 1997.

[8] Cf. Garrett 2003, 72: " ... Grew's ideas [in the *Cosmologia sacra*] seem closely aligned with More, Cudworth and Ray. Grew does not, however, use the phrase 'plastic nature', but his invocation of directive non-corporeal principles is certainly found in John Ray's apologetic work *On the Wisdom of God* (1691), himself following Cudworth and More."

Clerc's translations and criticizes the notion of plastic nature as an occult force that organizes matter without knowledge. Through Bayle's critique, Le Clerc's translations become widely known.[9] In 1751, Christian Ernst von Windheim translates Le Clerc's translation of Grew's *Cosmologia sacra* into German and comments it.[10] He refers also to the debate between Le Clerc and Bayle.[11]

In the second and third section of this essay, I refer to Cudworth's notion of plastic nature and Grew's vital principle. The fourth section gives a detailed account of Le Clerc's translations of Cudworth's *The true intellectual system* and Nehemiah Grew's *Cosmologia sacra* in the *Bibliothèque choisie*. The fifth section focuses on Bayle's critique of Cudworth. In the sixth section, I discuss Le Clerc's reply to Bayle and his main objectives to translate both texts.

Cudworth's Notion of Plastic Nature

In *The true intellectual system of the universe*, first published in 1678,[12] Cudworth develops a cosmological order that depends both on mechanical laws and on specific regulating principles. For Cudworth, not only the faculty of thinking, but also the "self-activity" of organic bodies, (especially development, nutrition, and generation) must be related to an immaterial substance. Thinking and organic self-activity cannot be explained through the parts of an "extended bulk" of "resisting" matter that differ only in "magnitude, figure, site, motion, and rest".[13] However, thinking and organic self-activity rely on two different models of agency. Organic self-activity expresses for Cudworth the organizing "energy" or

---

[9] Cf. Barthez 1806, vol. 1, 78: "Cudworth a admis dans l'homme, ainsi que dans les animaux et les plantes, des natures plastiques et vitales; qui sont devenues célèbres par la dispute dont elles ont été le sujet entre Bayle et Le Clerc. Il a supposé que chacune de ces natures plastiques est un instrument actif, qui, sans aucune intelligence, produit et conserve l'homme ou le corps vivant, dans un ordre qui est réglé, et avec un pouvoir qui lui est donné par l'Être suprême." Like Bayle, Charles Batteux criticizes Cudworth and Le Clerc for their notions of occult forces. Cf. Batteux 1769, 433-41.

[10] Windheim 1751, 225-62 and 485-625.

[11] Ibid., 527-9

[12] Cudworth 1678.

[13] Cf. Cudworth 1995, vol. 3, 419: "But that cogitation itself should be local motion, and men nothing but machines, this is such a paradox, as none but either a stupid and besotted, or else an enthusiast, bigotical, or fanatic Atheist could possibly give entertainment too." See also ibid., vol. 1, Preface, xxxix; and Yolton 1983, 5-12. All references to Cudworth's *The true intellectual system* are taken from the English edition of 1845. This edition is a translation of Mosheim's Latin edition of 1773.

"plastic nature" of an agent in plants, animals, and humans. Their "life" does not depend on consciousness or cognitive faculties:

> Now, we are all aware that there is a thing which the narrow principles of some late philosophers will not admit of, that there should be any action distinct from local motion besides expressly conscious cogitation. For they, making the first general heads of all entity to be extension and cogitation, or extended being and cogitative, and then supposing that the essence by this means exclude such a plastic life of nature, as we speak of, that is supposed to act without animal fancy or express consciousness. Whereof we conceive, that the first heads of being ought rather to be expressed thus: resisting or antitypous extension, and life (i.e. internal energy and self activity;) and then again, that life or internal self-activity is to be subdivided into such as either acts with express consciousness and synaesthesis, or such as is without it; the latter of which is this plastic life of nature: so that there may be an action distinct from local motion, or a vital energy, which is not accompagnied with that fancy, or consciousness, that is in the energies of animal life …[14]

Parts of organic bodies are "artificially" disposed for the functioning of the whole. Each part is useful to the activity of all the others. Such a "compage" of parts cannot be the result of moving atoms that form a unit by chance, but only of the regulating activities of an entity that acts "by counsel and design":

> … yet, when any thing consisteth of many parts that are all artificially proportioned together, and with much curiosity accomodated one to another, any one of which parts having been wanting, or otherwise in the least placed and disposed of, would have rendered the whole altogether inept for such a use; then may we well conclude it not to have been made by chance, but by counsel and design, intentionally, for such uses. As for example, the eye, whose structure and fabric consisting of many parts (humours and membranes) is so artificially composed, no reasonable person, who considers the whole anatomy

---

[14] Cudworth 1995, vol. 1, 244-5.

thereof, and the curiosity of its structure, can think otherwise of it, but that it was made out of design for the use of seeing ...'[15]

The causality of organic order is "final, intending, and directive".[16] As an "art" of nature that is "embodied in matter", it does not act on organic bodies "from without", but "from within". This embodied, living activity belongs to "one and the self-same thing that directs the whole":

> ... the same thing, which delineates the veins, must also form the arteries; and that which fabricates the nerves, must also project the muscles and joints; it must be the same thing that designs and organizes the heart and the brain, with such communications betwixt them ...[17]

The "thing" that directs the whole is the "plastic nature" as the "common directrix" of all the regulated activities that constitute and sustain life in living bodies:

> For the several parts of matter distant from one another, acting alone by themselves, without any common directrix, being not able to confer together, nor communicate with each other, could never possibly conspire to make upon one such uniform and orderly system or compages, as the body of every animal is.[18]

The plastic nature is not only a regulating principle of the "microcosm" of animals, but also a cosmological principle of the "coherent frame and harmony of the whole universe".[19] However, the "general plastic nature" of the universe is not a principle of "life". It is not the expression of an agent embodied in the world, but just a harmonizing principle of natural laws. There are living bodies in the world, but the world is not

---

[15] Ibid., vol. 2, 592-3.

[16] Cf. ibid, vol. 1, 221.

[17] Ibid., vol. 1, 252. For Cudworth's notion of the 'art' of nature, see Jean-Louis Breteau, " 'La Nature est un art'. Le vitalisme de Cudworth et de More", in Rogers *et al.* 1997, 145-58.

[18] Cudworth 1995, vol. 1, 252-3.

[19] Ibid., vol. 1, 226. Cf. ibid., 260: "Besides this plastic nature which is in animals, forming their several bodies artificially, as so many microcosms or little worlds, there must be also a general plastic nature in the macrocosm, the whole corporeal universe, that which makes all things thus to conspire every where, and agree together into one harmony."

a living thing.[20] God is a transcendent creator, substantially different from the created things.

Grew's Vital Principle

After *An idea of a phytological history propounded* (1673) and *The anatomy of plants* (1682), Grew focuses in his last book, the *Cosmologia sacra* (1701), on a "vital principle" of organic bodies. As Cudworth, Grew argues that, within the "Kingdoms of Corporeal Nature"[21], organic bodies represent a specific order of "variously and regularly moved"[22] parts. Such a regular movement produces in individuals a dynamic order of successive and combined "operations". It can only be the result of a "directive force" or a "vital principle" that is different from the "attractive forces" in physics and astronomy.

The vital principle depends on certain material "dispositions" or "organizations" to act in organic bodies. In all organic bodies, these dispositions are made out of networks of different "fibres" which "receive" and "communicate" movements:

> What can be more admirable, than for the Principles of the Fibers of a Tendon, to be so Mixed; as to make it a soft Body, fit to receive, and to communicate, the Species of Sense, and to be easily Nourished, and moved ...[23]

Grew also calls the organization of an organic body an "Organism".[24] However, the "Organism" is not a living body. Its mass of fibres is not itself "endowed with Life".[25] It is only a disposition of parts that characterizes each organ and the organic body as a whole.[26] A disposition

---

[20] Cf. ibid., vol. 1, 89, 193-5, and 214-15.
[21] Grew 1701, 14.
[22] Ibid., 32.
[23] Ibid., 18.
[24] Le Clerc translates the French word "Organisme" by the English expressions "disposition" or "organization". Cf. Grew 1701, 34 (Organism of a Body) and Le Clerc 1703-18, vol. 2 (1703), 361 (l'organisation d'un corps); and Grew 1701, 42 (Organism of the eye) and Le Clerc, vol. 2 (1703), 377 (la disposition de l'œil). For the meaning and occurrence of the word organism in the seventeenth and eighteenth centuries, see Cheung 2006.
[25] Grew 1701, 32.
[26] Cf. ibid., 34 (*Organism of a Body*), 42 (*advantageous Organism of the Eye*) and 46 (*the Organism of every part of the Brain*). Cf. Grew 1965, 87-8.

of parts cannot "regulate it self".[27] The "modification" of the order of the "Organism" has nothing to do with the "production of Life".[28]

> For to the Organizing of a Body, these Three Things are required, and no more; viz: Bulk, Figure, and Mixture: Or, that the Parts of the Origin, be fitly Cized, Shaped, and set together ... The Variety of the Mixture, will not suffice to produce Life ... Unless the Parts of a Watch, set, as they ought to be, together; may be said to be more Vital, than when they lye in confused Heap ... And although we add the Auditory Nerves to the Ear, the Brain to the Nerves, and the Spirits to the Brain; yet is it still, but adding Body to Body, Art to Subtility, and Engine or Art to Art: Which, howsoever Curious, and Many; can never bring Life out of themselves, nor make one another to be Vital.[29]

The "animated body" is a "mediating" unit between a corporeal structure and a vital principle. The corporeal structure of the "Organism" is the condition of "motion", and the vital principle is the condition of "Life". A vital principle is an incorporeal substance. Like Glisson, Grew models the energetic nature of the vital principle within organic bodies in analogy to the irritability of a fibre.[30]

Within God's created world, the "Organism" and the vital principle are "Instruments of Commerce"[31] to establish a complex and harmonized order between individuated entities. Each "Mode of Life" of a living body is "congruent" to a "Mode of Motion":

> Whence also the Union of Soul and Body, and of all Things Vital and Corporeal; is nothing else, but the Congruity between the Life and the Motion, which they either have, or are capable of.[32]

But the "Congruity" between life and motion does not represent a congruity between the attributes of God. Grew criticizes Spinoza's "atheism" in the preface of the *Cosmologia*: God is not a *deus sive*

---

[27] Grew 1701, 46.
[28] Ibid.
[29] Ibid., 33.
[30] For Grew's vitalism between Descartes and Glisson, see Garret 2003, 65-73.
[31] Grew 1701, 34.
[32] Ibid. Cf. ibid. 36: "All Sense, is a certain Mode of Life, in a Vital Substance; answerable to a certain Mode of Motion in a Body."

natura. Like Cudworth, Grew holds that God exists apart from the world, which is just an "instrument" for God's actions.

Le Clerc's Translations of Cudworth and Grew

Between 1703 and 1706, Le Clerc translates extracts of the first five chapters of Cudworth's *The true intellectual system* (899 pages, folio edition[33]) in ten articles and of the first two books of Grew's *Cosmologia sacra* (372 pages, folio edition) in two articles in his *Bibliothèque choisie*.[34] In total, the ten articles of *The true intellectual system* comprise 659 pages in the duodecimo volumes of the *Bibliothèque choisie*, and the two articles of *Cosmologia sacra* 145 pages. Le Clerc often paraphrases the original text. He also adds, although not frequently, notes and his own commentaries.

In the first four articles about *The true intellectual system*, Le Clerc translates Cudworth's notion of plastic nature and his arguments against atomistic or hylozoistic cosmological systems.[35] In the last six articles, Le Clerc focuses on chapter five of *The true intellectual system*, in which Cudworth mainly argues against atheistic proofs of the non-existence or absence of a creator God in the world.

In the first article about Grew, Le Clerc translates the first book of *Cosmologia sacra*. In this book, Grew defines God as a "Self-Existent" being and as the creator of the order of the "Corporeal World". The "Corporeal World" is composed out of "compounded bodies" that are moved by attractive forces. Le Clerc's second article is a translation of the second book on the "Vital World" of "Life" in plants, animals and humans.

The following list of Le Clerc's translations also includes Bayle's critiques and Le Clerc's replies.[36]

---

[33] The second English edition appears in 1706.

[34] The second English edition of *The true intellectual system* appears in 1706. The *Cosmologia sacra* has not been reedited or reprinted in the eighteenth century. The *Bibliothèque choisie* succeeds the *Bibliothèque universelle* in 1703.

[35] For a detailed analysis of the extracts, see Colie, 1957, 125-37.

[36] For Le Clerc's translations, see also Thijssen-Schoute, "De stijd tussen Jean Le Clerc en Pierre Bayle over de plastische naturen", in Thijssen-Schoute 1954, 533-6; Roger 1993, 418-39; Brogi 2000, 51-88; and Jäger 2004, 142-3.

(1) *Bibliothèque choisie*, vol. 1 (1703)

Article 3, 63-138:

"Histoire des sentiments des Anciens touchant les Atomes, ou les Corpuscules desquels tous les corps sont composez, & touchant les conséquence Théologiques qui en naissent; tirée d'un livre Anglois intitulé: *Le veritable systeme intellectuelle de l'univers.*"

Article 6, 228-314:

"Nehemiah Grew. *Cosmologia sacra* ... In five Books. Fellow of the College of Physicians & of the Royal Society, Londres 1701, 372 pp."

(2) *Bibliothèque choisie*, vol. 2 (1703)

Article 1, 11-77:

"Histoire des systemes des anciens Athées, tirée des Chapitres II. & III. du Systeme Intellectuel de Mr. Cudworth."

Article 2, 78-130:

"Preuves & Examen du sentiment de ceux, qui croyent qu'une Nature qu'on peut nommer Plastique a été établie de Dieu, pour former les Corps Organisez. Ceci est tiré d'une Digression du Ch. III. de Mr Cudworth, à laquelle on a ajouté quelques remarques."

Article 13, 352-411:

"Qu'il y a un Monde doüé de Vie, de Sentiment & d'Intelligence, que Dieu a fait, Tiré du II Livre de la Cosmologie Sacrée de Mr. Grew."

(3) *Bibliothèque choisie*, vol. 3 (1704)

Article 1, 11- 106:

"Que les Payens les plus éclairez ont crû qu'il n'y a qu'un Dieu supreme. Tiré du Chap. IV du Systeme Intellectuel de Mr. Cudworth."

(4) Pierre Bayle: *Continuation des pensées diverses, Ecrites à un Docteur de Sorbonne, à l'occasion de la Comete qui parut au mois de Decembre 1680. Ou reponse à plusieurs dificultez que Monsieur *** a proposées à l'Auteur.* 3 vols. Rotterdam: Reiner Leers 1704. Vol. 1. [First critique]

Article 21, 86-93:

"Récapitulation & conformation du chapitre precedent. Remarques sur les systemes de Mrs. Cudworth & Grew."

(5) *Bibliothèque choisie*, vol. 5 (1704) [First reply]
Article 2, 30-145:
"Réponse aux Objections des Athées, contre l'Idée que nous avons de Dieu, avec des preuves de son Existence, tirée de la Section I. du Chapitre V. du Systeme Intellectuel de Mr. Cudworth."

Article 4, 283-303:
"Eclairissement de la doctrine de Mrs. Cudworth & Grew, touchant la Nature Plastique & le Monde Vital, à l'occasion de quelques endroits de l'Ouvrage de Mr. Bayle, intitulé, Continuation des pensées diverses sur les Cometes, &c. en 2. voll. In 12."

(6) *Histoire des Ouvrages des Savans*, vol. 20 (1704) [Second critique]
Article 7, 369-396:
"Memoire communiqué par Mr. Bayle pour servir de reponse à ce qui le peut interesser dans un Ouvrage imprimé à Paris sur la distinction du bien & du mal, & au 4. article du 5. tome de la Bibliotheque choisie."
(7) *Bibliothèque choisie*, vol. 6 (1705) [Second reply]
Article 7, 422-427 :
"Remarques sur ce que Mr. Bayle a répondu à l'Art IV. du Tome V. de la Bibl. Choisie, dans l'Histoire des Ouvrages de Savans. Art, VII, du mois d'Août 1704."

(8) *Histoire des Ouvrages des Savans*, vol. 20 (1704) [Third critique]
Article 12, 540-544:
"Reflexions de Mr. Bayle sur l'Article VII. du 6. Tome de la Bibliotheque de Mr. le Clerc."

(9) *Bibliothèque choisie*, vol. 7 (1705) [Translation and third reply]
Article 1, 19-80:
"Réfutations des Objections des Athées contre la Création du Néant, tirée du Chap. V du Systeme Intellectuel de Mr. Cudworth."

(10) *Bibliothèque choisie*, vol. 8 (1706)
Article 1, 11-42:
"Réponse aux objections des Athées, contre l'Immaterialité de Dieu, tirée de la Section III. du ch. v. du Systeme Intellectuel de Mr. Cudworth."

Article 2, 43-106:
"De l'Immaterialité de l'Ame, avec la réfutation des objections que l'on fait contre cette doctrine. Sentimens des Anciens Chrétiens, sur cette

matiere, Raisons des Immaterialistes Platoniciens & Pythagoriciens, pour l'Immaterialité des Natures Intelligentes. Tiré du même Chapitre de Mr. Cudworth."

(11) Pierre Bayle: *Réponse aux questions d'un provincial*. 5 vols. Rotterdam: Reinier Leers 1704-1707. Vol. 3 (1706). [Fourth critique]
Chapter 179, 1235-1237:
"Si Mr. Cudworth attribuant á des natures destinées de connoissance la faculté d'organiser un fœtus énerve l'une des raisons que l'on emploie l'Atheïsme."

Chapter 180, 1237-1262:
"Continuation du même sujet."

Chapter 181, 1263-1285:
"Examen des nouvelles observations de Mr. le Clerc touchant les natures plastiques de Mr. Cudworth."

Chapter 182, 1286-1297:
"Reflexion sur la diference qu'il faut mettre entre contester un dogme, & contester quelques raisons alleguées pour le prouver, & sur le peu d'attention de ceux qui ont disputé de l'origine des formes. Deux mots sur le systême des causes occasionnelles."

(12) *Bibliothèque choisie*, vol. 9 (1706) [Translations and fourth reply]
Article 1, 1-40:
"Réponses à diverses objections des Athées, touchant l'origine du Mouvement, de la Pensée & de la Vie, tirées du Ch. V. du Systeme Intellectuel de Mr. Cudworth, Sect. IV."

Article 2, 41-103:
"Réponses aux objections des Athées, sur la Providence Divine, à quelques unes des Questions qu'ils font sur la conduite de Dieu, & à leurs raisonnemens pour montrer qu'il seroit à souhaiter qu'il n'y eût point de Religion pour l'interêt du Genre Humain. Tiré de la derniere Section du Ch. V. du Systeme Intellectuel de Mr. Cudworth."

Article 10, 361-386:[37]
"Remarques sur les Chap. CLXXIX & CLXXX. des Réponses de Mr. Bayle aux questions d'un Provincial."

Bayle's Critique of Cudworth and Grew

Le Clerc's translations lead to an intense dispute between Le Clerc and Pierre Bayle. Le Clerc and Bayle both had a Calvinist education and were later attracted by the Remonstrant movement.[38] While Le Clerc continued to teach Christian theology at the Remonstrant college in Amsterdam, in 1693 Bayle lost (after his critique of the Edict of Nantes) his professorship of philosophy and history at the Ecole illustre at Rotterdam. He continued to edit the *Dictionnaire historique et critique* that was first published in two volumes in 1696.[39]

In *Continuation des pensées diverses* (1705), Bayle mainly criticizes Cudworth's *The true intellectual system* as a theory that could support a "stratonian"[40] or spinocistic position of immanent naturalism without divine intervention.[41] For Bayle, the notion of plastic nature is incomprehensible because it does not explain how an agent can "organize" matter without knowledge.[42] He traces the notion of plastic nature back to Antiquity as an erroneous supposition that has been repeated time and again:

> On n'a pas laissé de dire que l'ame des plantes, cause de toute leur vegetation, ne connoît aucune chose, & que l'ame des bêtes, cause de leur generation, ne connoît point ce qu'il faut faire pour organiser un corps. On a donc établi ces deux choses en même tems: 1. que le monde est l'ouvrage d'une cause in-

---

[37] In the table of contents of this volume, this article is listed as article 13. However, in the text, it is article 10. Article 5 of the table of contents is missing in the text, and the articles 10 and 11 are combined with article 9.
[38] Cf. Colie 1957, 120-1.
[39] The year printed on the cover page is 1697.
[40] Bayle refers to the ancient Greek philosopher Straton of Lampsacus. For Bayle's stratonianism, see Mori 1999, 218-25; and Bouchardy 2001, 328-31. For the larger context of naturalism in England, France, and Germany in the seventeenth century, see Vernière 1954; and Pross 1978.
[41] For Bayle's critique of Spinoza, see Cantelli 1969; and Brykman 1990.
[42] Bayle discussed the problem of substantial forms and animal souls already in the articles "Rorarius" and "Sennert" in the first edition of the *Dictionnaire historique* (1696). For Bayle's different viewpoints on sentient animals and "spirits" that form animal bodies, see Bouchardy 2000, 153-6 and 161-72; and Des Chene 2006.

telligente, puis qu'il contient des parties si proportionnées entre elles. 2. Que les arbres, leurs fruits, leurs fleurs, les membres des animaux sont l'ouvrage d'une cause qui ne connoît point ce qu'elle fait, quoi qu'on voie tant de proportions & tant de su-bordinations entre leurs parties ... [43]

As labourers cannot construct a house without the plan and the knowl-edge of an architect, Bayle thinks that animals must "know" the order of their organic body to "organize" it and to perform regular movements:

Nous ne saurions concevoir qu'une maniere de rendre capa-bles les creatures de construire une machine, c'est de leur en donner une idée avec la puissance d'agir conforment à cette idée ... [Si quelqu'un veut] donner à la creature la faculté d'organiser, il faut necessairement qu'il lui communique l'idée de l'organisation ... [44]

For the sceptical philosopher Bayle, the creator God of the system of plastic natures must be either the God of Malebranche or an immanent force of nature. Le Clerc defends Cudworth's and Grew's positions. He thinks that the phenomena of organic bodies must be explained through the agency of specific entities. The ontology of such entities is different from spinocistic or occasionalist cosmologies.

Le Clerc's Defense of the Notion of Plastic Nature and his Ontology of Life

Le Clerc argues that Cudworth and Grew offer an interesting neopla-tonic hypothesis about the problem of "regulation". For Le Clerc, the correlated and successive actions through which animals exist as organ-ized bodies cannot be explained by the functioning of machines alone.

---

[43] Pierre Bayle, in Beauval 1687-1709, vol. 20 (1704), article 7, 384.
[44] Bayle 704-7, vol. 3 (1706), 1247-53. Cf. Bayle 1705, 430 (§ 85); and Bayle, in Beauval, *Histoire des ouvrages des savans*, 1687-1709, vol. 20 (1704), 542-3: "... [notre corps] ne demande plus de lumieres que tous les ouvrages de l'art humain, machines, harangues, poëmes épiques, &c. S'il y a donc des creatures aveugles qui sous la direction de Dieu puissent organiser nôtre corps, il pourroit y avoir de semblables creatures qui sous la même direction feroient un poëme plus beau que l'Eneïde. Mais comme il est certain que Dieu y devroit intervenir par sa direction depuis le premier vers jusques au dernier, il faut dire aussi qu'il intervient sans nulle discontinuation depuis que l'orga-nization commence jusques à ce qu'elle finisse, ... Mr. Cudworth ne peut éviter la retor-sion qu'en suposant ce que suposent les Cartesiens." Renaud-David Boullier comes to a similar conclusion about Cudworth's notion of plastic nature. Cf. Boullier 1985, 376-377.

Rather, animal bodies are moved by an inner principle.[45] He thinks that most Cartesians agree on this point:

> Il n'y a guère de gens aujourd'hui, parmi les Disciples de Descartes, qui croyent que les corps des plantes & des animaux se soient formez, par de simples mouvemens méchaniques; quoi qu'ils tâchent d'ailleurs d'expliquer les phénomènes, aussi méchaniquement qu'il est possible.[46]

In his fourth reply to Bayle of 1706, Le Clerc presents a list of fifteen actions of birds – such as nest-building, care for children, and division of labour between the parents – that require the regulating activity of an agent. These actions are commonly called "instincts" because they do not result from instruction.[47] For Le Clerc, it would be absurd to assume that matter could produce such actions:

> … [supposer que la] Matière pourroit avoir d'elle même, sans aucune conaissance, ni aucune Intelligence, qui la dirige, le pouvoir d'agir en ordre & de former les Plantes & les Animaux, est dire une des plus grandes absurditez, qui soient jamais montées dans l'esprit de l'homme.[48]

However, he thinks that it would also be absurd to assume that animals perform these actions through reason, because, if that were so, they would possess, without instruction, a perfect knowledge of their existential conditions, a knowledge that is even more perfect than that which humans acquire through instruction.[49] If it is necessary to suppose that animals possess an "instinct" that produces regular and correlated motions, then, Le Clerc concludes, there is no reason to reject the notion of plastic natures.[50]

---

[45] Cf. Bayle, in Beauval 1687-1709, vol. 9 (1706), 371: "Je suppose, avant toutes choses, que les Bêtes ne sont point des Machines, mais qu'elles ont un principe interieur de mouvement, par lequel elle se remuent."

[46] Ibid., vol. 2 (1703), 77. Cf. ibid., 86: " … il y a très-peu de Cartesiens aujourd'hui, qui croyent que les corps organisez soient des productions d'un mouvement méchanique."

[47] Cf. ibid., vol. 9 (1706), 372-8.

[48] Ibid., 377.

[49] Ibid., 377.

[50] Cf. ibid., vol. 9 (1706), 371: "Si l'on accorde l'Instinct, je ne vois pas pourquoi l'on nieroit les Natures Plastiques."

In the *Bibliothèque choisie*, Le Clerc describes the agent of life as an unknown, and yet necessarily supposed entity that mediates between a soul and a body:

> Que si l'on me demande une définition nette de ce Principe mitoyen, qui lie l'ame avec le corps: je répondrai que je n'en puis donner aucune exacte, parce que c'est une substance, qui ne m'est connue que par les effets que je vois qu'elle produit. Tout ce que je puis dire, c'est que c'est un Etre qui a en lui même un principe d'activité, & qui peut agir également, par lui même, sur l'ame & sur le corps; un Etre qui avertit l'ame, de ce qui se passe dans son corps, par les sensations qu'il y cause, & qui remue le corps aux ordres de l'ame; sans avoir néanmoins les fins de ses actions. [51]

About five years earlier, Le Clerc defined in *Ontologia, sive De Ente, in genere* the agent of life as an active "vital substance" (*substantia vitalis*) that is categorically different from "non-vital substances" (*substantiae non-vitales*) of passive matter.[52] The *Ontologia* is part of Le Clerc's *Opera philosophica*, a compendium for his lectures first published in 1698.[53] Besides the *Ontologia*, the *Opera* contains a *Logica sive Ars ratiocinandi*, a *Pneumatologia* of various species of spirits, and a *Physica, sive de rebus corporeis*, in which he discusses the different forms of orders of bodies and the natural history of plants and animals. In Le Clerc's *Ontology*, plants, animals and humans represent vital sub-

---

[51] Ibid., vol. 2 (1703), 116-17. Cf. ibid., vol. 8 (1706), 105: " ... Il y a des liaisons secretes entre les Sujets cachez des proprietez des Esprits & des Corps, que nous ne pénétrerons jamais, en cette Vie; & peut-être que des Substances, qui nous sont tout à fait inconnues, interviennent dans cette union, sans que nous le sachions." When Le Clerc discussed Gabriel Daniel's *Voiage Du Monde De Descartes* (1690) in the 25th volume of the *Bibliothèque choisie*, he already referred to an agent of life as an *être mitoyen* between the soul and the body. Cf. Le Clerc, 1687-1718, vol. 25 (1693), 136.

[52] Le Clerc 1710-11, vol. 1, caput 18, section 5, 371: "Creatae Substantiae dividuntur in Substantias Vitales & Non-vitales. Substantiae Vitales sunt, quibus inest principium Vitae, quae est vis quaedam agendi, quaecumque sit, quae non extrinsecus advenit, sed inest ipsi rei viventi. Substantiae vero Non-vitales sunt, quae nullum ejusmodi principium habent, sed sunt dumtaxat passivae; quales sunt mera & nuda extensio, & Substantiae corporeae, in quibus ad extensionem accedit soliditas & divisibilitas. Haec enim sunt per se omni vitali principio destitutae, nec quidquam possunt agere. Distinguuntur iterum in Corpora simplicia, seu homogenea: & mista, seu conflata ex variis corporum generibus. Mista rursus sunt organica, ut Plantarum & Animalium; vel organis destituta, ut metallorum, lapidum &c. corpora."

[53] The *Opera philosophica* is dedicated to Locke.

stances. Plants are non-sentient living beings that feed on liquids and grow from seeds. Their "vital principle" (*principium vitalis*) organizes their physical existence, while animals are "sentient substances" that can also have perceptions and sensations.[54] Only humans possess a "rational soul".[55]

Le Clerc thus combines two ways of thinking about organic order: on the one hand, he develops an ontology of nature as a discourse about the conditions of existence of all possible beings, and on the other hand, he refers to a collection of natural histories that rely on empirical data and observations.

Le Clerc was in close contact with Locke.[56] Two years before the first English edition of the *Essay* was published, Le Clerc translated an abridged French version in the eighth volume of the *Bibliothèque universelle* (1688).[57] Le Clerc and Locke agree upon the fact that the organic order of animals as sentient beings relies on a specific "power" or faculty. In his defense of Cudworth and Grew, Le Clerc argues that they explain the phenomena of animals more adequately than corpuscularians. Locke, however, remains sceptical about whether the regulatory faculty results from a power that is related to matter or from immaterial substances. In the second edition of the *Essay* (1694), Locke added a chapter to the second book on the identity and diversity of "living bodies" and human persons.[58] Locke argues that, while the identity of human persons consists in the faculty of a "thinking intelligent Being" to "consider it self as it self", the identity of a living body relies not on reflection, but on a certain physical "disposition" or "Organization" that remains the same although nourishment is continuously "received" and "distributed".[59] The vital unity of the body of Plants is for Locke just the

---

[54] Cf. ibid., sec. 7 and 8, 371-3.

[55] Cf. ibid., sec. 6; and ibid, vol. 4, Caput 12, 178: "Verum actiones hominum & brutorum ostendunt, Animi ratione, esse inter nos & ea discrimen."

[56] For the correspondence between Le Clerc and Locke, see Bonno 1959.

[57] Cf. Le Clerc 1687-1718, vol. 8 (1688), 63-95. In 1705, Le Clerc also publishes the first biography of Locke in a eulogy, mainly founded on two letters to Le Clerc in the same year, one from Lord Anthony Shaftesbury and the other from Lady Damaris Masham (*Bibliothèque choisie*, 1705-18, vol. 5 (1705), article 6, 342-411). Through Locke, Le Clerc was in contact with Lady Masham, the daughter of Cudworth, and her son, Francis Cudworth Masham. Cf. Colie, *Light and Enlightenment*, 1957, 118. In 1706, Le Clerc's biography is translated into English.

[58] It is chapter 27. I refer to the fourth edition of 1700 of Locke's *Essay*.

[59] Locke 1975, Book II, chap. 27, § 9, 335. Cf. ibid., § 4, 331.

effect of mechanical movements. The "life" of a plant seems nothing else but a "bare Mechanism":

> For however Vegetables have, many of them, some degrees of Motion, und upon the different application of other Bodies to them, do very briskly alter their Figures and Motions ... Yet, I suppose, it is all bare Mechanism; and no otherwise produced, than the turning of a wild Oat-beard, by the insinuation of the Particles of Moisture; or the short'ning of a Rope, by the affusion of Water. All which is done without any Sensation in the Subject, or the having or receiving any *Ideas*.[60]

The order of animals resembles for Locke a watch that repairs itself and grows through a force that comes from within their bodies:

> For Example, what is a watch? 'Tis plain 'tis nothing but a fit organization, or Construction of Parts, to a certain end, which, when a sufficient force is added to it, it is capable to attain. If we would suppose this Machine one continued Body, all whose organized Parts were repair'd, increas'd or diminsh'd, by a constant Addition or Separation of insensible Parts, with one Common Life, we should have something very much like the Body of an Animal, with this difference, That in an Animal the fitness of the Organization, and the Motion wherein Life consists, begin together, the Motion coming from within; but in Machines the force, coming sensibly from without, is often away, when the Organ is in order, and well fitted to receive it.[61]

However, animals are for Locke more than self-repairing watches. To a certain degree, they can also "think" in comparing and combining 'simple ideas' of "sensible Circumstances". Only humans a capable to distinguish abstract notions.[62] For Locke, "senseless Matter" cannot produce itself the faculty to think and feel:

---

[60] Ibid., chap. 9, § 11, 147-8.
[61] Ibid., chap. 27, § 5, 331.
[62] Cf. ibid., Book II, chap. 11, § 5, 157-8): "How far Brutes partake in this faculty, is not easie to determine; I imagine they have it not in any great degree: For though they probably have several *Ideas* distinct enough, yet it seems to me to be the Prerogative of Humane Understanding, when it has sufficiently distinguished any *Ideas*, so as to perceive them to be perfectly different, and so consequently two, to cast about and consider in what circumstances they are capable to be compared. And therefore, I think, *Beasts compare* not their *Ideas*, farther than some sensible Circumstances annexed to the Objetcs

> For it is repugnant to the Idea of senseless Matter, that it should put into itself Sense, Perception, and Knowledge, as it is repugnant to the Idea of a Triangle, that it should put into itself greater Angles than two right ones.[63]

But it is impossible to know if the "power to perceive and think" was "given" by God to "mere" corporeal beings or if there are immaterial agents of perceptions and thoughts:

> We have the *Ideas* of *Matter* and *Thinking*, but possibly shall never be able to know, whether any mere material Being thinks, or no; it being impossible for us, by the contemplation of our own *Ideas*, without revelation, to discover, whether Omnipotency has not given to some Systems of Matter fitly disposed, a power to perceive and think, or else joined and fixed to Matter so disposed, a thinking immaterial Substance ...[64]

In the dispute with Bayle, Le Clerc claims that specific properties of organic bodies, including those of plants, cannot be explained mechanically. For him, the sceptical solutions of Bayle and Locke are not sufficient, because they only point to the problem of agency in organic bodies. Le Clerc's translations of Cudworth and Grew support his critique of deistic, hylozoistic and cartesian cosmologies. Le Clerc refers to the notion of plastic nature to reconsider the ontological status of a second agent in the world that is neither a thinking agent nor extended matter. This agent is the agent of life in living beings. Its substantial status might be incomprehensible for humans, but Le Clerc argues that the notion of a thinking agent is as obscure as that of a plastic nature in living beings. However, the existence of both agents is indicated with evidence by human self-experience and certain phenomena of organic bodies.

Conclusion

Le Clerc is a sceptical metaphysician of Christian theology within a period of transition from belief to experimentation. Like Christian Wolff, he writes an ontology, in which the possibility of being and of natural

---

themselves. The other power of Comparing, which may be observed in Men, belonging to general *Ideas*, and useful only to abstract Reasonings, we may probably conjecture Beasts have not."

[63] Ibid., Book IV, chap. 10, § 5, 620-1.

[64] Ibid., chap. 3, § 6, 540.

order is formally defined, and a natural history of plants and animals, in which the concrete existence of certain bodies is explained according to various experiments and observations.[65] Wolff categorically distinguishes between a perceived world of extended matter and its ontological foundation. For him, the perceived world of extended matter can only be explained by mechanical laws. In this perspective, organic bodies are machines created by God. For Le Clerc, the observable order of organic beings is a concrete manifestation of immaterial agents in the corporeal world that we experience. He refers to Cudworth's and Grew's neoplatonic theories of vital principles as one possibility to interpret these experiences in an adequate way. Like Cudworth and Grew, Le Clerc combines the problem of organic regulation with his critique of deism and spinocistic naturalism.

References

Barthez, Paul-Joseph (1806). *Nouveaux élémens de la science de l'homme.* Seconde édition, revue, et considérablement augmentée. 2 vols. (1st edn., first volume only, 1778) 2nd ed. Paris: Chez Goujon et Brunot.

Batteux, Charles (1769). *Histoire des causes premieres, ou exposition sommaire des pensées des philosophes sur les principes des êtres.* Paris: Chez Saillant.

Bayle, Pierre (1704-7). *Réponse aux questions d'un provincial.* 5 vols. Rotterdam: Reinier Leers.

—— (1705). *Continuation des pensées diverses, Ecrites à un Docteur de Sorbonne, à l'occasion de la Comete qui parut au mois de Decembre 1680. Ou reponse à plusieurs difficultez que Monsieur *** a proposées à l'Auteur.* 2 vols. Rotterdam: Reiner Leers.

Beauval, Henri Basagne de, ed. (1687-1709). *Histoire des ouvrages des savans.* 24 vols. Rotterdam: Reinier.

Bonno, Gabriel, ed. (1959). *Lettres inédites de Le Clerc à Locke.* Berkeley-Los Angeles: University of California Press.

Bouchardy, Jean-Jacques (2001). *Pierre Bayle. La nature et la "nature des choses".* Paris: Honoré Champion Éditeur.

Bouillier, Francisque (1972). *Histoire de la philosophie cartésienne,* 2 vols. (1st edn. 1868) Reprint. Hildesheim-New York: Olms.

Boullier, Renaud-David (1985). *Essai philosophique sur l'âme des bêtes.* (1st ed. 1728) Reprint of the 2nd ed. 1737. Paris: Fayard.

Brogi, Stefano (2000). "Nature plastiche e disegni divini. La polemica tra Bayle e Le Clerc". *Studi Settecenteschi* XX, pp. 51-88.

---

[65] For the relation between Wolff's ontology and physiology, see Cheung 2004.

Brykman, Geneviève (1990). "La 'Réfutation' de Spinoza dans le *Dictionnaire de Bayle*". In *Spinoza au XVIIIe siècle* (Actes des Journées d'Études organisées les 6 et 13 décembre 1987 à la Sorbonne). Paris: Méridiens Klincksieck, pp. 17-28.

Canguilhem, Georges (2000). "La formation du concept de régulation biologique aux XVIIIe et XIXe siècles". In *Idéologie et rationalité dans l'histoire des sciences de la vie*, ed. by Georges Canguilhem. (1st edn. 1988) 3rd edn. Paris: Vrin, pp. 81-99.

Cantelli, Gianfranco (1969). *Teleologia e ateismo. Saggio sul pensiero filosofico e religioso di Pierre Bayle*. Firenze: La Nuova Italia.

Cassirer, Ernst (1932). *Die platonische Renaissance in England und die Schule von Cambridge*. Leipzig-Berlin: Teubner 1932.

Cheung, Tobias (2004). "Ontologie und Physiologie bei Christian Wolff (1679-1754)". *Verhandlungen zur Geschichte und Theorie der Biologie* X, pp. 263-81

—— (2006). "From the organism of a body to the body of an organism: occurrence and meaning of the word 'organism' from the seventeenth to nineteenth centuries". *British Journal for the History of Science* XXXIX, pp. 319-39.

—— (2008). *Res vivens. Agentenmodelle organischer Ordnung 1600-1800*. Freiburg im Breisgau: Rombach

Chevroton, Denise (1976). "L'instinct, objet d'une controverse, à l'époque de Descartes: Pierre Chanet et Marin Cureau de la Chambre". *Histoire et nature* VIII, pp. 3-20.

Clerc, Jean Le (1687-1718). *Bibliothèque universelle et historique*. 26 vols. Amsterdam: Henri Schelte.

—— (1703-18). *Bibilothèque choisie, pour servir de suite à la Bibliothèque universelle*. 28 vols. Amsterdam: Chez Wolfgang, Waesberge, Boom, & van Someren et al.

—— (1710-11). *Opera philosophica in quatuor volumina digesta*. (1st edn. 1700) 4th edn. Amsterdam: Apud Joan. Ludov. de Lorme.

Colie, Rosalie L. (1957). *Light and Enlightenment. A Study of the Cambridge Platonists and the Dutch Armenians*. Cambridge: Cambridge University Press.

Cudworth, Ralph (1678). *The true intellectual system of the universe: the first part; wherein all the reason and philosophy of atheism is confuted; and its impossibility demonstrated*. London: Printed for Richard Royston.

—— (1995). *The true intellectual system of the universe*. 3 vols. (1st ed. 1678) Reprint of the edition of 1845. Bristol: Thoemmes press.

Des Chene, Dennis (1996). *Physiologia. Natural Philosophy in Late Aristotelian and Cartesian Thought*. Ithaca (NY): Cornell University Press.

—— (2006). " 'Animal' as category: Bayle's 'Rorarius' ". In *The Problem of Animal Generation in Early Modern Philosophy*, ed. by John E. H. Smith. New York: Cambridge University Press, pp. 215-34.

Fontenay, Elisabeth de (1998). *Le silence des bêtes. La philosophie à l'épreuve de l'animalité*. Paris: Fayard.

Garrett, Brian (2003). "Vitalism and teleology in the natural philosophy of Nehemiah Grew". *British Journal for the History of Science* XXXVI, pp. 63-81.

Giglioni, Guido (2002). "The genesis of Francis Glisson's philosophy of life". PhD thesis. Johns Hopkins University.

Grew, Nehemiah (1965). *The Anatomy of Plants*. (1st edn. 1682) Reprint. New York-London: Johnson Reprint Corporation.

—— (1701). *Cosmologia sacra: Or A DISCOURSE Of The UNIVERSE As it is the Creature and Kingdom OF GOD. To Demonstrate the Truth and Excellency of the BIBLE; which contains the Laws of his Kingdom in this Lower World. In Five Books*. London: Printed for W. Rogers.

Hartbecke, Karin (2006a). "Naturgesetze und Naturphilosophie: Newton im Materialismus der Französische Aufklärung". In *Naturgesetze. Historisch-systematische Analysen eines wissenschaftlichen Grundbegriffes*, ed. by Karin Hartbecke and Christian Schütte. Paderborn: Mentis, pp. 207-48.

—— (2006b). *Metaphysik und Naturphilosophie im 17. Jahrhundert. Francis Glissons Substanztheorie in ihrem ideengeschichtlichen Kontext*. Tübingen: Max Niemeyer Verlag.

Hüttemann, Andreas (2006). "Materie, Chaos und Gesetz – Der Begriff des Naturgesetzes im 17. Jahrhundert". In *Naturgesetze. Historisch-systematische Analysen eines wissenschaftlichen Grundbegriffes*, ed. by Karin Hartbecke and Christian Schütte. Paderborn: Mentis, pp. 193-206.

Jäger, Theo (2004). *Pierre Bayles Philosophie in der "Réponse aux questions d'un provincial"*. Marburg: Tectum Verlag 2004.

Locke, John (1975). *An Essay concerning Human Understanding*. In Four Books. Edited with a foreward by Peter H. Nidditch. Oxford: Clarendon.

Mori, Gianluca (1999). *Bayle philosophe*. Paris: Honoré Champion.

Pagel, Walter (1967). "Harvey and Glisson on irritability with a note on Van Helmont". *Bulletin of the History of Medicine* XLI, pp. 497-514.

Piobetta, Jean-Benoît (1937). *Pierre Chanet. Une psychologie de l'instinct et des fonctions de l'esprit au temps de Descartes*. Paris: Paul Hartmann.

Pross, Wolfgang (1978). " 'Natur', Naturrecht und Geschichte. Zur Entwicklung der Naturwissenschaften und der sozialen Selbstinterpretation im Zeitalter des Naturrechts (1600-1800)". *Internationales Archiv für Sozialgeschichte der Deutschen Literatur* III, pp. 38-67.

Roger, Jacques (1993). *Les sciences de la vie dans la pensée française au XVIIIe siècle*. (1st edn. 1963) 2nd. ed. Paris: Albin Michel.

Rogers. Graham A. J. et al., eds. (1997). *The Cambridge Platonists in Philosophical Context. Politics, Metaphysics and Religion*. Dordrecht-Boston-London: Kluwer.

Rosenfield, Leonora C. (1968). *From Beast-Machine to Man-Machine. Animal Soul in French Letters from Descartes to la Mettrie*. New York: Octagon Books.

Schmitt, Charles B. (1973). "Towards a reassessment of Renaissance Aristotelianism". *History of Science* XI, pp. 159-93.

Temkin, Owsei (1964). "The classical roots of Glisson's doctrine of irritation". *Bulletin of the History of Medicine* XXXVIII, pp. 297-328

Thijssen-Schoute, Louise (1954). *Nederlands cartesianisme*. Amsterdam: Noord-Holandsche Uitgevers Maatschappij.

Vernière, Paul (1954). *Spinoza et la pensée française avant la révolution. Première Partie. XVIIe siècle (1663-1715)*. Paris: Presses Universitaires de France.

Wijngaards, Guus N. M. (1986). *De "Bibliothèque choisie" van Jean Le Clerc (1657-1736) een Amsterdams. Geleerdentijdschrift uit de Jaren 1703 tot 1713*. Amsterdam-Maarssen: Apa-Holland Universiteits Pers.

Yolton, John W. (1983). *Thinking Matter. Materialism in Eighteenth-Century Britain*. Minneapolis: University of Minnesota.

Windheim, Christian E. von (1751): *Bemühungen der Weltweisen vom Jahr 1700 biß 1750*. Der erste Band.

Chapitre 5

Maclaurin et Dortous de Mairan : deux défenseurs de Newton

OLIVIER BRUNEAU

Le titre de cette contribution est volontairement provocateur en désignant Dortous de Mairan comme un défenseur de Newton. Ellen McNiven qualifie Dortous de Mairan de « cartonian »[1] c'est-à-dire comme un savant partagé entre deux théories concurrentes, celle de Descartes et celle de Newton. Dortous de Mairan se place d'une part comme un partisan de Descartes concernant, entre autres, la figure de la Terre, d'autre part comme un partisan de Newton concernant l'optique. Mon propos, ici, n'est pas de rentrer dans les travaux scientifiques de Dortous de Mairan mais de regarder cet homme comme un diffuseur de la science à travers ses positions institutionnelles à l'Académie royale des Sciences de Paris, à la *Royal Society of London* et à la Société philosophique d'Édimbourg. Dortous de Mairan est connu pour son importante activité épistolaire. Ainsi, sa correspondance avec les savants genevois tels Cramer ou Jallabert a fait l'objet d'un long article[2], ses

---

[1] Helen McNiven, « Dortous de Mairan, the Cartonian », *Studies on Voltaire*, n° 266 (1989), pp. 163-179.
[2] Helen McNiven, « Jean-Jacques Dortous de Mairan and the Geneva Connection: Scientific Networking in the Eighteenth Century », *Studies on Voltaire*, n° 340 (1996).

Echanges entre savants français et britanniques depuis le XVIIᵉ siècle.
Robert Fox et Bernard Joly (éd.).

relations avec son ami Bouillet de Béziers ont été mises en avant[3]. Mais, ses relations avec le monde britannique sont relativement méconnues. Par conséquent, je me propose d'examiner plus spécifiquement les relations entre Dortous de Mairan et Maclaurin d'une part, avec comme toile de fond la tentative d'introduction des idées de Newton par les écrits de Maclaurin, et l'activité de Dortous de Mairan au sein de la *Royal Society* de Londres d'autre part. Je montrerai, après avoir donné les grandes dates de leurs vies respectives, comment est née la relation entre les deux savants et j'essaierai d'expliquer les prises de position de chacun vis-à-vis de l'autre.

Présentation rapide de Maclaurin et de Dortous de Mairan

Tout d'abord, présentons rapidement les deux acteurs. Colin Maclaurin est né dans l'Argyll, une région de l'Écosse, en 1698 d'un père pasteur de l'Église d'Écosse qu'il ne connaîtra pas. Entrant à l'université de Glasgow à l'âge de 11 ans, en 1709, il devient *Master of Arts* en défendant une thèse, *De Gravitate*, en 1713. Après une semaine de concours en 1717, il devient professeur de mathématiques au Marishal College d'Aberdeen. En 1722, il devient tuteur d'un jeune écossais en France et il parcourt la France jusqu'à la mort du jeune homme en 1724 à Montpellier. Cette même année, il reçoit le prix de l'Académie royale des sciences de Paris. Nous y reviendrons. A son retour de France, il quitte Aberdeen pour devenir *joint-professor* à l'université d'Édimbourg où il restera jusqu'à sa mort en 1746. Outre son activité d'enseignant, Maclaurin se consacre essentiellement aux mathématiques et à la philosophie expérimentale. Ses œuvres majeures sont la *Geometria Organica*, le *Treatise of Algebra* paru après sa mort, le *Treatise of Fluxions*, et *The Account of Sir Isaac Newton's Philosophical Discoveries* paru de façon posthume en 1748. Maclaurin a été un des fondateurs de la Société philosophique d'Édimbourg en 1737. Il s'intéresse au jaugeage des tonneaux pour l'*Excise*, aux rentes viagères pour les veuves et orphelins des pasteurs de l'Église d'Écosse. Il gagne un autre prix de l'Académie royale des sciences de Paris en 1740 sur le flux et le reflux des marées. Maclaurin meurt en 1746 des suites d'une maladie due à sa fuite d'Édimbourg lors de la prise de cette ville par les partisans jacobites. Ce savant est avant tout un newtonien, c'est un fervent promoteur de la

---

[3] Jean-Jacques Dortous de Mairan, « Correspondance avec J. Bouillet », *Bulletin de la société d'archéologie de Béziers*, 2ème série, t. II (1860).

science newtonienne qu'il a fait sienne. On peut le considérer comme l'un des plus grands mathématiciens britanniques du XVIIIe siècle après Newton bien entendu. Maclaurin a eu une activité épistolaire importante avec des savants tant britanniques que français. Sir Martin Folkes, Alexis Clairaut, Dortous de Mairan, James Stirling ou Robert Simson sont des exemples des savants qui ont été pendant une période plus ou moins longue en relations avec Maclaurin.

Jean-Jacques Dortous de Mairan est né en 1678 à Béziers dans le sud de la France. Après des études à Toulouse, il « monte » à Paris pour finir ses études en 1698. C'est dans cette ville qu'il découvre véritablement les mathématiques et les sciences. Financièrement indépendant, il se consacre à l'étude des sciences. Il est élu à l'Académie royale des sciences de Paris en 1718 et en devient secrétaire perpétuel du début de l'année 1741 jusqu'en août 1743. Dans cette institution, il s'investit beaucoup et occupe à plusieurs reprises la fonction de directeur-adjoint et de directeur. En 1743, il est élu au fauteuil quinze de l'Académie française. Il a une activité épistolaire importante avec de nombreux savants, en particulier avec des genevois tels Cramer et Jallabert. Son intérêt pour la science prend différentes facettes. Il a été pendant un temps directeur du *Journal des Savants*. Il a été membre de diverses sociétés savantes de France et d'Europe dont celles de Londres et Uppsala. Il prend une part active dans les débats sur la figure de la Terre et sur les forces vives ; dans ce dernier il est opposé à la Marquise du Châtelet. Le *Traité Physique et Historique de l'Aurore Boréale* est son ouvrage majeur dont la première édition paraît en 1733. Dortous de Mairan meurt à plus de 93 ans en 1771.

Rien n'indique dans les archives et dans la correspondance des deux hommes que lors du tour de France de Maclaurin entre 1722 et 1724, Maclaurin et Dortous de Mairan se soient rencontrés. En revanche, deux faits attestent que chacun connaissait l'autre au moins de réputation. Le premier de ces faits intervient lors du périple de Maclaurin dans le sud de la France aux alentours de Montpellier : il a alors rencontré des amis de Dortous de Mairan comme l'indique la lettre qu'il adresse à ce dernier en 1743 : « vos amis en Languedoc qui m'ont témoignées (sic) beaucoup d'amitié sur votre compte il y a fort long tems »[4]. Le second fait concerne le prix de 1724 de l'Académie royale des sciences de Paris dont le problème portait sur la loi des chocs des corps parfaitement durs. Les

---

[4] Lettre de Maclaurin à Dortous de Mairan, 25 octobre 1743, Bibliothèque de l'Institut de France, MSS 2003.26.

commissaires de ce prix sont Maraldi, Saurin, Réaumur, Nicole et Dortous de Mairan[5]. Ainsi Dortous de Mairan et les autres ont désigné le texte de Maclaurin comme le vainqueur de ce prix. Dès 1724, Dortous de Mairan connaît les compétences de Maclaurin. On peut penser qu'il est au courant de ses écrits dès la parution de la *Geometria Organica* en 1719 car Maclaurin est décrit comme l'auteur de cet ouvrage lorsqu'il reçoit le prix officiellement. Déjà, dès le début des années 1720, les travaux du savant écossais sont disponibles sur le Continent et il a une bonne réputation. Parmi les savants académiciens, les travaux de certains newtoniens sont connus très rapidement. Néanmoins, la connaissance des théories leibniziennes concernant les forces vives et la gravitation prend de l'ampleur après 1724. Selon le père Costabel, la querelle sur les forces vives à laquelle Dortous de Mairan participa activement débute avec le prix de l'Académie de 1724 déjà cité.[6]

La diffusion des idées newtoniennes en France.

Je m'intéresse ici plus spécialement à la réception de la théorie gravitationnelle de Newton et je ne traiterai pas du débat entre les amis de Newton et ceux de Leibniz concernant le calcul différentiel et intégral et la question de primauté. Dans l'ouvrage qu'il a consacré à l'introduction des théories newtoniennes en France[7], Pierre Brunet montre comment cela a été laborieux et quasiment impossible avant 1738. Les partisans anti-newtoniens défendent ardemment, à la fois dans les universités et à l'Académie des sciences de Paris, les principes cartésiens.

La propagation de la science newtonienne commence plus tôt en Grande-Bretagne que sur le Continent. Par exemple, l'enseignement des œuvres de Newton apparaît dans les universités écossaises dès le début des années 1700 contrairement aux universités françaises qui enseignent toujours les préceptes cartésiens. Maclaurin est l'exemple même de la très bonne compréhension du discours newtonien dans ces années-là en Grande-Bretagne. En effet, pour obtenir le grade de *Master of Arts*, Maclaurin défend, en 1713, une thèse clairement inspirée de la mécanique newtonienne. Dans cette thèse[8], Maclaurin donne une critique de la

---

[5] Procès verbal du 5 février 1724 de l'Académie royale des sciences de Paris.
[6] Pierre Costabel, « La signification d'un débat de plus de 30 ans (1728-1758) : la question des forces vives », *Cahiers d'Histoire et de Philosophie des Sciences*, vol. 8 (1983).
[7] Pierre Brunet, *L'introduction des théories de Newton en France au XVIIIᵉ siècle avant 1738*, Paris (1931) ; rééd. Slatkine reprints, Genève (1970).
[8] Colin Maclaurin, *Dissertatio Philosophica Inauguralis, De Gravitate, aliisque viribus naturalibus*, Édimbourg, 1713.

théorie tourbillonnaire de Descartes, avec des arguments qui ne sont pas de Newton, et décrit la théorie gravitationnelle de Newton avec aisance et profondeur. Cela nous indique deux choses. La première concerne le niveau d'enseignement dispensé à l'université de Glasgow. Ce sont ses professeurs qui lui ont permis de découvrir l'œuvre de Newton (en particulier les *Principia* et l'*Opticks*). De plus, cela nous indique la précocité et le talent de Maclaurin qui, à l'âge de quinze ans, comprend la théorie newtonienne et la décrit avec pertinence. En France, en revanche, la réception de Newton se fait plus doucement et est confrontée avec plus d'intensité à la théorie cartésienne très implantée dans le milieu savant et universitaire.

Les *Philosophiae Naturalis Principia Mathematica* de Newton ont connu du vivant de leur auteur plusieurs éditions auxquelles il a pris une part active, mais elles ont aussi suscité des commentaires en anglais. Ainsi, nous pouvons citer par exemple le commentaire de Pemberton de 1728, *A view of Sir Isaac Newton's Philosophy*. Même si Maupertuis décrit le système de Newton dès 1732 dans son *Discours sur les différentes figures des Astres*, il faut attendre 1738 pour avoir un écrit de ce savant sur la figure de la Terre prenant appui sur les textes newtoniens[9]. Cette même année, apparaît une version française d'un commentaire de la physique de Newton. En effet, après un séjour à Londres, Voltaire entreprend de faire découvrir la pensée de Newton à un plus grand nombre de Français. Ainsi, l'introduction en France s'est surtout faite par les *Elémens de la Philosophie de Newton*[10] de Voltaire qui reçoivent un beau succès dans le grand public et font l'objet de nombreuses rééditions. La réaction est assez vive chez les défenseurs de la pensée de Descartes. De nombreux débats et polémiques apparaissent, par exemple un débat sur la figure de la Terre dans lequel intervient Dortous de Mairan. À la suite du prix de 1724 et de la polémique sur les forces vives, Maclaurin désire écrire un texte pour répondre aux attaques de Bernoulli, mais il ne voit pas le jour. En revanche, dans ses commentaires sur la philosophie de Newton[11], il revient sur cette querelle et donne à peu près les mêmes arguments que ceux que l'on trouve dans le prix de 1724. Ainsi, Maclaurin n'intervient pas directement dans le débat. Mais, comme il se

---

[9] P-L. de Maupertuis, *La figure de la Terre, déterminée par les observations...*, Paris, 1738.
[10] Voltaire, *Elemens de la Philosophie de Newton*, Paris, 1738.
[11] Colin Maclaurin, *An Account of Sir Isaac Newton's Philosophical Discoveries in four books*, Londres, 1748 ; *Exposition des Découvertes philosophiques de M. le Chevalier Newton*, trad. Lavirotte, Paris, 1749.

considère comme un défenseur de la pensée de Newton, il cherche à en développer la propagation à la fois en Écosse, en Angleterre et sur le Continent.

L'activité de Dortous de Mairan au sein de la Royal Society

Dortous de Mairan est élu *fellow* à la *Royal Society* de Londres le 23 janvier 1735 après une recommandation du 1er octobre 1734 signée, entre autres, par Bernard de Jussieu, Sloane, Desaguliers et Halley. Dans cette lettre, Dortous de Mairan est décrit comme un savant académicien qui a reçu de nombreux prix de l'Académie de Bordeaux. La recommandation est signée par des savants français tels que Jussieu mais aussi par des anglais déjà bien installés au sein de la *Royal Society* comme Halley ou Sloane qui est président de cette société savante depuis 1727. Ainsi, Dortous de Mairan est reçu rapidement membre de la *Royal Society*. Son activité se résume en grande partie à envoyer des ouvrages français à Londres et à signer des recommandations pour élire nombre de ses amis parisiens. Ainsi, il recommande au moins dix-sept savants français qui seront élus membres de cette société. Par exemple, en 1740, avec Fontenelle, Réaumur, Jussieu, Duhamel de Monceau, Dortous de Mairan recommande d'accepter Bernard Pitot[12] adjoint mécanicien qui défend les idées newtoniennes. La même année, il appuie avec l'aide de Cassini, Fontenelle, Duhamel de Monceau, Bernard de Jussieu et Clairaut la candidature de Granjean de Fouchy, son protégé. Ainsi proposer une candidature telle que celle de Fouchy peut être considéré comme le fait de chercher à donner un statut de légitimité à un astronome dont les travaux concernent surtout son activité de secrétaire perpétuel de l'Académie royale des sciences de Paris à partir de 1744 et jusqu'en 1776. De plus, Dortous de Mairan poursuit une activité épistolaire avec Martin Folkes quand celui-ci est président de la *Royal Society*. Ainsi, Dortous de Mairan est un correspondant de cette société savante mais plutôt dans le sens de la France vers l'Angleterre. En revanche, avec la Société philosophique d'Édimbourg, le sens sera inversé et c'est Maclaurin qui est à l'initiative de l'élection de Dortous de Mairan à cette société.

Dortous comme membre de la Société Philosophique d'Édimbourg

En 1737, l'éclipse du Soleil visible sur une grande partie de l'Écosse permet de faire des observations en différents lieux d'Écosse. Maclaurin

---

[12] Il sera élu le 13 novembre 1740.

s'occupe d'organiser ces observations et rédige un compte-rendu qui est publié dans les *Philosophical Transactions*. L'organisation de ces observations est le point de départ du projet de création de la Société Philosophique d'Édimbourg par plusieurs personnalités écossaises dont Maclaurin. En réalité, Maclaurin est le principal instigateur de l'édification de cette société. Il est l'un des rédacteurs de ses statuts. Mais, elle n'est pas créée à partir de rien. En fait, elle prend appui sur une autre qui était relativement moribonde, une société de médecins et de chirurgiens qui avait l'avantage d'avoir déjà un public, un auditoire écossais, anglais et même européen et surtout un journal dont la parution était quelque peu aléatoire, les *Medical Essays* qui reçoivent pour les premiers volumes une traduction française qui tombe dans les mains de savants parisiens. Dortous de Mairan sait où trouver une traduction de ce journal dans la sphère savante parisienne et s'en sert pour remercier Maclaurin de son élection au sein de la Société philosophique d'Édimbourg[13]. Le projet de cette société est clair : « *A* Society *being formed in this Place for the Improvement of* Natural Knowledge ».

Les sujets d'étude de cette société sont tout ce qui se rapporte à la médecine, mais aussi l'histoire, les mathématiques au sens large, la philosophie expérimentale, la philosophie naturelle, la géographie. Ce sont les secrétaires dont l'un est Maclaurin, qui sont chargés de choisir les textes qui seront lus en séance et qui doivent paraître dans le journal.

Les membres sont au nombre de quarante-deux partagés en deux catégories, les ordinaires, qui doivent assister aux séances et participer activement à la vie intellectuelle de la société en fournissant des papiers, et les extraordinaires, qui ne sont pas obligés d'assister à toutes les réunions et n'ont pas l'obligation de produire des communications. À la suite des statuts de la société publiés en 1739, se trouve une liste des membres de cette société. Le seul membre qui ne soit pas écossais est Dortous de Mairan. D'autres étrangers deviendront membres par la suite, Voltaire et Buffon par exemple en 1745. Ainsi, nous sommes convaincus que c'est Maclaurin qui propose Dortous comme membre de la société. De plus, ce n'est pas en tant que secrétaire perpétuel de l'Académie des sciences de Paris qu'il est nommé car il ne le deviendra qu'en 1740. C'est par cette élection que démarre véritablement la relation épistolaire entre les deux hommes.

---

[13] Lettre de Dortous de Mairan à Maclaurin du 6 février 1740, Aberdeen University Library MS. 206.45 in Stella Mills, *Collected Letters of Colin Maclaurin*, Shiva Publishers, Nantwich (1982), p. 323.

Maclaurin annonce le 14/25 avril 1739 à Dortous de Mairan qu'il est devenu membre de la société. Ce dernier lui répond avec beaucoup de retard (dû en grande partie à des problèmes de poste entre les deux pays !) qu'il est honoré de cette élection. Dortous de Mairan déclare :

> Et vous Monsieur, à qui je dois sans doute la plus grande partie des suffrages qui m'ont été accordés, qu'aurez-vous pensé de moi pendant cet intervalle ? Mais comme je me flatte d'un peu d'amitié de votre part, je compte aussi que vous m'aurez excusé dans votre esprit, et dans celui de la compagnie, n'etant pas possible d'attribuer mon silence à autre chose qu'à quelques accidens involontaire et imprevu.[14]

Dans la correspondance entre les deux savants, l'expédition du Pérou mise en œuvre pour vérifier expérimentalement la figure de la Terre ressort souvent. Maclaurin en demande des nouvelles. Nous pouvons remarquer que ce projet financé par le roi de France n'intéresse pas seulement les Français mais toute l'Europe (et plus particulièrement les Iles Britanniques, patrie de Newton). Dortous de Mairan propose à Maclaurin d'être une sorte d'arbitre concernant un débat qui l'oppose à la marquise du Châtelet à propos d'un écrit de ce dernier sur les forces vives. Nous ne savons pas si Maclaurin prend position dans ce débat.

Il est aussi intéressant de noter que ces deux savants participent à la diffusion du savoir du fait de leurs positions respectives dans leur pays. Par l'intermédiaire de Maclaurin, Dortous de Mairan envoie son écrit sur les forces vives pour Robert Simson. De la même façon, Maclaurin se sert de sa relation avec Dortous de Mairan pour diffuser son *Treatise of Fluxions*, en 1742, en France. Maclaurin envoie un exemplaire de son ouvrage à Dortous de Mairan mais aussi à Clairaut. Ces envois correspondent à des objectifs différents. L'ouvrage envoyé à Dortous de Mairan sert à annoncer sa parution en France où il était aussi attendu. Ce dernier, en échange propose à Maclaurin quelques exemplaires des mémoires de l'Académie royale des sciences. C'est vraiment une relation qui participe pleinement à la transmission des savoirs entre les deux côtés de la Manche. L'ouvrage destiné à Clairaut permet d'entretenir leurs relations épistolaires sur la figure de la Terre. Concernant la correspondance entre Clairaut et Maclaurin, elle fut amorcée par Dortous de Mairan qui avait mis en relation les deux hommes. Clairaut était connu

---

[14] Lettre de Dortous de Mairan à Maclaurin du 6 février 1740 in Mills (1982), pp. 322-3.

de Maclaurin (au moins une partie de ses écrits), et c'est Mairan qui incita Clairaut à correspondre avec Maclaurin (qui accepta sans aucune difficulté).

La traduction de l'*Account of Sir Isaac Newton's Philosophical Discoveries*

Parmi les commentaires des *Principia* en langue anglaise, il existe celui de Maclaurin qui a été commandé par le neveu par alliance de Newton à la mort de celui-ci. La demande de John Conduitt, en 1728, est d'écrire un livre qui doit être une présentation des principes newtoniens à des lecteurs de niveaux divers et dont la formation en mathématiques n'est pas très élevée. Il doit aussi servir à la propagation de la science newtonienne. Maclaurin donne une première version à Conduitt en 1732. Ce dernier est ravi et encourage Maclaurin à poursuivre la tâche. Mais ce projet s'interrompt avec le décès de Conduitt en 1737. Maclaurin continuera l'écriture de ce projet jusque sur son lit de mort où il entreprend d'écrire les dernières parties, les plus religieuses. Mais ce n'est qu'en 1748 que cet ouvrage[15] est édité par un ami de Maclaurin pour venir en aide financièrement à la famille de ce dernier. Cet ouvrage rencontre un grand succès, avec plus de mille deux cents souscripteurs, non seulement des personne issues du monde savant mais aussi beaucoup de religieux et de marchands. Parmi les commentaires du texte newtonien, celui de Maclaurin a reçu un accueil très favorable en grande partie dû à l'importante réputation du savant même quelques années après sa mort. Des exemplaires de cet ouvrage traversent la Manche et au moins l'un d'entre eux tombe dans les mains de Dortous de Mairan. Ce dernier demande à un médecin formé à Montpellier, Lavirotte[16], de le traduire en français pour qu'il soit lisible par un plus grand nombre. Dortous de Mairan pousse tellement bien Lavirotte que ce dernier rend sa traduction très rapidement et l'ouvrage sort dès 1749. Il n'y a même pas un an entre l'imprimatur de Folkes pour la version anglaise et l'approbation de Clairaut (le 15 février 1749) pour la version française. La traduction de Lavirotte est accompagnée d'une dédicace à Mairan dans laquelle l'auteur affirme que :

---

[15] Colin Maclaurin, *An Account of Sir Isaac Newton's Philosophical Discoveries*, op. cit. in note 11.
[16] Médecin formé à Montpellier, Lavirotte est l'auteur de l'article « Docteur en Médecine » de l'*Encyclopédie* de Diderot et D'Alembert. On connaît très peu de choses sur lui.

> Aussi jaloux de faire honneur à la mémoire de votre illustre
> Ami, que de contribuer de toute manière au progrès de la Phy-
> sique, vous m'avez encouragé à travailler à cet Ouvrage ; &
> même vous en avez applani les difficultés en m'aidant de vos
> conseils.[17]

Ce qui nous conforte dans l'idée que la version du newtonianisme de
Maclaurin était attendue sur le Continent au moins par Dortous de
Mairan et que ce dernier a participé activement à l'élaboration de cette
traduction. Nous ne savons pas comment cet ouvrage a été reçu dans le
monde savant parisien. Néanmoins, la recension qui en est faite dans le
Journal des Savants dès janvier 1750[18] nous donne quelques pistes. Sa-
chant que Dortous de Mairan fut un temps directeur et rédacteur de ce
journal dont on connaît les orientations cartésiennes même en 1750 (ou
au moins celles de l'auteur de la recension), on constate sans surprise que
toute la partie de l'ouvrage qui attaque et rend caduque la théorie cartésienne est largement démontée par l'auteur qui, en revanche, retient que :

> les deux derniers livres de cet ouvrage [sont] une excellente
> interprétation de la Philosophie de Newton. Les Physiciens
> l'auroient reçu avec plus d'empressement, si elle étoit venue
> plutôt ; son mérite fera moins d'impression par le grand nombre
> de commentateurs qui l'ont précédée. Cet ouvrage sera toujours
> recommandable par sa netteté, & par tous les moyens que
> M. Maclaurin a pris pour se rendre clair.[19]

Quel a été l'objectif de Dortous de Mairan dans cette affaire ?.
D'abord rendre en quelque sorte la pareille à la famille d'un savant pour
qui il avait beaucoup d'estime. Mais surtout, participer à la propagation
de la pensée newtonienne qui dans cet ouvrage est présentée de manière
particulièrement claire.

En guise de conclusion, nous pouvons affirmer que les relations entre
les deux savants participent à la diffusion des sciences britanniques en
France et réciproquement. Au début des années 1740, la période couverte
par l'échange entre les deux protagonistes, les écrits de Newton sont déjà
bien connus sur le Continent, à travers surtout des commentaires, et rela-

---

[17] Maclaurin, *Exposition ...*, épître, p. ii.
[18] « Exposition des découvertes philosophiques de M. le Chevalier Newton, par M. Maclaurin, (...)
traduit de l'Anglois par M. Lavirotte, ... », *Le Journal des Sçavants pour l'année 1750*, (1750),
pp. 1-13 et pp. 78-88.
[19] *Journal des Sçavants* (1750), p. 88.

tivement acceptés. Néanmoins, les idées de Newton sont débattues et c'est là que les deux savants interviennent de plusieurs manières. Leurs positions institutionnelles leurs permettent d'être un moyen de propagation d'idées. En tant que secrétaires de sociétés savantes, ils sont au courant de tous les débats dans ces sociétés et dans les salons. Être membre de la société d'Édimbourg et de la Royal Society, cela donne à Mairan la possibilité d'être en France un représentant de ces sociétés et en même temps, dans une certaine mesure, cela lui confère une vision de la philosophie naturelle très empreinte des idées de Newton. Les échanges d'ouvrages contribuent aussi à la diffusion des idées newtoniennes, en particulier par le *Traité des Fluxions* de Maclaurin. Cette correspondance nous montre aussi la bonne connaissance des ouvrages de langue anglaise sur le continent. Dortous de Mairan ne comprend pas l'anglais (ou très mal), en revanche, Clairaut a une connaissance tout à fait suffisante de cette langue pour pouvoir lire Maclaurin en anglais (nous ne savons pas si Maclaurin lui écrit en anglais, mais Clairaut lui propose de lui écrire dans sa langue maternelle). La traduction de l'ouvrage de Maclaurin à l'initiative de Dortous de Mairan est aussi caractéristique de l'intérêt que portent les français pour la science britannique. Ce travail de traduction des textes de Maclaurin continuera encore au XIXe siècle. Un texte de géométrie de Maclaurin, paru en annexe du traité d'Algèbre en latin a été traduit en français par deux français. Le premier est Fauque de Jonquière qui l'éditera, le second est Poncelet qui ne le publiera pas mais qui se servira des travaux de Maclaurin pour élaborer sa géométrie projective. Mais cela est une autre histoire…

Seconde section

L'âge des Lumières

Chapitre 6

Scientific Exchange in "La République des Lettres": the correspondence of Sir Hans Sloane and the abbé Jean-Paul Bignon, 1709-1741

DAVID J. STURDY

    The present essay briefly surveys the correspondence between Sir Hans Sloane and the abbé Jean-Paul Bignon through two interrelated themes : those of scientific exchange between France and Britain, and the dynamics of the *république des lettres*. The correspondence is a particularly fertile source for historians, since these men were presidents respectively of the Royal Society and the Académie royale des sciences, and thereby not only possessed intimate knowledge of those institutions and their members, but were exceptionally well informed as to wider scientific activities in Britain, France and further afield. With respect to the *république des lettres*, scholars in many domains, at the turn of the seventeenth into the eighteenth century, regarded themselves as members of this amorphous, but self-conscious, international community which was devoted to "the advancement of learning" (to adopt a Baconian phrase) through "modern" methods of study. The *république des lettres*

Echanges entre savants français et britanniques depuis le XVIIe siècle.
Robert Fox et Bernard Joly (éd.).
Copyright © 2010.

was a powerful cultural agency in the late 1600s and early 1700s, and it was one to which natural philosophers made a distinctive contribution[1]

The Sloane-Bignon correspondence is found mainly in the British Library and the Bibliothèque nationale de France,[2] and although it has stimulated occasional historical interest,[3] it remains to be exploited comprehensively. Just over one hundred of the letters which the authors sent to each other have survived, the first having been written by Bignon in 1709 and the last by Sloane in 1741.

Sloane-Bignon Correspondence

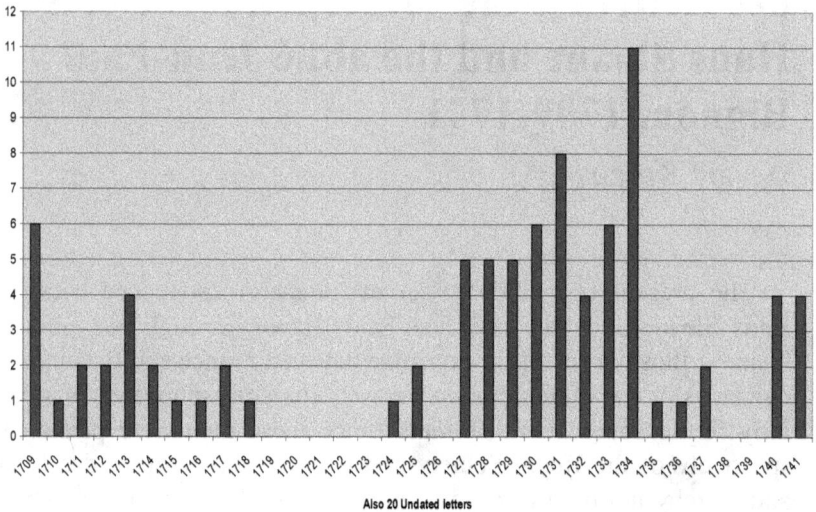

Also 20 Undated letters

---

[1] There is a considerable literature on the *république des letters*. Introductions to the subject are: Goodman, D (1994). *The Republic of Letters: A Cultural History of the French Enlightenment*. Ithaca: Cornell University Press; Goldgar, A (1995). *Impolite Learning: Conduct and Community in the Republic of Letters, 1680-1750*. New Haven: Yale University Press, and Bots, H & Waquet, F (1997). *La République des Lettres*. Paris: Belin.

[2] British Library, Sloane MSS 3984, 4041-4045, 4047-4053, 4055-4058 and Bibliothèque nationale de France, MSS français 22229, 22234-22236; most of the relevant letters in these two depositories are copies of each other; a few letters are in the Letter Books of the Royal Society, but they too are copies of originals either in the BL or BNF. In this article reference will be made only to the Sloane Manuscripts in the British Library.

[3] See Jacquot, Jean (April 1953). "French men of science". *Notes and Records of the Royal Society of London*, 10, no.2, pp.85-98; Clarke, Jack A (1980). "Sir Hans Sloane and abbé Jean-Paul Bignon: notes on collection building in the eighteenth century". *Library Quarterly*, 50, no.4, pp.475-82. De Beer, Sir Gavin (1960). *The Sciences were Never at War*. London: Nelson, on the other hand, does not use the correspondence.

The chart indicates the chronological distribution of the eighty-four which are dated (the remainder being undated), and calls for brief comment. First, the extant letters do not constitute the totality of the Sloane-Bignon correspondence. Some make mention of others which no longer exist,[4] and there are several years for which no letters have survived, especially from 1719 to 1723. It is possible that none were written in the missing years, but it is just as likely that some were but have been lost. Secondly, the distribution of the dated letters shows that, after the first group in 1709 (dealing mostly with Sloane's election as a foreign member of the Académie royale des sciences), a steady flow developed until 1718 and resumed in the mid-1720s. The rate increased after 1727, the year in which Sloane was elected President of the Royal Society, reaching its maximum in 1734 when Bignon, in turn, was elected to the Royal Society. Thereafter it declined to a handful each year.

As regards the authors, Sloane needs little introduction.[5] For present purposes we can note that he was born into solid Ulster-Scots stock in Ireland in 1660, moved to London in 1679 and was an active scientist thereafter, becoming one of London's leading physicians in addition to earning an international reputation in the natural sciences. As a young man he travelled widely. He spent some three years, from 1683 to 1685, in France where he attended courses at the Jardin royal des plantes in Paris, and at Montpellier. While in France he formed lasting friendships with some of the finest scientific minds of the day, including Nicolas Lémery, Joseph Pitton de Tournefort and Pierre Magnol. His rapport with France and its scientists helps to explain both the alacrity with which he later corresponded with Bignon and his excellent command of written French. Almost all of Sloane's correspondence with French colleagues, including Bignon, was in that language. In due course he went to

---

[4] E.g. Sloane to Bignon, [Londres], 29 mai 1714, says that he sent Bignon several letters and parcels, but fears that they have gone astray (Sloane MS 4068, f.92), and Bignon to Sloane, Paris, 16 avril 1734, laments the non-arrival of letters which they sent to each other (Sloane MS 4053, fos.198-199).

[5] On Sloane, good articles are in the *Oxford Dictionary of National Biography* and the *Dictionary of Scientific Biography*; see also Thomson, W.W.D (January 1938). "Some Aspects of the Life and Times of Sir Hans Sloane" (Presidential Address, Ulster Medical Society, Session 1937-8; reprinted from *The Ulster Medical Journal*); de Beer, Sir Gavin (1953). *Sir Hans Sloane and the British Museum.* Oxford: Oxford University Press; Brooks, E. St. John (1954). *Sir Hans Sloane: the Great Collector and his Circle.* London: Batchworth Press; MacGregor, A. (ed) (1994). *Sir Hans Sloane: Collector, Scientist, Antiquary, Founding Father of the British Museum.* London: British Museum.

the West Indies, later publishing his natural history of Jamaica.[6] Having been elected to the Royal Society in 1685, he went on to serve as Secretary from 1693 to 1713, and it was in this capacity that he had his first contact with Bignon. Sloane was one of the more contentious Fellows of the Society, his relations with others, including Newton, sometimes being acrimonious. An anonymous *Account of the late proceedings in the Council of the Royal Society,* published in 1710, said of Sloane: "[he] has engrossed the whole Management of the Society's Affairs into his own Hands and despotically Directs the President, as well as every other Member".[7] The hostilities which he provoked led to his being voted off the Council in 1713 (he was replaced as Secretary by Edmond Halley), but Sloane remained a prominent Fellow of the Society and went on to be President in 1727.

The abbé Jean-Paul Bignon[8] was born in 1662 into a distinguished Parisian legal dynasty. He was a theologian by training and, having been ordained to the priesthood, appeared to be destined for an ecclesiastical career. His life took a portentous turn in 1691 thanks to developments within the French government. In that year his maternal uncle, Louis Phélypeaux, Comte de Pontchartrain, was appointed by Louis XIV as Secretary of State for the Navy; he was also made protector of the Académie royale des sciences. At this juncture in its history the Académie only had about twenty active members, the quantity and quality of their research was uneven, and the finances of the Académie were in disarray.[9] Given his heavy ministerial duties Pontchartrain could not

---

[6] Sloane, Hans (1707-1725). *A Voyage to the Islands Madera, Barbados, Nieves, S. Christophers, and Jamaica ...* 2 vols., London: Printed by B.M. for the author.

[7] Quoted in Heilbron, J.L (1983). *Physics at the Royal Society during Newton's Presidency.* Los Angeles: William Andrews Clark Memorial Library, p.34.

[8] A summary of the career of Bignon is in Sturdy, D.J (1995). *Science and Social Status: the Members of the Académie des Sciences, 1666-1750*. Woodbridge : Boydell Press, pp. 367-74; also see Bléchet, F (1998-1992). "Jean-Paul Bignon, despote éclairé de la République des Lettres". In *Histoire des bibliothèques française.* Paris : Promodis-Editions du Cercle du librarie, 4 vols., vol. II, *Les Bibliothèques sous l'Ancien Régime, 1530-1789,* pp.216-221, and Bléchet, F (2002). "L'abbé Bignon, président de l'Académie royale des sciences: un demi-siècle de direction scientifique". In Demeulenaere-Douyère, C. et Brian, E, eds. (2002). *Règlement, usages et science dans la France de l'absolutisme.* Paris : Tec & Doc., pp. 61-69.

[9] On the condition of the Académie in 1691 see Stroup, A (1987). *Royal Funding of the Parisian Académie Royale des Sciences during the 1690s.* Transactions of the American Philosophical Society, 77, part 4, pp.1-19 and Sturdy (1995). *Science and Social Status.* pp.214-20.

give the Académie the attention which it deserved; instead, in 1691, he placed his twenty-nine years old nephew, Jean-Paul Bignon, in that body as a member with instructions to oversee its revival. The appointment of this young priest, who had no background in science other than through his general education, smacked of nepotism, but time was to show that the choice was inspired. Bignon discovered his true vocation in the supervision of the Académie. Over the next few years he almost doubled its membership, brought in Fontenelle as Secretary, and masterminded the great reform of 1699.[10] Under the new structure, the Académie was headed by a President, assisted by a Vice-President, both of whom were appointed annually by the crown. With the exception of the years 1713 and 1715, Bignon held one or other of these posts from 1699 to 1728 and again from 1731 to 1734. More than any other individual he led the Académie through the first three and a half decades of the eighteenth century. Other honours came his way including, in 1718, directorship of the royal library. He took this charge, which his father and grandfather had held, seriously, attempting nothing less than a complete restructuring of the library analogous to that of the Académie royale des sciences. Letters which he wrote to Sloane after 1718 dealt with library almost as much as scientific matters.

The first correspondence which Sloane and Bignon exchanged dealt with Sloane's appointment by the French crown, after an election in the Académie royale des sciences, as an *associé étranger*. By the reform of 1699, the Académie was obliged to inform itself about the activities of scientists elsewhere in France and abroad.[11] Two mechanisms were adopted. By the first, members of the Académie could invite foreign scientists to be their correspondents,[12] and by the second, eminent foreign

---

[10] The Académie received regulations from the crown; they defined its structure and procedures, and membership was increased to seventy (including ten honorary members). See the essays in Demeulenaere-Douyère et Brian, eds. (2002). *Règlement, usages et science*, which deal with the reform of 1699.

[11] Clause 27 of the regulations stated that: "L'Académie aura soin d'entretenir commerce avec les divers savants, soit de Paris et des provinces du royaume, soit même avec des pays étrangers, afin d'être promptement informée de ce qui s'y passera de curieux pour les mathématiques ou pour la physique ; et dans les élections pour remplir des places d'académiciens, elle donnera beaucoup de préférence aux savants qui auront été les plus exacts à cette espèce de commerce." The regulations are printed in *Ibid.,* pp. xxiii-xxviii.

[12] Accordingly, in 1699 Sloane became the correspondent of Jacques Cassini. There exists no sign that they actually corresponded, and their pairing seems a curious choice: Cassini was a young astronomer who appears to have had little in common with Sloane.

scientists were brought into the Académie (after election, then appointment by the crown) as *associés étrangers*.[13] Sloane was chosen in this capacity to replace Ehrenfried Walther, Count of Tschirnhaus, who died 11 September 1708.[14] The occasion was recalled by Grandjean de Fouchy in his eulogy of Sloane in 1753:

> L'année 1708 … [Sloane] fut nommé à la place d'Associé-Etranger vacante par la mort de M. Tschirnhaus, titre qu'il a soutenu par plusieurs pièces qu'il a envoyées à l'Académie et qu'elle a publiées dans ses Mémoires.[15] La faveur ni la brigue n'avoient sûrement pas eu de part à cette élection, le mérite seul de M. Sloane lui donna la préférence sur des rivaux illustres, malgré la guerre qui étoit alors allumée entre la France et l'Angleterre. Les Nations peuvent avoir quelquefois des intérêts différens qui les divisent, l'empire des Lettres doit ignorer jusqu'au nom de l'inimitié et ne connoître que l'émulation.[16]

Sloane's appointment was authorised by Versailles on 27 March 1709, and it fell to Bignon, as President, to inform him. Bignon wrote, adding the request that Sloane would keep him up to date with "ce qu'il y aura de nouveau par rapport aux Lettres".[17] After receiving a response in which Sloane expressed his gratitude, Bignon wrote again, this time acclaiming the qualities which the Académie admired in the Secretary of the Royal Society:

---

[13] The *associés étrangers* were treated as full, if supernumerary, members of the Académie: thus, on the death of an *associé étranger*, the Secretary of the Académie would read a eulogy in his honour at one of the two public meetings which the Académie held each year, as was the custom when regular members of the Académie died. The eulogies of the *associés étrangers* were also printed in the *Histoire et Mémoires de l'Académie Royale des Sciences*, as were those of regular members.

[14] Tschirnhaus had been a normal member of the Académie since 1682, but the reform of 1699 required academicians to live in Paris. Tschirnhaus, who resided in Dresden, self-evidently could not meet this condition, and was designated an *associé étranger*.

[15] Sloane contributed two *mémoires* to the *Histoire et Mémoires* …, although not until 1727: "Observations sur une paire de cornes d'une grandeur et figure extraordinaire" (vol.29, 1727, pp.108-14), and "Mémoire sur les dents et autres ossemens de l'éléphant, trouvés dans la terre" (vol.29, 1727, pp.305-32).

[16] HARS (1753), 312; Jean-Paul Grandjean de Fouchy (1707-1788) was Perpetual Secretary of the Académie Royale des Sciences, 1744-1776.

[17] Bignon to Sloane, Paris, 1 May [sic] 1709 (Sloane MS 4041, fos.323-324); Bignon adds a postcript stating that he encloses a letter to Sloane from "M. Geoffroy"; he does not identify whether it was Etienne-François or his brother Claude-Joseph.

Vous possédés au souverain degré toutes les qualités d'un véritable Académicien. Nous sçavions déjà que vous éstiés infiniment estimable par votre mérite ; mais nous éprouvons que vous n'êstes pas moins aimable par votre modestie ; et qu'au savoir profond, vous joignés une extrême politesse, et toutes les vertus qui font l'agrément de la Société.[18]

Those Fellows of the Royal Society who had experienced Sloane's formidable temper might have been surprised to learn that modesty and politeness figured among his attributes! One might be tempted, therefore, simply to read Bignon's words as no more than conventional, laudatory, sentiments with which to receive a foreign member into the Académie. Yet a further reading of the correspondence (and, indeed, of Bignon's letters to other *savants*) suggests otherwise. As their contacts multiplied, Sloane and Bignon manifested a growing and mutually shared confidence that they were collaborators, not only in the service of the sciences, but also of the *république des lettres*. Both writers employed this term,[19] and for Bignon in particular it signified much more than a loose, international association of scholars: it referred to a company whose "citizens" observed certain modes of civilised conduct. When he wrote in praise of Sloane's "modesty" and "courtesy", his purpose was less to honour aspects of Sloane's private personality than to salute Sloane as a "citizen" of the *république des lettres*. In Bignon's view, the values espoused by the *république* found highest expression in the relationships developed between scholars in general and members of the two scientific societies in particular; and, as Grandjean de Fouchy stressed in his eulogy, Sloane entered the Académie royale des sciences at a time when Britain and France were at war. Here was a splendid affirmation of the principle that the two scientific societies, as constituents of the *république des lettres,* transcended the rivalries of governments; the *république* was a society whose conventions and decorum European society as a whole might emulate.

Accordingly, the correspondence between Sloane and Bignon, as it developed over the years, became both a medium for the exchange of scientific and other learned news, and an exercise in civilised relations.

---

[18] The same, Paris, 1 juillet 1709 (Ibid., fos.338-338v).
[19] E.g. Bignon to Sloane, Paris, 30 oct. 1709 (Sloane MS 4042, f.58) and Sloane to Bignon, Londres [sic], 7 Nov. 1734 use the term (Sloane MS 4068, f.249).

The very salutations and vocabulary exemplified the values of the *république des lettres*. Bignon might begin thus:

> Chaque lettre que j'ay l'honneur de vous écrire Monsieur, ne sçauroit contenir de moindres témoignages de ma reconnoissance, puisque chacune de celles que vous avés la bonté de m'adresser sont toujours accompagnées de quelque nouvelle grace.[20]

Sloane was equally gracious :

> La lettre dont vous m'avez honnoré le 1er Septembre non seulement m'a ôté bien de l'inquiétude causée de ce que je n'ai point de réponse à quelques lettres que je vous ai écrites, mais encore elle m'a donné tant de plaisir qu'il est difficile d'exprimer. Toute la république des lettres s'intéresse avec grande raison à une santé qui lui est de la derniere conséquence : et pour moi j'ai à ajouter tant de bienfaits et obligations considérables, que j'en aurai toujours la plus vive reconnoissance.[21]

Bignon and Sloane regularly exchanged New Year greetings.[22] At the end of 1712 Bignon wrote :

> Je sçais que tous vos moments sont précieux mais une lettre est bientôst leue: et je ne dois donc pas, par un scrupule mal entendu, négliger l'occasion du monde la plus favorable, de me renouveller au commencement de la nouvelle année dans l'honneur de votre amitié.[23]

As late as 1731 Bignon was continuing the practice :

> Que diriés vous de moy, Monsieur, si je laissois passer ce premier mois de la nouvelle année, sans vous y rendre les hommages introduits par un usage aussi naturel et aussi sage qu'il est général et ancien. Permettés moy donc de vous renouveller

---

[20] Bignon to Sloane, [Paris], 16 fév. 1732 (Sloane MS 4051, f.194).

[21] Sloane to Bignon, [Londres], - sept. 1737 (Sloane MS 4068, f.333).

[22] The same, [Londres], 1 Jan. 1729 V[ieux] S[tyle], Sloane sends New Year greetings to Bignon (Sloane MS 4068, f.166).

[23] Bignon to Sloane, [Paris/Meulan], 26 déc. 1712 (Sloane MS 4043, f.119).

les assurances de ma reconnaissance de toutes vos bontés et de ma sincère estime pour toutes vos rares qualités.[24]

The correspondence gradually became more familiar in tone and content. Sloane and Bignon were solicitous of each other's health[25] and they described to each other bouts of illness which they suffered.[26] From such exchanges might develop discussions of more general medical interest. There is a particularly moving letter in which Bignon assesses the relative sense of deprivation which attaches to deafness as against blindness. This was in the context of expressing to Sloane admiration for the work of Sir Samuel Morland who, in the 1660s and later, had worked on problems of deafness. Bignon raises the case of his friend, Lamoignon de Basville, *intendant* of Languedoc, who, writes Bignon, would have risen to high political office had it not been for the deafness which blighted his career :

Ce seroit une fort bonne œuvre que de rétablir les sourds dans une partie de leurs droits. En vérité ils sont bien à plaindre. Sçavoir cependant s'ils le sont plus que les aveugles, c'est ce que je n'entreprendrai pas de décider. Les sentiments sont fort partagées [*sic*] parmi les sçavans de ce pais cy. On remarque que les aveugles sont d'ordinaire plus enjoués ; et cela me feroit croire que moins occupés de leur malheur, ils vivent assez contents, et qu'on trouve de grandes ressources dans les plaisirs de la conversation. Il n'en est pas de mêsme des sourds. On en voit peu qui ne paroissent mélancoliques : aussi ont-ils le loisir de faire des réflexions très mortifiantes ; et franchement il seroit à souhaitter qu'on trouvâst quelque moien de les soulager. Je m'y intéresse par rapport à M. de Basville, surintendant de Languedoc, et dont je suis ami particulier. Nous avons peu de gens qui aient autant de pénétration, et une aussi prodigieuse étendue d'esprit. Malheureusement sa surdité a fermé le chemin

---

[24] The same, [Paris/Meulan], 22 jan. 1731 (Soane MS 4051, f.176).
[25] E.g. In 1713 Bignon reported to Sloane that, "Grace au Ciel ma santé est parfaitement rétablie ; et depuis mon retour des Eaux de Forges, je n'ai pas eu le moindre ressentiment de colique." (Bignon to Sloane, Paris, 19 oct. 1713 [Sloane MS 4043, f.193]), and again Sloane to Bignon, [Londres], 30 juillet 1727 enquires after the Frenchman's health (Sloane MS 4068, f.133).
[26] E.g. The same, Londres, 18 sept. 1729, Sloane tells Bignon that he has been ill and that his work has been interrupted (ibid., f.162).

aux postes les plus éminents, mais elle ne l'a pas empêsché de gouverner la province avec une supériorité de génie que rien n'égale ![27]

Still on a personal level, Sloane related to Bignon some of his experiences as a physician, especially with regard to his activities among the poor of London. He sent accounts of cases which he found especially interesting. One involved a thirteen-year-old boy who vomited for three days and unfortunately died. Sloane performed an autopsy.[28] On another occasion a distressed father brought his four small children who had eaten some seeds and fallen ill. Sloane described to Bignon the treatment which he successfully employed:

> J'ordonnai instamment à tous la saignée, les Vésicatoires, et la purgation avec huille d'amandes douces, sirop de fleurs de Pêches, Electuaire lénitif et fleurs de souffre. Cette médecine les purgea haut et bas.[29]

He also sent to Bignon accounts of epidemics in London, and of his own role in countering them. Having read Sloane's narrative of that of 1710, Bignon lavished words of praise, marvelling at Sloane's respect for his public duty:

> Le premier devoir d'un galant homme doit êstre de remplir les fonctions de son état. Que si l'on doit en user ainsi dans toutes les Professions, combien plus dans la vôtre qui est d'une si grande importance pour la conservation des hommes ? On ne peut trop vous donner d'éloges sur le zèle que vous avez pour vous y perfectionner. Vous m'avés fait un vrai plaisir de me mander la nature des maladies que cette année ont régné à Londres. Mais vous avés fait beaucoup plus de me marquer la manière dont vous vous y estes pris pour les guérir ....[30]

Here, to Bignon, was the heroic scientist who not only pursued knowledge for its own sake, but also in order to advance the public good; and who, when necessary, risked his life to alleviate public suffering. When pestilence hit London again in 1730, Sloane informed Bignon.

---

[27] Bignon to Sloane, Paris, 20 juin 1714 (Sloane MS 4043, fos.264-264v).
[28] Sloane to Bignon, Londres, 20 Dec. VS [*sic*] (Sloane MS 4068, f.65v).
[29] The same, Londres, 18 sept. 1729 (ibid., f.162v).
[30] Bignon to Sloane, Paris, 4 oct. 1710 (Sloane MS 4042, fos.183-183v).

This time the outbreak was so severe that he suspended all other activities to concentrate on treating the sick.[31]

Through the correspondence, Bignon evolved into an "observer" of his colleague, constructing an interpretation of Sloane as an ideal of the *république des lettres*. He cherished Sloane's personal qualities, his cosmopolitanism and commitment to social utilitarianism, as well as his indisputable talents as a natural scientist. Doubtless Sloane appreciated Bignon's plaudits for more than private reasons. The election of a successor to Newton as President of the Royal Society in 1727 occasioned acrimonious debates over the future direction of the Society. They centred on the question of whether the Society should be chiefly "philosophical" in character (this had been the tendency under Newton's leadership, and Martin Folkes, Sloane's rival, advocated its continuation), or should it remain faithful to the charter of 1662 which stressed empiricism and utility? Sloane stood for the latter, and his triumph in 1727 was seen within and outside the Royal Society as the victory of a certain principle as well that of an individual.[32] Bignon's letters reveal a frame of mind similar to that of Sloane, and it is perhaps significant that Newton, as President of the Royal Society, never conducted a correspondence with Bignon or any of Bignon's colleagues comparable to that of Sloane. Newton limited his association with the Académie, of which he was one of the first *associés étrangers* in 1699, to the despatch of copies of his books.[33]

So much may said of the Sloane-Bignon correspondence as a source of insight into the *république des lettres*; what about the question of scientific exchange between England and France? We should recall that, in the case of Sloane, his letters to and from Bignon comprised only part of a much wider correspondence with he conducted with French colleagues.[34] Indeed, throughout his contacts with Bignon there are numerous references to the wide scope of Sloane's association with

---

[31] The same, [Londres], 22 May 1730 (ibid., fos.169-169v).

[32] See Feingold, M (2001). "Mathematicians and Naturalists: Sir Isaac Newton and the Royal Society". In *Isaac Newton's Natural Philosophy*, ed. by J.Z. Buchwald & I.B. Cohen. Cambridge, Mass: MIT Press, pp.77-102.

[33] For example, in 1713 Newton sent to Bignon a copy of the second edition of the *Principia*. Bignon wrote a brief letter of thanks, 19 November 1713 (*Correspondence of Isaac Newton*. Cambridge: Cambridge University Press, 7 vols., 1959-1977, vol. 6 ed. by A. Rupert Hall & Laura Tilling, letter 1023A).

[34] Se the article by Jacquot referred to in note 3.

French *savants*. It translated into personal meetings between Sloane and visitors from France whom he welcomed both to the Royal Society and to his private residence where he kept his internationally famous Cabinet of Curiosities. The movement of scientists between Britain and France had been sporadic since the 1690s because of the disruptive effects of war (in one of the few years of peace at the end of the seventeenth century, Martin Lister took the opportunity to visit scientists in Paris in 1698 and quickly published his famous account of his encounters[35]), but once international peace was settled in 1713 and 1714 the exchanges became more frequent. In his letters Bignon refers to visits to Sloane by Anisson (director of the French Imprimerie royale) in 1714,[36] and by various members of the Académie royale des sciences: a group which included Montmort in 1717,[37] Morand in 1729,[38] Dufay, Jussieu, Nollet, and Duhamel in 1734,[39] and, at the end of that year, the astronomer Godin who went to London to buy observational instruments.[40]

Early in his correspondence, Bignon had asked Sloane to keep him informed as to news about major publications, for, as became apparent, Bignon's knowledge of the English market was limited. When Sloane, in 1709, told him about the multi-volume collection of *Voyages and Travels* published by the Churchills, Bignon confessed that he had not heard of it, although he did know about the edition of Hooke's works which Richard Waller saw through the press in 1705. "Il faut rendre justice aux Anglois", confessed Bignon, "ils sont laborieux et infatigables."[41] Over the following decades, Sloane ensured that Bignon received a steady supply of scientific books and, especially after 1718 when Bignon became *Bibliothécaire du roi*, general catalogues listing books on all subjects published in England, to help him improve the holdings of the royal library. Sloane acted, in effect, as an agent for Bignon and thereby contributed directly and indirectly to the abbé's acquisition of material in English which entered the royal library. In addition, Sloane and Bignon

[35] Lister, Martin (1699). *A Journey to Paris in the Year 1698*. London, J. Tonson.
[36] Bignon to Sloane, Paris, 19 oct. 1714 (Sloane MS 4043, fos.193-194).
[37] The same, Paris, 29 mai 1717 (Sloane MS 4045, fos.1-2v).
[38] The same, Paris, 9 mai 1729 (Sloane MS 4050, f.106).
[39] The same, Paris, 28 oct.1734 (Sloane MS 4068, f.248).
[40] The same, Paris, 17 déc.1734 (Sloane MS 4053, fos.353-354).
[41] The same, Paris, 30 oct. 1709 (Sloane MS 4042, fos.58-59); the references are to A & J. Churchill, *A Collection of Voyages and Travels* which began to be published in London in 1704 and had reached four volumes by 1709, and *The Posthumous Works of Robert Hooke* which Waller brought out in 1705.

exchanged the *Philosophical Transactions* and the *Histoire et mémoires de l'Académie royale des sciences*, the latter being published from 1702 onwards.[42] A host of other publications, including books by members of the two scientific societies were exchanged, and Sloane occasionally sent seeds from the West Indies for the Jardin du Roi in Paris.[43] In return for such exemplary services and as a further mark of his esteem, Bignon in 1734 arranged for Sloane personally to receive the magnificent 23 folio volumes of the *Cabinet du Roi*. On this subject Bignon wrote:

> C'étoit, Monsieur, une espèce de tribut qui vous étoit dû à trop de titres. Outre la grande réputation que vous vous êtes acquise si justement dans l'Empire des lettres, les soins que vous prenés d'enrichir la Bibliothèque du Roy, les rares éditions que vous avés eu l'attention de nous procurer, les bontés particulières dont vous m'honorés sont autant de motifs que vous doivent faire penser avec quelle joye j'exécuterai l'ordre du Roy. [44]

The "bontés particulières" which Bignon mentioned, referred particularly to his own forthcoming election to the Royal Society (Bignon was now seventy-two and Sloane seventy-four). After the decades of correspondence, Sloane had acted to have his colleague elected to the Society. Ironically, thanks to changes in the procedures for electing Fellows which Sloane himself had introduced (candidates now had to be proposed by three existing Fellows, at least one of whom should be a member of Council, and one of whom should be charged with identifying and explaining the credentials which the candidate possessed[45]), Bignon's election turned out to be somewhat protracted, and Sloane had to write

---

[42] A comprehensive list of the contents of the *Histoire et Mémoires* is printed in R. Halleux, *et al.* (2001). *Les Publications de l'Académie Royale des Sciences (1666-1793)*, 2 vols., Turnhout : Brepols.

[43] Sloane to Bignon, London, 26 Jan.1712 (Sloane MS 4068, f.71).

[44] Bignon to Sloane, Paris, 27 juillet 1734 (Sloane MS 3984, f.94). The *Cabinet du Roi*, begun in the second half of the seventeenth century and completed about 1727, included illustrations of royal processions, fêtes, châteaux, sculptures, paintings etc belonging to the crown. See Duplessis, Georges (1869). "Le Cabinet du Roi: collection d'estampes commandées par Louis XIV". *Bibliophile français*, pp.1-21.

[45] Heilbron (1983). *Physics at the Royal Society*, p.36.

apologising for the delay.[46] The final ballot was held 7 November 1734, after which Sloane immediately wrote to Bignon:

> C'est avec un plaisir extrême que je vous apprend l'acquisition heureuse que la SR vient de faire aujourd'hui par votre élection dans son corps. Jamais n'a-t-on vu les suffrages plus unanimes. Pour moi, le zèle que j'ai pour la gloire de la Société, jointe à la grande vénération que j'ai eu depuis long temps pour vostre personne, me donne une joye particulière à cette occasion. Puissiez vous Monsr, pour le bien de la République des Lettres, long temps orner notre corps aussi bien que ceux des académies de France.[47]

Alongside the despatch of books, journals and catalogues. Sloane communicated to Bignon information about experiments being conducted by members of the Royal Society and by other scientists. In 1731 and 1733 he sent accounts of work by Fellows on electricity, a subject of intense interest to both societies;[48] he wrote several letters on rattle-snakes[49] and the search for antidotes to their venom.[50] He kept Bignon up to date on progress with the building of the Chelsea Physick Garden,[51] sent news of astronomical phenomena observed over England,[52] and posted packages of yet more seeds for the Jardin royal des plantes.[53] The correspondence extended to international reports, Sloane imparting archaeological and other news from Asia Minor, Algeria and South America.[54] To Bignon and his colleagues in Paris this flow of information was invaluable in that it had an immediacy and contemporaneity which arti-

---

[46] Bignon's candidature came up early in 1734, but in July Sloane had to write to explain the hold-up, which resulted from their slow procedures (Sloane to Bignon, London, 29 juillet 1734 [Sloane MS 4068, fos.238-238v]).

[47] Sloane to Bignon, Londres, 7 Nov. 1737 (Sloane MS 4068, f.249).

[48] The same, [Londres], 4 août 1731 and 29 mars 1733 (ibid., fos.183, 197v).

[49] The same, [Londres], [undated] (Sloane MS 3322, f.181).

[50] Bignon to Sloane, Paris, 10 mars 1728: Bignon thanks Sloane for his letter of 14 February, "sur le venin du serpent à sonnettes et d'autres pareils animaux, comme aussi sur les remèdes que certaines [sic] gens prétendent qu'on en pouvoit tirer, vos réflexions ont été reçues [par l'Académie des sciences] avec autant d'applaudissemens que de plaisir." (Sloane MS 3984, f.290).

[51] Sloane to Bignon, [Londres], 6 May 1736 (Sloane MS 4068, f.288).

[52] The same, [Londres], [undated], (Sloane MS 4069, f.121).

[53] Bignon to Sloane, Paris, 12/19 (?) fév. 1717 (Sloane MS 4044, f.271).

[54] Sloane to Bignon, [Londres], [two undated letters], (Sloane MS 4069, fos.130-131, 136-138v).

cles in, say, the *Philosophical Transactions*, could not equal. Herein lay one of the chief advantages of the correspondence to Sloane, Bignon and their colleagues: they kept each other *au fait* with the latest scientific developments and with the flow of the most recent scientific currents. Bignon made a practice of reading Sloane's letters to the twice-weekly meetings of the Académie royale des sciences, if he judged their content deserving of immediate attention.[55]

The large number of subjects on which the correspondence touched, reflected the immense vitality of the scientific enterprise being pursued in the two countries, but when reading the letters one is also conscious of a constant unease on the part of the writers, a sense that the advancement of the interests of the *république des lettres* and of the two scientific societies could never be taken for granted. At the most elementary level practical obstacles were a continual impediment. Communications were uncertain, with letters, books, scientific specimens and other material either being held up for weeks or being lost. For this reason Sloane and Bignon, whenever possible, used the services of individuals who were travelling between the two cities and would carry material directly to the recipient.[56] Financial constraints, especially in time of war, hindered the activities of the two societies. Writing to Sloane in 1709, Bignon asked him to secure a full set of the *Philosophical Transactions*, but added two conditions: they must be bought as cheaply as possible, and must not be sent until the international situation had improved. Explaining the first of these he wrote:

> Vous serés surpris sans doute de l'esprit d'oeconomie que je laisse paroistre, ce qui est si peu conforme à mon caractère. Mais permettés moi de vous le dire : c'est vous autres, Messieurs, qui en êstes la cause. La guerre impitoyable que vous nous faites nous oblige bien malgré nous d'entrer dans ces épargnes.

And he added a rueful personal note:

> Je me vois réduit plus que personne à la nécessité fâcheuse : presque tous mes Biens étant situez en Flandre et ravagés entiè-

---

[55] Bignon to Sloane, Paris 25 jan 1725 (Sloane MS 4049, f.95).

[56] For example, in 1734 Bignon advised Sloane to send any books or other material through a M. Paul Vaillant, who had provided such a service in the past (Bignon to Sloane, Paris, 27 juillet 1734 [Sloane MS 3984, f.95).

rement par les Troupes … je vois bien qu'il n'y a que la paix
seule qui puisse les rendre plus traitables.[57]

Once peace was restored in 1713 Bignon expressed the expectation
that communications would improve, although, writing in March 1714,
he announced that letters which Sloane had sent in the preceding November had only just arrived.[58] Two decades later, when France became
involved in the War of the Polish Succession, Bignon was again lament-
ing the effects of warfare both on the finances of the Académie and on
those of the *Bibliothèque du roi*, which, Bignon complained, was starved
of funds.[59]

After 1734 the correspondence between Sloane and Bignon became
less frequent. Both had burdensome duties within their respective institutions, and Bignon was devoting as much time to the *Bibliothèque du
roi* as to the Académie royale des sciences. Only one letter exists for
1735 and again for 1736, two for 1737 and none for 1738 and 1739.
There are a few for 1740, including one dated 16 October which enclosed
a memoir on John Beaumont, the natural philosopher, who had been in
France several years before and had met Bignon.[60] Sloane also excused
his recent delays in writing, which he attributed to pressure of work and
poor health.[61] The final letter was sent by Sloane in April 1741. He
notified Bignon that he had sent a dictionary of Malay which had been
composed by an English merchant, Thomas Bowrey, who had spent
many years in the East Indies.[62] By now Sloane had turned eighty and
Bignon was only two years younger. They had been in contact for over
thirty years and had formed a warm relationship based on their
correspondence and on the reports of each other which visitors doubtless
conveyed. It is perhaps a matter of regret that they never met. Sloane,
after his return from the West Indies, spent the rest of his life in England,
and Bignon never left France; indeed, as far as can be ascertained, he
resided permanently in Paris and its immediate environs, apart from three
years studying theology at a seminary in the diocese of Soissons when he

---

[57] Bignon to Sloane, Paris, 6 déc. 1709 (Sloane MS 4042, f.72).

[58] The same, Paris, - [illegible] 1714 (Sloane MS 4043, f.236).

[59] The same, Paris, 27 juillet 1734 (Sloane MS 3984), fos.94-95.

[60] On Beaumont (c.1640-1731), see the article in the *Oxford DNB*.

[61] Sloane to Bignon, [Londres], 16 oct.1740 (Sloane MS 4069, fos.60-60v).

[62] The same, Londres, 14 April 1741 (Ibid., f.69); the reference is to Bowrey, Thomas
(1701). *A Dictionary of English and Malayo, Malayo and English* ... London : Printed by
S. Bridge for the author.

was a young man. The sedentary nature of his life is explained in part by his commitments to the Académie royale des sciences and the royal library, but also by his indifferent health. He built a small château at Ile Belle, an island in the Seine a few miles from Paris, and it was there that he spent his times of leisure; in all his correspondence there is no hint that he travelled, even within France, let alone abroad.

These brief remarks can claim to be no more than soundings taken into an immensely rich source on scientific relations between France and Britain in the first few decades of the eighteenth century. The period covered by the correspondence was one in which political relations between the governments fluctuated between the hostilities of war down to 1713, a considerable improvement for several years thereafter (based on an alliance in 1716), equivocation in the late 1720s and 1730s, and war again in 1740. In spite of the vicissitudes of political and international affairs, Sloane and Bignon preserved a healthy interchange between themselves and their scientific communities to which scientists on both sides of the Channel were indebted. And even though the rapid expansion of publishing was opening possibilities for scientific interchange on an unprecedented scale, there still remained an essential role for private correspondence. The letters between Sloane and Bignon merit the close attention of modern scholars, and this essay will have fulfilled at least one of its purposes if it draws attention to their potential.

Chapitre 7

Le rôle des traductions dans la première moitié du XVIIIe siècle. L'exemple des versions françaises du calcul infinitésimal anglais

PIERRE LAMANDÉ

Quelques remarques préliminaires sur le choix du corpus

La diffusion du calcul infinitésimal est un enjeu majeur pour les mathématiques de cette époque. Si elle est passée par des lectures des textes originaux ou par des contacts personnels, les traductions ont aussi joué un rôle important, dû à l'abandon progressif du latin et à l'habitude de plus en plus répandue d'écrire les traités en langue vernaculaire[1]. Durant la première moitié du XVIIIe siècle, les ouvrages insulaires sont majoritaires dans le corpus des traductions en français[2]. Ce constat peut paraître paradoxal car on connaît la rapide introduction en France des idées de

---

[1] C'est bien le cas pour notre sujet : les ouvrages insulaires concernant le calcul, écrits en latin à la fin du XVIIe siècle, emploient de plus en plus l'anglais au XVIIIe siècle.

[2] Le contact entre les deux nations n'est pas à sens unique. Ainsi Michel Blay signale une démonstration de la différentiation des puissances, donnée par Sauveur le 30 juin 1696 à l'Académie des sciences. Elle repose sur une figure qui, légèrement modifiée, sera reprise par Maclaurin pour le même sujet. *The method of fluxions both direct and inverse* de Stone expose en 1730 aux savants britanniques la conception du marquis de l'Hôpital.

Echanges entre savants français et britanniques depuis le XVIIe siècle.
Robert Fox et Bernard Joly (éd.).
Copyright © 2010.

Leibniz. Montucla l'avait déjà souligné[3] et les travaux de Robinet, Costabel, Blay entre autres, l'ont confirmé en décrivant la vie scientifique parisienne à la charnière des XVIIe et XVIIIe siècles[4]. Bien que le débat ait été assez vif à l'Académie des sciences, celle-ci est dominée dès 1706 par les disciples de Leibniz. C'est par ces intermédiaires, et non par les traductions, que le calcul leibnizien s'est imposé. Par ailleurs, l'examen des ouvrages sur le calcul parus en France au XVIIIe siècle montre aussi la prédominance de l'inspiration leibnizienne durant une grande partie du siècle, et ce même après que la physique newtonienne se soit imposée[5]. Il faut cependant nuancer ce constat. D'une part, l'évolution des traités est considérable[6]. D'autre part, il faut distinguer suivant les thèmes, la situation n'étant pas la même pour le calcul différentiel dont les résultats sont largement admis et utilisés, même si les interrogations sur ses fondements restent présentes, et le calcul intégral où beaucoup reste à découvrir.

Il faut aussi ajouter que la philosophie naturelle des *Principia* développe dans un même geste une vision du monde physique et un langage mathématique qui permet de la décrire. Or la physique newtonienne tarde à s'imposer sur le continent, comme l'a montré entre autres Pierre Brunet[7]. L. W. B. Brockliss, étudiant les cours des collèges et universités,

---

[3] *Histoire des mathématiques* en 2 volumes Paris, 1758 ; en 4 volumes Paris, 1759 ; seconde édition complétée, Agasse, Paris, 1802.

[4] Initié durant l'hiver 1691/1692 par Jean Bernoulli, le marquis de l'Hôpital publie en 1696 son *Analyse des infiniment petits pour l'intelligence des lignes courbes* qui est à l'origine des traités français de calcul. Il est soutenu dans son effort par un groupe de savants proches de Malebranche, dont Reyneau, Jaquemet, Byzance, Lamy, Varignon, Carré, Remond de Montmort, Sauveur, Saurin, Guisnée et Renau d'Elisagaray.

[5] Je ne parle ici que des méthodes mathématiques, ces dernières étant conservées alors que les épistémologies peuvent varier suivant les auteurs.

[6] À la fin du siècle, les ouvrages de Bossut reprennent l'héritage eulérien, Lagrange suit sa propre voie et Lacroix fonde le calcul sur une notion de limite, héritée de d'Alembert mais dégagée de ses ambiguïtés. Il n'y a plus grand-chose de commun, tant au niveau des présupposés que du contenu, entre le traité du marquis de l'Hôpital et celui de Lacroix. Voir Pierre Lamandé, « Les traités de calcul du marquis de l'Hôpital et de Sylvestre François Lacroix. Une même mathématique ? », *Actes de l'université d'été inter IREM de Nantes* (1998) pp.207-236.

[7] Pierre Brunet, *L'introduction des théories de Newton en France au dix-huitième siècle, avant 1738*, Paris, Albert Blanchart, 1931. Il a montré que les conceptions cartésiennes, bien qu'affaiblies, sont encore dominantes à l'Académie des sciences au début des années 1730. Ce n'est que dans cette décennie que les travaux de Maupertuis et Clairaut, soutenus par Buffon, remettent en question les certitudes des académiciens partisans du système de Descartes Par ailleurs, les résultats des expéditions en Laponie (1736-1737) et au

situe le début de l'ère newtonienne en 1740[8]. Mais le rejet de l'attraction ou de la philosophie naturelle des *Principia* n'empêche pas l'admiration pour la dextérité mathématique qui y est déployée. Nos auteurs, s'ils ont des positions bien différentes quant à la physique de Newton, ne remettent pas en question la géométrie qu'il développe avec ses compatriotes. Le débat sur le calcul infinitésimal est à distinguer de celui entre cartésiens et newtoniens[9].

Nous ne parlerons pas de la traduction par la marquise Du Châtelet des *Principia*, considérée avant tout comme un texte de physique[10] et qui a été largement étudiée. Il ne reste que quatre livres anglais de quelque importance concernant le calcul à avoir été traduits dans la première moitié du siècle. Ce sont, par ordre de parution, l'*Analyse des infiniment petits comprenant le calcul intégral dans toute son étendue, avec son application aux quadratures, rectifications, cubatures, centres de gravité et de percussion etc. de toutes sortes de courbes, par M. Stone, de la Société Royale de Londres, servant de suite aux infiniment petits de M le marquis de l'Hôpital, traduit en français par M Rondet, avec un discours préliminaire par le Père L. B. Castel* édité en 1735, *La méthode des fluxions et des suites infinies de Newton* traduite par Buffon en 1740, le *Traité des fluxions* de Colin Maclaurin traduit par le père Pezenas et sorti en 1749 et enfin le *Traité d'algèbre et de la manière de l'appliquer de Maclaurin traduit de l'anglais [...] avec des augmentations tirées des mathématiciens les plus célèbres par Le Cozic* imprimé en 1753[11]. Il s'agit ici de voir le contexte de ces traductions, qui n'eurent d'ailleurs toutes qu'une édition, et de déterminer à quel type de débat, à quelle stratégie, scientifique, philosophique ou didactique, elles renvoient.

Pérou (1736-1744) confirment la forme de la terre prévue par la théorie newtonienne et marquent le début du triomphe des partisans de l'attraction, consacré par le retour de la comète de Halley en 1759.

[8] *French Higher Education in the Seventeenth and eighteenth Centuries*, Oxford, Clarendon Press, 1987.

[9] Débat qu'il faudrait d'ailleurs approfondir, car ces classifications ne rendent que grossièrement compte de la réalité et de l'évolution des positions personnelles.

[10] Montucla ne la cite pratiquement pas.

[11] Je n'ai pas mis dans cette liste le livre du père Walmesley, bénédictin anglais, *Analyse des mesures, des rapports et des angles, ou réduction des intégrations aux logarithmes et arcs de cercles* sorti à Paris en 1748 qui reprend et étend les découvertes de Côtes, mais n'est pas une traduction.

La traduction de Stone

La première traduction, celle de Stone par Rondet, maître de mathématiques, parue en 1735 à Paris chez Gandouin et Giffart, est intéressante tant par son contenu (cent soixante-deux pages) que par la très longue préface (cent pages) du père Castel[12]. L'intérêt scientifique est bien souligné dans l'approbation du censeur royal Pitot :

> Comme nous n'avons en français que très peu d'ouvrages sur le calcul intégral et qu'on trouve dans celui-ci les premiers éléments de ce calcul expliqués avec beaucoup de clarté, j'ai cru que l'impression en serait très utile.

Effectivement, comme le souligne le père Castel, même si nombre de résultats comme ceux de Leibniz ou des Bernoulli sont publiés dans des revues continentales, c'est en Angleterre que paraissent les premiers traités de calcul intégral[13]. L'ouvrage de Stone *The method of fluxions both direct and inverse* édité à Londres en 1730 se situe donc dans une lignée dont il n'est pas le plus illustre représentant[14]. Pourtant la traduction donne d'une manière accessible et cohérente, en reprenant l'écriture leibnizienne, tout un ensemble de premiers résultats rassemblés dans les deux sections initiales[15] avant de consacrer six sections aux applications. En tant que tel, il pouvait avoir une utilité didactique à une date où peu de livres français abordaient l'intégration[16]. Il faut attendre le *Traité du*

---

[12] L'original *The method of fluxions both direct and inverse* est publié à Londres en 1730. Comme la première partie reprend le traité du marquis de l'Hôpital, la version française ne porte que sur la seconde moitié du livre consacrée à l'intégration.

[13] On peut citer parmi eux le *De dimensione figurarum* de David Gregory en 1684, le *De curvarum quadraturis* de Craige en 1693 et son *De calcule fluentium* de 1718, le second tome des œuvres de Wallis en 1699, le *Methodus fluxionum inversa* de l'écossais Cheyne en 1703, les *Animadversiones in D. Georgii Cheynaei tractatum de fluxionum methodo inversa* d'Abraham de Moivre en 1704, le *De quadratura curvarum* de Newton publié en appendice de l'*Opticks* en 1704, le *Methodus incrementorum* de Taylor en 1717, les travaux de Côtes rassemblés par Smith dans l'*Harmonia mensarum* en 1722 ainsi que les *Miscellanea analytica de seriebus et quadraturis* d'Abraham de Moivre en 1730.

[14] Il ne donne pas par exemple l'intégration des fractions rationnelles exposée par Leibniz dans les *Acta Eruditorum* dès 1702 et 1703 et les avancées de Côtes contenues dans l'*Harmonia mensarum*. Jean Bernoulli a relevé son imperfection et ses méprises ; il reste à un niveau inférieur par exemple à celui de Côtes.

[15] Intégration obtenue grâce au développement en série et intégration d'expressions faisant intervenir des polynômes et des radicaux.

[16] *L'Analyse démontrée ou la méthode de résoudre les problèmes de mathématiques et d'apprendre facilement ces sciences* du père Reyneau (Jacques Quillau, Paris, 1708) ne

calcul intégral pour servir de suite à l'Analyse des infiniment petits du marquis de l'Hôpital[17] pour qu'un ouvrage français expose la majeure partie des découvertes faites dans ce domaine.

L'intérêt didactique de la traduction de Stone est donc réel. La préface du père Louis Bertrand Castel (1688-1757) apporte à cette traduction un éclairage supplémentaire en développant toute une épistémologie. Louis Castel est un Jésuite proche de Fontenelle[18]. C'est aussi un savant engagé dans les controverses de son époque. Coéditeur du *Journal de Trévoux*, il entre à la Société Royale de Londres en 1730 et est membre de l'Académie de Bordeaux. Admirateur de Descartes, il n'hésite pas cependant à fustiger la rigidité théorique de ses disciples. Il s'est opposé à la physique newtonienne, critiquant l'attraction qu'il soupçonnait, comme tant d'autres, de ressusciter les « amitiés, les exigences, les appétits, les appétences des philosophes nos aïeux dont Descartes avait débarrassé la science »[19]. Dans son *Traité de la physique sur la pesanteur des corps* de 1724, s'il reconnaît le système de Newton comme « sublime du côté de la géométrie »[20], il l'attaque avec toute la vivacité possible[21]. Comme Fontenelle et les cartésiens, il réclame une physique vraiment explicative, comme eux il accepte de voir en Newton un géomètre, non un véritable physicien, et lui reproche d'attribuer une réalité physique aux hypothèses mathématiques Car pour lui la physique ne peut se réduire aux mathéma-

---

parle qu'accessoirement du calcul intégral. Le livre de Carré, *Méthode pour la mesure des surfaces* qui date de 1710 lui est entièrement consacré mais est très incomplet et contient des inexactitudes. Les travaux de Nicole et Saurin (*Mémoires de l'Académie des Sciences* 1709, 1710, 1715 et 1725), Clairaut (*Mémoires de l'Académie des Sciences*, 1740) puis d'Euler, de Fontaine et de d'Alembert (*Mémoires de l'Académie de Berlin*, à partir de 1746) paraissent dans des revues savantes.

[17] Bougainville, Paris, 1754.

[18] Sur la vie et l'œuvre du père Castel, on peut voir l'article que le *Dictionary of Scientific Biography* lui consacre. Son intérêt pour l'enseignement est certain et il fait partie de ces maîtres qui ont tenté de secouer la rigidité du modèle euclidien à l'intérieur de la Compagnie, comme l'illustre sa *Mathématique universelle abrégée à la portée de tous et à l'usage de tout le monde* parue en 1728 à Paris. Voir François de Dainville, *L'éducation des jésuites*, textes rassemblés par M. M. Compère, Éditions de Minuit, Paris, 1978, pp. 385-387.

[19] *Mémoires de Trévoux*, octobre 1721, p. 1761. Voir aussi Jean Ehrard, *L'idée de nature en France dans la première moitié du dix-huitième siècle*, SEVPEN, Paris, 1963 ; réédition Albin Michel, Paris, 1994, pp. 114-117, 155 et sq.

[20] Il ajoute un peu plus loin : « Car il faut l'avouer, nous n'avons rien, surtout en fait de géométrie, qui surpasse ce qui nous vient d'Angleterre».

[21] Cf. P. Brunet pp. 103, 124 et sq.

tiques. L'explication tourbillonnaire de Descartes, pour imparfaite qu'elle soit, reste bien supérieure « à des raisons purement idéales, abstraites et mathématiques qui ne portent avec elles aucune idée de cause et d'influence physique, affective, opérative »[22].

La préface du père Castel reflète la philosophie que l'on vient, trop brièvement, de suggérer et montre sa position assez délicate entre anciens et modernes. Il n'entre pas dans le débat sur les fondements du calcul infinitésimal et n'oppose pas les deux écoles, newtonienne et leibnizienne. Il voit plutôt un partage des tâches, les continentaux s'occupant du calcul différentiel, le calcul intégral étant « comme la partie propre de Mr Newton et de cette nation célèbre qui semble former à elle seule un continent à part »[23]. Il place par ailleurs les séries comme outil essentiel de cette partie, présentant bien le contenu du texte de Stone.

Malgré cette affirmation, le père Castel passe le reste de sa préface à questionner le lien entre calcul et monde réel, comme il s'était interrogé sur le pouvoir explicatif des mathématiques en physique. Après avoir décrit les progrès du calcul algébrique et lui avoir longuement rendu hommage, il en trace les limites :

> Mais, à force de s'éloigner de son origine géométrique, le calcul devenait inutile pour la géométrie, dégénérant en pures abstractions, en subtilités, en pointilleries, en chimères, en visions, si Descartes, par un traité de haute intelligence, [...] n'eût comme replié le calcul analytique sur lui-même pour le rappeler au géométrique dont il est parti et appris à appliquer l'algèbre à la géométrie.[24]
>
> Sans cela, ajoute-t-il, le calcul prenait un train d'abstraction qui ne l'eût fait aboutir qu'à une transcendance purement métaphysique, sans aucune utilité pour aucune science solide. Mais en l'associant à la géométrie, on lui donna un contrepoids qui l'empêcha de s'évaporer ; on le rendit vrai et réel[25].

On retrouve bien une thèse fondamentale de sa pensée : seul l'ancrage dans le réel peut garantir la validité et la fécondité d'une science. Comme

---

[22] *Le vrai système de physique générale de Mr. Isaac Newton* Paris, 1743, p. 99. Sur la philosophie anti-newtonienne, voir Brunet, ainsi que Ehrard (en particulier le chapitre III : « Impulsion ou attraction ? »).
[23] Préface p. 5.
[24] Préface p. 14.
[25] Préface p. 15.

les mathématiques ne peuvent à elles seules expliquer la physique qui doit revenir au monde sensible, le calcul lui aussi doit retourner à la géométrie pour justifier ses abstractions.

Si Castel ne se pose guère de questions sur le calcul différentiel et semble pencher du côté de Leibniz et de ses compatriotes, la situation est un peu différente pour le calcul intégral. Après en avoir retracé la préhistoire[26], il estime que la passion des Anglais pour la géométrie est un facteur essentiel de leur réussite dans ce domaine :

> Les Anglais, quoiqu'ils soient peut-être les plus forts calculateurs d'Europe et que M Newton soit un autre père du calcul très comparable à Descartes, ces profonds géomètres n'ont jamais pourtant estimé ce calcul que pour ce qu'il vaut, jamais ils ne l'ont élevé au-dessus de la méthode ancienne.[27]

Le calcul intégral se fonde pour lui, non sur le formalisme du calcul, mais sur les méthodes géométriques. Il n'expose cependant pas la théorie newtonienne et consacre une soixantaine de pages à Grégoire de Saint-Vincent qui représente l'ultime effort, le plus achevé, pour utiliser les méthodes des Anciens dans les quadratures. Il semble bien ne pas saisir la nouveauté et la généralité du calcul, qu'il soit leibnizien ou newtonien, et l'épistémologie ainsi développée essaie vainement de concilier ancien et moderne. Elle voit dans le calcul un formalisme validé *in fine* par la géométrie. Mais cette affirmation n'est qu'un acte de foi, en particulier pour les développements en série qu'il place pourtant au cœur du calcul intégral.

La méthode des fluxions et des suites infinies de Newton traduite par Buffon

La traduction de Buffon, dont l'intérêt pour la science anglaise est connu[28], relève d'une démarche assez différente de celle de Castel et Rondet. Sur le plan didactique d'abord. L'ouvrage de Newton est ancien[29]. Il n'a été publié dans une version anglaise par Colson qu'en 1736. Buffon reconnaît lui-même que « la géométrie a fait de grands pro-

---

[26] Avec Galilée, Torricelli, Kepler, Cavalieri, Schreiner, Guldin, Clavius, Midorge, Lalouvère, Wallis etc.

[27] Préface, p. 20.

[28] Voir par exemple Jacques Roger, *Buffon*, Fayard, Paris, 1989.

[29] Buffon estime qu'il fut écrit entre 1664 et 1671, Richard Westfall le croit rédigé en 1671.

grès depuis 70 ans »[30] et ne donne que le texte newtonien sans reprendre les commentaires de Colson ni en ajouter. Il avance trois raisons pour justifier sa traduction : la clarté de cet écrit, sa concision et le désir de faire reconnaître tant le génie du professeur lucasien que sa priorité dans la découverte du calcul. S'il est vrai que la *Méthode des fluxions et des suites infinies* condense toute une série de résultats majeurs et expose la première vision newtonienne du calcul, ce texte représente en 1740 un état du calcul dépassé, et presque tous ses résultats sont présents dès 1696 dans le traité du marquis de l'Hôpital. Cette traduction ne correspond donc, ni à un souci scientifique, ni à une volonté didactique.

Sur le plan épistémologique, contrairement à ce que l'on pourrait attendre, Buffon n'entreprend pas de justifier la vision de Newton. Certes, il défend les *Principia* et l'histoire du calcul infinitésimal qu'il expose longuement reprend, sans aucun esprit critique, les arguments du *Commercium Epistolicum* et tranche en faveur des Anglais dans la querelle de priorité qui les oppose aux disciples de Leibniz. Mais on ne retrouve aucun développement justifiant sa métamathématique, par exemple sa vision des courbes comme engendrées par le mouvement, ou son utilisation de la géométrie de préférence au calcul dans les *Principia*. Il choisit de porter le débat sur la question de l'infini qui est au cœur du calcul leibnizien et s'oppose frontalement, sans le citer, à la vision exposée par Fontenelle dans les *Éléments de la géométrie de l'infini* en 1727[31]. Certes, Fontenelle distingue l'infini mathématique de l'infini métaphysique et, sur ce point, Buffon s'accorde avec lui. Mais il n'accepte pas sa justification de l'infini mathématique. Pour Fontenelle, les mathématiques sont création humaine :

> Les sciences doivent aller jusqu'aux premières causes, surtout la géométrie où l'on ne peut soupçonner, comme dans la physique, des principes qui nous seraient inconnus. Car il n'y a, dans la géométrie, pour ainsi dire, que ce que nous y avons mis, ce ne sont que les idées les plus claires que l'esprit humain puisse former sur les grandeurs comparées ensemble et combinées d'une infinité de manières différentes, au lieu que la Na-

---

[30] *La méthode des fluxions et des suites infinies de Newton* traduite par Buffon, 1740, préface page V.
[31] Sur la question de l'infini, voir Pierre Brunet « La notion de l'infini mathématique chez Buffon », *Archeion*, vol. XIII, 1931, pp. 24-39 et Michel Blay, *Les raisons de l'infini*, Gallimard, Paris, 1993.

ture pourrait bien avoir employé dans la structure de l'univers quelque mécanique qui nous échappe absolument.[32]

Cette affirmation de l'autonomie de la pensée mathématique le conduit à affirmer la réalité de l'infini mathématique :

> La mathématique est toute intellectuelle, indépendante de la description actuelle et de l'existence des figures dont elle découvre les propriétés. Tout ce qu'elle conçoit nécessaire est réel, de la réalité qu'elle suppose dans son objet. L'infini qu'elle démontre est donc aussi réel que le fini, et l'idée qu'elle en a n'est point plus que toutes les autres une idée de supposition qui ne soit que commode et doive disparaître dès qu'on en a fait usage [...] L'infini est donc un nombre et doit être traité comme tel, ce qui prouve encore sa réalité, puisqu'il a toute celle des nombres.[33]

La position de Buffon est radicalement différente. Il retourne l'argument de Fontenelle :

> Le nombre n'est qu'un assemblage d'unités de même espèce ; l'unité n'est point un nombre, l'unité désigne une seule chose en général [...]. Ces nombres ne sont que des représentations et n'existent jamais indépendamment des choses qu'elles représentent. Les caractères qui les désignent ne leur donnent point de réalité, il leur faut un sujet ou plutôt un assemblage de sujets à représenter pour que leur existence soit possible. J'entends leur existence intelligible, car ils n'en peuvent avoir de réelle. Or un assemblage d'unités ne peut jamais être que fini.[34]

Il n'est donc pas étonnant qu'il refuse toute réalité à l'infini et le considère comme une simple vue de l'esprit, commode certes, mais fondamentalement fictive :

> On ne doit donc considérer l'infini, soit en petit soit en grand, que comme une privation, un retranchement à l'idée du fini, dont on peut se servir comme d'une supposition qui, dans quelques cas, peut aider à simplifier les idées et donc générali-

---

[32] Fontenelle, *Éléments de la géométrie de l'infini*, Paris, 1727 ; rééd. Paris, Fayard, 2000, préface, p. 21.
[33] *Idem*, p. 14-15.
[34] *La méthode des fluxions et des suites infinies de Newton*, Préface, page IX.

ser leurs résultats dans les sciences. Ainsi tout l'art se réduit à tirer parti de cette supposition, en tâchant de l'appliquer aux sujets qu'on considère. Tout le mérite est dans l'application, dans l'emploi qu'on en fait.[35]

Pour expliquer cette utilisation fictive de l'infini, il revient lui aussi aux prédécesseurs du calcul :

Archimède, Apollonius, Viviani, Grégoire de Saint-Vincent ont connu l'infini ; leurs méthodes d'exhaustion en sont tirées. Et ils s'en sont servis pour carrer & rectifier toutes sortes de courbes [...] Les anciens géomètres ont considéré les courbes comme des polygones composés de côtés infiniment petits, ils ont inscrit et circonscrit autour des courbes des figures composées de parties finies & connues dont ils ont augmenté le nombre & diminué la grandeur à l'infini.[36]

Quitte à déformer les textes et même à reprendre un présupposé du calcul leibnizien, il veut montrer que l'idée de l'infini pourrait être évitée. Du coup, il ne peut pas plus expliquer la généralité du calcul, qu'il soit leibnizien ou newtonien.

Jacques Roger, dans la biographie qu'il a consacrée à Buffon[37], voit dans cette traduction une illustration de la place prise par l'auteur dans la querelle entre partisans et adversaires de l'astronomie newtonienne, ainsi que l'occasion de revenir sur le vieux débat sur l'infini, remis au goût du jour par le calcul infinitésimal. Il souligne aussi l'ambiguïté de son argumentation, car les critiques vis-à-vis de Leibniz ou de Berkeley portent moins sur leurs conclusions que sur leurs métaphysiques. Il me semble que l'on ne peut en rester là. Tout d'abord parce que l'ouvrage traduit est de pures mathématiques et ne peut être considéré comme un instrument de propagation de la physique newtonienne, comme les versions françaises du traité d'optique[38], les *Lettres philosophiques* ou les *Éléments de philosophie de Newton* de Voltaire[39], la traduction par Lavirotte en 1740 de l'*Exposition des découvertes philosophiques de M le chevalier*

---

[35] *Idem*, p. X et XI.
[36] *Idem*, p. XI.
[37] Jacques Roger, *Buffon*, Fayard, Paris, 1989.
[38] Première édition à Amsterdam en 1720, seconde à Paris en 1722 et troisième à Paris en 1787.
[39] Respectivement en 1734 et 1738.

Newton par Maclaurin et bien sûr celle des *Principia*. S'il se pose en défenseur du professeur lucasien, Buffon ne parle que de mathématiques et préfère attaquer ses adversaires plutôt que de défendre sa philosophie. Les Jésuites ne s'y sont pas trompés qui ont accueilli avec faveur ce texte dans le *Journal de Trévoux*, alors qu'ils attaquaient la physique newtonienne.

Il est d'autre part important de noter qu'en 1740, Buffon n'est plus membre de la section de géométrie puisqu'il avait rejoint en janvier 1739 celle de botanique dont il est devenu pensionnaire quelques mois plus tard. Il a par ailleurs obtenu en juillet 1739 le poste d'intendant du Jardin du roi. Fort de ses appuis politiques et institutionnels, engagé dans de nouvelles recherches, il est donc libre d'exprimer sa propre philosophie de la connaissance. Son refus de l'infini, de l'absolu, voire de la métaphysique est profondément lié à une conception de la science qui ne voit de réalité que physique. Dès lors, les mathématiques ne sont plus qu'un outil, commode voire indispensable, mais rien de plus. Cette préface contient en germe une vision de la science et annonce les attaques qu'il portera en 1749 contre la domination des mathématiques dans *De la manière de traiter et d'étudier l'histoire naturelle*. S'il y exalte en effet l'union féconde des mathématiques et de la physique, c'est pour en limiter le champ à l'astronomie et à l'optique, seules sciences dont les objets soient « susceptibles d'être considérés de manière abstraite ». Pour lui, la nature est en grande partie irréductible à l'abstraction mathématique qui la dépouille de ses qualités. Il est partie prenante de tout le courant qui prône le retour aux sciences concrètes et toute son œuvre ultérieure en témoigne. Au contraire de Voltaire pour qui l'universalité des lois newtoniennes sert de justification à une vision statique de l'histoire naturelle, Buffon développera dans son *Histoire et théorie de la terre* une conception évolutive de l'univers. De fait, dès 1740, Buffon commence à exprimer une vision de la science qui s'éloigne des traditions aussi bien cartésiennes ou leibniziennes que newtoniennes[40].

Le *Traité des fluxions* traduit par le père Pezenas

La traduction de cette œuvre majeure de Maclaurin parue en 1742, est l'œuvre d'un autre jésuite, le père Pezenas (1692-1776)[41]. D'abord ensei-

---

[40] Cf. Ehrard, pp. 182-185, 199 et sq.
[41] Voir sa notice dans le *Dictionary of Scientific Biography* et l'article dans ce volume de Guy Boistel.

gnant dans les collèges de la Compagnie à Lyon et Aix-en-Provence, il est professeur à l'école royale d'hydrographie de Marseille entre 1728 et 1749[42]. Il se consacre aussi à des recherches astronomiques[43] qui lui valent une réputation européenne et la faveur royale. Après l'expulsion des jésuites de France, il se retire en Avignon, sa ville natale, en 1763 et continue d'y travailler. Pezenas est l'un des plus actifs propagateurs de la science anglaise en France, notamment par ses traductions[44]. Nous n'aborderons ici que celle du *Traité des fluxions*.

Manifestement séduit par les travaux d'outre-Manche, Pezenas est, contrairement à Castel, partisan de Newton et témoigne de l'évolution des positions scientifiques de la Compagnie comme des scientifiques français. Si les deux jésuites partagent la même finalité de l'enseignement des mathématiques comme formatrice de l'esprit, Pezenas est beaucoup plus proche du modèle euclidien. Sa critique de la tradition leibnizienne française est sans ambiguïté. Sur les fondements du calcul d'abord :

> Je n'ai traduit ce traité complet des fluxions que pour mon instruction particulière et je ne me suis déterminé à le rendre public que parce que nous n'avons aucun livre dans notre langue où les calculs différentiel et intégral que les Anglais appellent calcul des fluxions et des fluentes soient entièrement démontrés. L'analyse des infiniment petits de M le marquis de l'Hôpital ne l'est pas dans toute la rigueur géométrique. L'hypothèse des quantités infiniment petites n'est rien moins que recevable ; aussi a-t-elle occasionné bien des disputes dès qu'elle a été proposée.[45]

La situation du calcul intégral n'est pas meilleure :

---

[42] Il publie entre autres des *Éléments du pilotage*, Marseille, 1733 ; une *Pratique du pilotage*, Marseille 1741 ; *La théorie et la pratique du jaugeage*, Avignon, 1749 ; une *Astronomie des marins*, Avignon 1766 et une *Histoire critique de la découverte des longitudes*, Avignon 1775.

[43] Il donne de nombreuses notes aux *Mémoires de Trévoux* ou aux *Mémoires de mathématiques et de physique rédigés à l'observatoire de Marseille*. On trouve dans les *Mémoires de l'Académie des Sciences* sa contribution substantielle au perfectionnement de l'outillage d'observation comme à la solution des problèmes de rotation du soleil et des longitudes.

[44] Voir l'article dans ce volume de Guy Boistel.

[45] Maclaurin, *Traité des fluxions... traduit par le R.P. Pezenas*, Jombert, Paris, 1749, Avertissement du traducteur, p. 1.

Le traité de M Carré et celui de M Stone [...] ne sont même pas bons pour les commençants. Il y a dans l'un et l'autre des méprises qui peuvent jeter dans l'erreur ; et ces deux auteurs se sont bornés aux questions les plus faciles. Le second tome de l'analyse démontrée du P. Reyneau contient peut-être ce que nous avons de meilleur en ce genre. Mais on n'y trouve pas rassemblé tout ce que l'on pourrait souhaiter.[46]

Un seul traité français trouve grâce à ses yeux sur le plan didactique, le *Calcul différentiel et intégral* de M. l'abbé Deidier[47]. « Le mérite de cet ouvrage est connu et on sait qu'il est très utile pour apprendre en peu de temps l'un et l'autre calcul ». Mais cette remarque montre qu'il le considère comme utile sur le plan didactique, mais limité. Face à ce qu'il considère comme une tradition française indigente, que ce soit par son épistémologie ou par son contenu didactique, il oppose les ouvrages de Maclaurin, l'*Algèbre* et le *Traité des fluxions* qui sont pour lui « les meilleurs livres de mathématiques qui se soient fait en Angleterre »[48].

Il est indiscutable que le *Traité des fluxions* répond aux désirs de Pezenas, tant sur le plan de son épistémologie que de son contenu. La richesse de cet ouvrage interdit de prétendre en donner ici une analyse, même succincte. Consacré essentiellement aux mathématiques, il commence par donner une exposition nouvelle des fluxions, mais dépasse de loin son objectif premier de répondre aux attaques de Berkeley contre le calcul[49]. Il y donne en effet toute une série de résultats nouveaux, dont la série dite aujourd'hui d'Euler-Maclaurin ou sa démonstration de la forme ellipsoïdale prise par un fluide homogène tournant autour de son axe et soumis à l'action de la pesanteur. En outre, si le premier livre est démontré géométriquement, le second reprend une écriture analytique et Maclaurin y synthétise et développe tous les résultats du calcul intégral de son époque.

Comme Newton, il considère les courbes comme engendrées par le mouvement. Mais, alors que ce dernier utilisait les dernières et ultimes raisons pour rendre compte des fluxions ou vitesses à partir des grandeurs géométriques, Maclaurin part du principe premier de vitesse qui

---

[46] *Idem.*
[47] Édité chez Jombert à Paris en 1740.
[48] Avertissement du traducteur.
[49] Parues dans son *Analyst* en 1734.

n'est pas définie. La mesure de la vitesse est faite au prix de ce que l'on pourrait, au premier abord, considérer comme une fiction intellectuelle :

> La vitesse avec laquelle une quantité flue à chaque terme du temps pendant lequel elle est supposée se former [...] est [...] toujours mesurée par l'incrément ou le décrément que ce mouvement aurait produit dans un temps donné, s'il avait été continué uniformément depuis ce terme sans aucune accélération ou retardement.[50]

Il évite tout débat ontologique et la mesure de la vitesse qu'il propose est *in fine* fondée par le principe d'inertie[51] :

> Tout le monde convient que si un corps est abandonné à lui-même dans une partie du temps de son mouvement, il continuera toujours de se mouvoir d'un mouvement uniforme, décrivant toujours un certain espace dans un temps donné, & cela suffit pour regarder dans le langage ordinaire la vitesse comme une puissance qui est dans le corps en mouvement.[52]

Maclaurin expose ensuite quatre axiomes, analogues aux axiomes galiléens[53]. À partir de ces prémisses, Maclaurin peut développer toute une argumentation démonstrative à la manière des Anciens. Le double raisonnement par l'absurde est à la base de la majorité des démonstrations

---

[50] *Traité des fluxions*, p. 7.

[51] Première loi des *Principia* Il faut aussi souligner que, comme chez Newton, cette mesure n'est que relative puisqu'on ne la connaît qu'en faisant son rapport avec celle d'un mouvement uniforme qui sert de référence.

[52] *Traité des fluxions* p. 4. C'est d'ailleurs cette position que Montucla reprend lorsqu'il explique : « La vitesse d'un corps mû d'un mouvement, soit accéléré, soit retardé, pourrait être mesurée par l'espace que ce corps parcourrait dans un certain temps donné, son mouvement cessant d'être altéré par l'action de la cause qu'on a dit ci-dessus ». Montucla *Histoire des mathématiques*, 1802, quatrième partie, livre VI, p. 369.

[53] Axiome I. L'espace décrit par un mouvement accéléré est plus grand que celui qui aurait été décrit dans le même temps, si le mouvement n'avait pas été accéléré, mais continué uniformément depuis le commencement du temps. Axiome II. L'espace parcouru par un mouvement accéléré pendant le temps de l'accélération est plus petit que l'espace qui aurait été parcouru dans un temps égal par un mouvement acquis par cette accélération et continué uniformément. Axiome III. L'espace parcouru par un mouvement retardé est moindre que celui qui aurait été parcouru dans le même temps si ce mouvement n'avait pas été retardé, mais continué uniformément depuis le commencement du temps. Axiome IV. L'espace décrit par un mouvement retardé pendant le temps de retardement est plus grand que celui qui aurait été décrit dans le même temps par le mouvement qui reste après ce retardement et continué uniformément.

des premiers chapitres et il évite « tous les principes et toutes les hypothèses qui donnent lieu à considérer d'autres quantités que celles que l'on
conçoit aisément avoir une existence réelle ». On comprend la séduction
pour Pezenas de ce type d'approche qui non seulement évacue d'emblée
tout ce qui avait donné lieu à critiques dans les premières versions du
calcul, qu'il s'agisse des ultimes raisons ou des infiniment petits[54], et en
reste aux méthodes démonstratives d'Euclide et d'Archimède.

L'impact du texte originel et de cette traduction peut être apprécié de
diverses manières, suivant que l'on considère la portée des découvertes
qu'il contient ou sa justification du calcul. Sur le plan scientifique, ses
innovations furent immédiatement reconnues : il servit de modèle pour
les démonstrations géométriques des figures d'équilibre d'un fluide homogène tournant autour de son axe et soumis à l'action de la pesanteur ;
il est aussi à l'origine des futures démonstrations de la série dite d'Euler-
Maclaurin d'une fonction et l'ouvrage contient bien des résultats nouveaux de calcul intégral[55]. Mais les aspects didactique et épistémologique
sont des éléments essentiels du texte de Maclaurin. De ce point de vue, le
succès de l'entreprise de Pezenas est mitigé, car elle n'eut guère d'influence sur les traités de calcul français. Aucun n'a repris sa logique démonstrative, leur inspiration évoluant avant tout, comme on l'a dit, à partir du modèle leibnizien. Pour autant, le *Traité des fluxions* est devenu
pour beaucoup un garant de la validité du calcul comme en témoigne
Montucla dans son *Histoire des mathématiques*[56]. En 1778, dans la nou-

---

[54] Certes justifiés ultérieurement, mais à partir de ces principes.
[55] La liste n'est pas limitative.
[56] « C'est enfin pour répondre aux attaques du Dr Berkeley que le célèbre Maclaurin semble avoir entrepris son *Traité des fluxions* qui parût en 1742. La méthode de Newton y est
toute démontrée, sans aucune supposition d'infiniment petits ou autre quelconque capable
de prêter à contestation, mais à la manière des Anciens et par un procédé semblable à
celui qu'Archimède emploie si souvent dans ses ouvrages. On pourrait seulement dire que
les démonstrations de M. Maclaurin sont d'une longueur prodigieuse, exigent une conten-
tion d'esprit dont je crois que peu de géomètres sont capables aujourd'hui. Il aurait pu, ce
semble, se borner à quelques exemples de la manière d'appliquer la méthode ancienne à
consolider, s'il en eut été besoin, la méthode de Newton. Quoi qu'il en soit, on peut dire
que s'il pouvait rester quelques doutes sur la solidité de cette dernière, ils sont entièrement dissipés par cet ouvrage de Maclaurin, et quelques questions que la métaphysique la
plus captieuse puisse élever sur la nature de l'infini, le mathématicien a droit de ne s'en
pas plus embarrasser que des disputes des physiciens sur la nature de l'étendue et du mouvement. Mais ce n'est pas là le seul mérite de l'ouvrage de Maclaurin. Tout ce qui concerne la méthode des fluxions, soit directe, soit inverse, y est expliqué avec une profondeur beaucoup supérieure à ce qu'on avait vu auparavant, et plusieurs beaux problèmes

velle édition donnée par l'abbé Marie des *Leçons élémentaires de ma-thématiques* par M. l'abbé de la Caille, l'auteur ajoute, après avoir retra-cé l'histoire du calcul et exposé quelques controverses :

> Ce n'est pas au reste que Maclaurin, dans son Traité des fluxions, n'ait répondu à la plupart des sophismes dont quel-ques auteurs ont voulu embrouiller la matière. C'est un ouvrage qu'il faut lire, quand on veut approfondir cette théorie ; mais on ne peut se dissimuler que pour suivre la démarche rigoureuse de ce grand homme, il faut essuyer bien des longueurs.[57]

Et, de fait, ces *Leçons* se fondent sur les infiniment petits leibniziens.

La « traduction » de l'*Algèbre* de Maclaurin par Le Cozic

Contrairement aux trois livres précédents qui suivent d'assez près les écrits originaux, cette traduction prend bien des libertés par rapport au *Treatise of Algebra*. Si Le Cozic prend pour base l'ouvrage posthume de l'Écossais[58], il dit emprunter aussi à Newton, s'Gravesande, Saunderson et Wolf pour la première partie et la première section de la seconde partie[59] ainsi qu'à l'*Introductio in analysin infinitorum* d'Euler[60] pour la seconde section de la seconde partie *Application de l'analyse aux cour-bes algébriques* (pp. 277- 418)[61]. Ce livre a une visée didactique et veut mettre entre les mains de jeunes mathématiciens des textes non disponi-bles en français. Il renvoie pour les compléments au traité du marquis de l'Hôpital sur les sections coniques[62] et à l'*Introduction à l'analyse des*

---

physico-mathématiques y sont traités presque sans calcul, et avec une simplicité qui ravit ceux qui sont capables de sentir ce genre de beauté », Montucla, *Histoire des mathé-matiques*, Paris, 1802, p. 118-119.

[57] *Leçons élémentaires de mathématiques... nouvelle édition revue par l'abbé Marie*, Louis Nicolas Lacaille, Paris, 1778 ; 1784, p. 430.

[58] Paru en 1748.

[59] Le *Cours de mathématiques* de Chrétien Wolf fut traduit et augmenté par Dom Brézillac de la congrégation de Saint Maur en 1757 chez Jombert à Paris. Les *Éléments d'algèbre* de Saunderson furent traduits en 1756 par Élie de Joncourt, toujours chez Jombert à Paris.

[60] Paru à Lausanne en 1748.

[61] Le Cozic avait songé à utiliser l'*Introduction à l'analyse des lignes courbes* de Cramer, édité à Genève en 1750, mais lui a préféré Euler qui n'avait pas de version française.

[62] Qui date de 1720.

lignes courbes de Cramer. On voit que les références s'élargissent, essentiellement vers l'est du continent[63].

L'*Algèbre* de Maclaurin présente, par rapport aux traités français de l'époque qui n'abordaient que les équations des premiers degrés et faisaient l'impasse sur l'application de l'algèbre à la géométrie, des avancées importantes. Elle traite assez longuement de questions concernant les équations polynomiales de degré quelconque[64] et la partie trois est consacrée aux applications de l'algèbre et de la géométrie l'une à l'autre. Nous ne pouvons ici développer les similitudes et les différences entre le traité de Maclaurin et sa traduction et nous nous contenterons des apports concernant le calcul infinitésimal qu'il n'étudie que sur les courbes algébriques dans le chapitre six de la section deux de la seconde partie intitulé *Des tangentes & des osculatrices des lignes courbes*. Pour trouver la tangente en un point de la courbe, il ramène l'origine en ce point et ne conserve que les termes de degré 1 dans la nouvelle équation $0 = \mathrm{A}t + \mathrm{B}v + \mathrm{C}\,t^2 + \mathrm{D}tv + \mathrm{E}\,v^2 + \mathrm{F}\,t^3 + \mathrm{G}\,t^2\,v + \mathrm{H}t\,v^2 + \mathrm{I}\,v^3 +$ etc. « Les autres termes infiniment moindres s'évanouissant vis-à-vis de ceux-ci quand t et v sont infiniment petits », l'équation devient celle de la tangente $\mathrm{A}t + \mathrm{B}v = 0$. L'inspiration de cette méthode est difficile à cerner, car Leibniz, Newton dans *La méthode des fluxions et des suites infinies* et certains de leurs prédécesseurs l'avaient aussi utilisée. Mais il va plus loin et donne une série d'autres résultats relevant du calcul infinitésimal. Après deux exemples sur les coniques et un sur une cubique, il définit et calcule le centre de courbure puis mène une étude locale systématique des courbes algébriques.

Il est clair que la vision didactique de l'ouvrage de Le Cozic ne recouvre que partiellement celle de Maclaurin. Même s'il trahit assez souvent le texte originel, son algèbre polynomiale reprend bien l'étude systématique des problèmes du premier degré et des polynômes de tous degrés. Il y ajoute des questions d'analyse diophantienne. Sa vision de l'application de l'algèbre à la géométrie est par contre nouvelle et assez différente dans son esprit. Alors que Maclaurin n'étudiait systématique-

---

[63] Parmi les auteurs qu'il reprend, seul Saunderson est anglais. Cramer est professeur à Genève, Euler d'origine bâloise est alors à Berlin, Chrétien Wolf enseigne à l'université de Halle en Prusse et s'Gravesande est professeur à Leyde en Hollande.

[64] De plus, le chapitre onze de la seconde partie tente de justifier des règles pour trouver le nombre de racines impossibles d'une équation et le chapitre suivant démontre les théorèmes, énoncés sans preuve par Newton, qui expriment les sommes des puissances des racines d'une équation en fonction des coefficients.

ment que les courbes du second degré, sans utiliser le calcul infinitésimal, et trouvait, grâce à leur intersection, les racines des équations de
degré 3 et 4, Le Cozic entreprend une étude complète des courbes algébriques quelconques. C'est un tout autre esprit qui est né et se développe
sur le continent, privilégiant l'analytique par rapport à la géométrie.

Quelques conclusions

Ces ouvrages sont un témoignage, restreint certes mais éclairant, des
liens entre l'Angleterre et la France. La place du calcul infinitésimal est
indiscutablement centrale dans la mathématique de l'époque, mais sa
réception et sa diffusion ne vont pas de soi vers 1700. Si ses succès sont
très vite éclatants, la polémique sur ses fondements et le débat entre les
conceptions leibniziennes et newtoniennes s'accompagnent d'une interrogation sur la nature de ses démonstrations. Doivent-elles relever de la
géométrie ou de l'analyse ? La question est d'autant plus pertinente que
les auteurs utilisent souvent l'une et l'autre méthode. Si le formalisme
leibnizien l'emporte en France dès le début du XVIIIᵉ siècle, cela ne signifie pas une coupure et les échanges restent importants entre la France
et l'Angleterre comme en témoignent nos ouvrages. Cependant, le fossé
entre les deux nations s'élargit, et les versions françaises de Newton et
Maclaurin ne peuvent se dégager du contexte polémique. Peu à peu,
l'attention des mathématiciens français se tourne vers d'autres horizons,
tant géographiques qu'intellectuels. L'ouvrage de Le Cozic en témoigne
qui élargit le spectre des références. Le calcul développé en France durant la seconde moitié du XVIIIᵉ siècle ne s'occupera guère du modèle
anglais. Les mathématiques pures comme les mathématiques mixtes
prennent alors un essor considérable en France et développent leur propre voie. Ses interlocuteurs ne sont plus, pour l'essentiel, britanniques
mais germaniques. La communication passe surtout (outre les contacts
personnels) par les articles ; les traductions sont plus tardives que dans le
cas des ouvrages anglais, phénomène peut-être consécutif à la persistance
du plus grand représentant de l'école allemande, Euler, à publier en
latin[65].

---

[65] L'*Introductio in analysin infinitorum*, par exemple, édité à Lausanne en 1748, n'est
traduit pour la première fois en français qu'en 1786. Les *Instituzioni analitiche ad uso
della gioventù italiana* d'Agnesi qui date aussi de 1748 ont une version française en
1775.

Les motifs des traductions du premier XVIIIe siècle sont divers. Scientifiques : la version française de Stone vise avant tout à exposer les découvertes du calcul intégral insulaire, et celle de Maclaurin a, au moins en partie, le même objectif de diffusion savante. Mais il semble bien que Castel, Buffon comme Pezenas cherchent surtout dans les traités anglais une justification du primat de la géométrie, seule garante pour eux d'un ancrage dans le réel. Ils s'opposent ainsi à la vision analytique déjà privilégiée par les mathématiciens français et dont le poids est allé croissant. Leurs philosophies sont cependant assez différentes. Castel ne conteste pas les présupposés leibniziens du calcul différentiel alors que Pezenas entend reprendre la vision maclaurinienne du calcul, exposant une épistémologie complète et nouvelle de l'analyse infinitésimale. Quant à Buffon, son éloge de Newton lui sert plutôt à se démarquer de ses collègues parisiens. Alors que ceux-ci voient dans la philosophie naturelle du maître lucasien un modèle de mathématisation à généraliser, il relativise la place des mathématiques dans l'exploration de la nature, limitant son utilité à certains domaines bien particuliers. Le Cozic enfin ne se pose pas de questions sur la validité du calcul qu'il utilise, c'est vrai, uniquement pour étudier les courbes algébriques. Son travail renvoie à une vision du calcul beaucoup plus analytique que géométrique, éloignée de l'inspiration anglaise pour se tourner vers d'autres horizons.

Signalons enfin que les ouvrages que nous avons vus ne s'adressent pas au monde scolaire, le calcul infinitésimal n'étant pas enseigné en France durant la première moitié du siècle. Mais les enjeux épistémologiques peuvent avoir à terme des répercussions sur les écoles. La postérité de ces travaux sur le plan didactique reste cependant assez restreinte. Il est vrai que l'éviction des jésuites du Royaume en 1762 a mis fin à un réseau dont l'épistémologie mathématique a longtemps été fondée sur la prééminence de la géométrie et qui aurait pu porter l'influence anglaise. Mais l'analyse triomphe en France et d'autres livres s'imposent. Le *Traité du calcul intégral pour servir de suite à l'Analyse des infiniment petits du marquis de l'Hôpital* de Bougainville, sorti à Paris en 1754, fait un bilan de toutes les découvertes du premier demi-siècle et sert de modèle par la suite. Les ouvrages qui dominent le monde éducatif dans la seconde partie du siècle, ceux de Camus, Bézout, Bossut et Lacroix, ne suivent pas la voie anglaise[66]. Camus n'aborde pas le calcul infinitésimal,

---

[66] Je laisse de côté la question du développement en série qui est toujours à l'œuvre, mais dont la validation est sans cesse interrogée. Cf. Michel Pensivy, « Jalons historiques pour

Bézout reste dans la tradition leibnizienne, Bossut s'inspire d'Euler et Lacroix fonde son *Traité élémentaire de calcul différentiel et intégral* sur la notion de limite. Le calcul développé en France dans la seconde moitié du siècle est nettement détaché des conceptions insulaires. On a vu cependant que la vision de Maclaurin sert, à des degrés divers, de justification pour éluder les difficultés théoriques posées par le calcul.

---

une épistémologie de la série infinie du binôme » *Sciences et techniques en perspective*, vol. XIV, Université de Nantes, 1987-1988.

Chapitre 8

A propos de la découverte du phénomène d'aberration des étoiles par James Bradley en 1729 : lenteur et difficulté des échanges entre savants anglais et français

Arnaud Mayrargue

En 1729 l'astronome anglais James Bradley met en évidence un nouveau phénomène appelé aberration des étoiles fixes[1]. D'un point de vue théorique, cette découverte est particulièrement importante par les conséquences qu'elle a engendrées : elle a en effet contribué à la fois à confirmer et à infirmer la théorie newtonienne de la lumière, et a surtout constitué le point de départ de l'étude de l'optique des corps en mouvement. Elle a fait l'objet d'échanges de lettres, de lectures de mémoires, dont il serait intéressant d'analyser les rythmes de publication, les formes et les styles respectifs utilisés, ainsi que les contenus. Nous allons voir comment les savants français, dans ce contexte nouveau, se sont appro-

---

[1] James Bradley, « A Letter from the Reverend Mr. James Bradley Savilian Professor of Astronomy at Oxford, and F.R.S. to Dr. Edmond Halley Astronom. Reg. &c. Giving an Account of a New Discovered Motion of the Fix'd Stars », *Philosophical Transactions of the Royal Society*, N° 406, Vol. 35, (1729) 637-661. Pour une analyse détaillée, voir Mayrargue, *L'aberration des étoiles, et l'éther de Fresnel (1729-1851)*, (thèse Université Paris 7, 1991).

Echanges entre savants français et britanniques depuis le XVIIe siècle.
Robert Fox et Bernard Joly (éd.).

priés cette découverte, ainsi que les singularités respectives des approches anglaises et françaises.

Dans un premier temps, nous examinerons le contexte dans lequel Bradley a fait sa découverte. Après avoir ensuite rappelé ce qu'est le phénomène d'aberration des étoiles, ce qu'il a apporté de nouveau en astronomie et en optique, nous analyserons le style de deux manuscrits, celui de l'anglais Bradley relatant sa découverte, puis celui du français Clairaut démontrant les résultats de Bradley, et qui ne paraîtra en France que huit ans plus tard[2].

L'influence baconienne dans les travaux de Bradley

Une consultation des manuscrits de Bradley suggère la possibilité d'une influence des idées de Francis Bacon sur la pensée de Bradley. On connaît d'ailleurs la place importante qu'a exercée à partir du XVIIe siècle la pensée baconienne sur les savants anglais. Les exemples sont nombreux. Ainsi Joseph Glanvill, dans les années 1660, reprend-il les idées de Bacon pour en souligner le bien fondé : il s'agit d'accroître la connaissance par

> des observations et des expériences, d'examiner et de consigner les Particuliers (langage utilisé par Bacon lui-même à l'aphorisme 101, livre II du *Novum Organum*), et ainsi de s'élever par degré d'induction jusqu'aux Propositions Générales, et à partir d'elles de s'engager dans de nouvelles investigations vers d'autres Découvertes et d'autres Axiomes.[3]

On sait par ailleurs que, tant dans le *Novum Organum*[4] que dans le *De Augmentis*[5], Francis Bacon s'intéresse à l'astronomie, à l'optique, et également à cet instrument qui permet « d'entretenir un commerce plus rapproché avec les corps célestes »[6], le télescope. Sa référence en la matière sera d'ailleurs Galilée. Pour asseoir ses idées, il prend ainsi, dans plu-

---

[2] Alexis Clairaut, « De l'Aberration apparente des Étoiles, causée par le mouvement progressif de la Lumière », *Histoire de l'Académie Royale des Sciences, avec les Mémoires* (MARS par la suite), 1737 (1740), 205-226.

[3] Joseph Glanvil, cité par Michel Blay, « Remarques sur l'influence de la pensée baconienne à la Royal Society : pratique et discours scientifique dans l'étude des phénomènes de la couleur » (359-374), in *Les études philosophiques* (1985), PUF, 362.

[4] Francis Bacon, *Novum Organum*, (1620), (réed. 1986), PUF.

[5] Francis Bacon, *De dignitate et augmentis scientiarum*, Londres, (1623).

[6] Francis Bacon, op. cit. n. 4, aphorisme 39, livre II, 269.

sieurs de ses textes, appui sur l'optique et parfois l'astronomie. Dans l'aphorisme 39 du livre II, il donne, en tant qu'instance prérogative[7], les Instances de la Porte ou du Porche. Au premier chef, c'est la vue qui est le sens le plus sollicité pour nous donner des informations, et cela grâce à des « aides »[8] dont une des propriétés est de percevoir à plus longue distance ou de percevoir avec plus d'exactitude et de distinction. Reprenant la métaphore suggérée par cette belle gravure située en exergue de son ouvrage de 1620, où l'on voit un bateau, sorte d'esquif, qui aide à connaître le « monde nouveau », Bacon explique que les lunettes, sortes d'« esquifs ou de légères embarcations »[9], peuvent aider à connaître le Ciel, et même à « démontrer ».

Il poursuit, mais en émettant cependant une réserve :

> l'expérience s'achève avec ces quelques inventions et [...] on n'a pas su inventer par ce moyen une infinité d'autres choses également dignes d'examen.[10]

Cette réserve n'est cependant pas un renoncement ; il faut la voir peut-être plutôt comme un écho à un autre aphorisme qu'il avait formulé dans le livre premier du *Novum Organum* à partir duquel il s'interrogeait précisément sur les modalités de dépassement de l'« empirisme » ou du « dogmatisme ». Cela l'avait finalement conduit à proposer pour cela une alliance entre l'« expérimental » et le « rationnel »[11].

La découverte

Pourquoi cette évocation de Bacon ? Il nous semble que dans ces travaux de James Bradley, que nous allons présenter ici succinctement, on retrouve pour partie des procédures expérimentales précédemment développées par Bacon dans ses ouvrages. Bradley publie à la fin des années 1720 ses résultats sous la forme d'une lettre à l'astronome Edmond Halley dans laquelle il donne un « compte-rendu de la découverte d'un nouveau mouvement des étoiles fixes », expression pour le moins paradoxale. Cette lettre sera publiée dans les *Philosophical Transactions of the Royal Society* de décembre 1728. Il utilise une expression

---

[7] Cela définit les prérogatives attachées à certaines instances, qui sont elles-mêmes des sortes de procédures.
[8] Francis Bacon, op. cit. n. 4, aphorisme 39, livre II, 269.
[9] Ibid, 269.
[10] Ibid, 271.
[11] Ibid, livre I, aphorisme 95.

narrative qui présente les évènements sous la forme de suspens et d'énigmes à résoudre[12]. Il insiste sur sa curiosité, ses surprises, ses interrogations devant les observations qu'il fait. On y voit se mettre en place des procédures expérimentales qu'on peut considérer comme étant pour une large part inspirées par les conceptions de Bacon évoquées précédemment. Bradley, dès le début de sa lettre, prend soin en effet d'indiquer l'importance qu'il y a à s'interroger sur des erreurs éventuelles à éviter, sur le soin qu'on doit apporter dans l'utilisation des instruments d'observation, ainsi que sur la nécessité de répéter les observations. Il précise que son projet initial était de déterminer des parallaxes de diverses étoiles fixes Cette détermination était très intéressante pour les astronomes : elle devait en effet d'une part permettre d'évaluer les distances interstellaires, et d'autre part, grâce à la connaissance de la valeur de la parallaxe, confirmer définitivement la théorie héliocentrique de Copernic.

Alors, concrètement, comment procédait-on pour mesurer cette parallaxe?

Soient E, S, T, respectivement une étoile, le Soleil et la Terre ; α l'angle que font ET et ES.

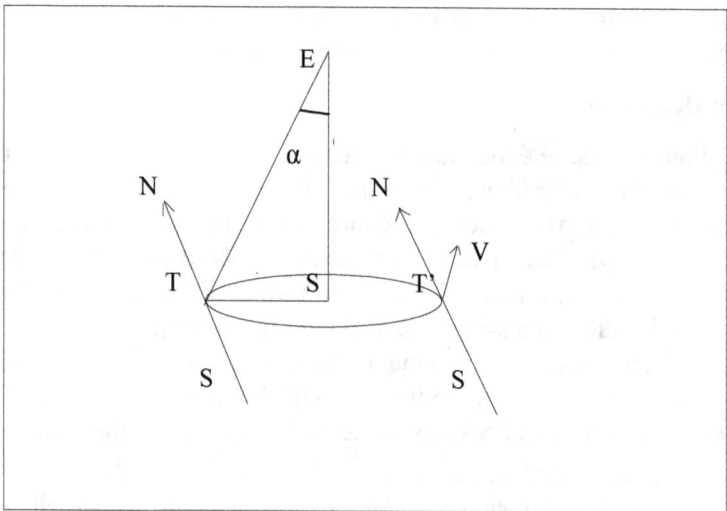

---

[12] Voir à ce sujet l'analyse intéressante des travaux de Newton par Michel Blay, *La conceptualisation newtonienne des phénomènes de la couleur*, Paris, Vrin, 1983.

Il s'agissait de mesurer la valeur de l'angle α, qui représente la parallaxe, où T et T' sont les positions que la Terre occupe à six mois d'intervalle. La connaissance de l'angle α permettait de connaître la distance SE de l'étoile, puisque SE = a/tg α, où a est la distance de la Terre au Soleil.

Bradley entreprend des observations pour détecter une éventuelle parallaxe et s'aperçoit rapidement de l'existence d'un problème important. Il existe bien un déplacement de l'étoile observée, mais pas dans la direction attendue lorsqu'on ne fait intervenir, comme c'était le cas, que les relations spatiales. Dans ce cadre, l'étoile devrait en effet se déplacer dans une direction contenue dans le plan TSE. Or l'étoile paraît se déplacer dans le plan perpendiculaire au plan TSE.

Cette anomalie conduit Bradley à mettre en place ce que Bacon, dans le cadre de l'induction, avait appelé à plusieurs reprises la voie négative. Celle-ci, affirmait Bacon dans l'aphorisme 105 du livre I[13] « doit entreprendre de séparer la nature, par les rejets et les exclusions obligées ». Ainsi, les instruments ne sont pas en cause, puisque, précise Bradley, on peut repérer une grande régularité dans les observations[14]. La régularité de cette anomalie est d'ailleurs telle qu'elle permet d'observer des phénomènes qui se déroulent conformément aux prévisions. Cela semble montrer qu'il doit y avoir une cause. Bradley élimine également d'autres causes telles la nutation[15]. Ensuite, il entame la procédure affirmative définie dans le même aphorisme : « ...après un nombre suffisant de négatives, conclure sur des affirmatives. »[16] Il s'appuie encore pour cela sur le résultat d'une observation, que Roemer avait donné cinquante ans auparavant, à savoir que la vitesse de la lumière était finie. Ce résultat, qui était encore discuté par les scientifiques, s'inscrit d'ailleurs sur une conception corpusculaire de la lumière que Bradley revendiquera longtemps. Comparant un corpuscule de lumière avec une balle de tennis, il décrira ainsi la propagation de la lumière :

---

[13] Francis Bacon, op. cit. n. 4, 162.

[14] Bradley, op. cit. n. 1, 641.

[15] Stefen Peter Rigaud reprendra l'expression baconienne d'*Instancia Crucis*, ou expérience cruciale. *Miscellaneous works and correspondence of James Bradley*, 1831, edited by Stefen Peter Rigaud, Johnson Reprint Corporation, (New York, London 1972), p. XX. Voir également ms. Bradley 1, Bodleian Library, Oxford, dans lequel Bradley s'interroge en 1740 sur les lois de la nature : « the nature does nothing in vain (...) What is proved by induction ought to be admitted till something appear to be contrary. » (p. 3-4).

[16] Francis Bacon, op. cit. n. 4, 162-163.

It rebound from a polished surface as a tennis ball does from a wall. There are evident properties of a body. It was the opinion of the ancients that light was propagated instantaneously. But the moderns have proved beyond all dispute that it takes up about 7 minutes and half from passing from the Sun to the Earth. (…) The velocity of a ray of light is about ten million times greater than that of a cannon ball. Its quantity of matter must therefore be exceeding small, or it would otherwise hurt the eye, which continually fills his impulses.[17]

Il aura auparavant écrit : « Light is indiscutably corporeal »[18].

Ce véritable changement de point de vue lui permet alors de parvenir à donner une explication du phénomène observé : « Le mouvement était dû au mouvement progressif de la lumière et au mouvement annuel de la Terre sur son orbite. »[19]

Ce qui signifie que cet effet, appelé aberration des étoiles, s'obtient en faisant ce que nous appelons aujourd'hui la composition vectorielle de la vitesse « c » de la lumière issue des étoiles avec la vitesse « v » de la Terre sur son orbite autour du Soleil. L'écart résultant se situe bien dans un plan perpendiculaire au plan TSE de la parallaxe (voir la figure précédente).

La progression de Bradley, encore ici, s'inscrit dans le sillage de la démarche proposée par Bacon. Dans la présentation de ses travaux, Bradley introduit en effet un lien dans l'enchaînement des expériences, et fait progresser l'ensemble selon une loi sûre. Nous pourrions encore repérer dans la progression de la lettre de Bradley des traces multiples de l'influence baconienne où l'on voit, pour reprendre un aphorisme de ce dernier, Bradley suivre une voie qui « monte d'abord aux axiomes et descend ensuite aux œuvres », voie qui se poursuit par une volonté de généralisation. Sur ce sujet, citons encore Bacon :

> En établissant les axiomes par cette induction, il faut également examiner et vérifier si l'axiome établi est seulement adapté et taillé à la mesure des particuliers dont il est tiré, ou s'il est plus large et plus étendu. Et s'il est plus large et plus

---

[17] Bradley, MS. Rigaud 34, *Lectures on Experimental Philosophy*, notes de cours probablement prises par le révérend James Reading vers 1740, 248 pages, Bodleian Library, Oxford, XXV Lectures, X Optics, 88.
[18] Ibid, 87.
[19] Bradley, op. cit. n. 1, 646.

étendu, il nous faut voir s'il confirme cette largeur et cette extension par la désignation de nouveaux particuliers qui lui servent de caution.[20]

Il est pour le moins étonnant de constater qui huit années se seront écoulées avant que cette découverte de Bradley ne soit mentionnée en France. Ce temps long ne peut s'expliquer par un manque d'informations. On sait que les accès aux documents étaient plutôt aisés : il en va ainsi pour les *Philosophical Transactions*, qui étaient disponibles, à Paris du moins[21]. Nous l'avons déjà remarqué, la découverte de Bradley avait contribué à confirmer le bien-fondé de la théorie newtonienne corpusculaire de la lumière, et l'on sait la lente et difficile pénétration des idées de Newton en France : il faudra en effet attendre le *Discours sur les différentes figures des Astres* de Maupertuis (1730) et les *Lettres Philosophiques* de Voltaire (1732) pour que commencent à être acceptées et diffusées en France les conceptions newtoniennes. On verra d'ailleurs Lacaille se plaindre encore en 1748, dans une lettre adressé à Bradley, de cette lenteur dans la diffusion des informations entre l'Angleterre et la France :

> Nous sommes ici à Paris sur cet article [l'astronomie en Angleterre] dans une parfaite ignorance depuis plus de trois ans : nous ne voyons ni livres ni nouvelles littéraires de votre pays. (...) M. Clairaut a donné des formules très-simples pour calculer l'aberration de la lumière dans les planètes et les comètes...[22]

C'est probablement dans cette résistance à la diffusion des idées de Newton en France qu'il faut chercher les raisons de cette lenteur des échanges. Et ce n'est d'ailleurs qu'au milieu des années 1730 qu'on voit effectivement Clairaut reprendre les travaux de Bradley et en démontrer les résultats. Ces travaux de Clairaut sont intéressants à analyser, car le style[23] de ce dernier se distingue fortement de celui de Bradley : on ne

---

[20] Francis Bacon, op. cit. n. 4, aphorisme 106, livre I, 163.

[21] Irène Passeron, *Clairaut et la figure de la Terre au XVIIIe siècle,* thèse de doctorat Université Paris Denis Diderot, 1994, 138-139.

[22] Lacaille, 1748, in Rigaud, op. cit. n. 15, 438-439.

[23] Nous reprenons ici la définition de G. G. Granger : « Nous entendons définir un concept de style comme *usage* du symbolisme ; il concerne donc non seulement la texture même de ce dernier, mais aussi son rapport à une expérience qui l'enveloppe. » Gilles Gaston Granger, *Essai sur une philosophie du style*, (Odile Jacob, 1998) 10.

retrouve en effet en aucune sorte chez Clairaut de trace de la démarche baconienne.

Etudes de Clairaut à partir des observations de Bradley

La forme adoptée par Clairaut est singulière. Le mémoire qu'il présente à l'Académie « De l'aberration apparente des Etoiles, causée par le mouvement progressif de la lumière »[24] (11 décembre 1737) est de fait de facture différente de celui de Bradley. Clairaut rend compte des résultats de ce dernier, et continue ainsi :

> [Bradley] donne aussi des règles extrêmement belles et simples pour trouver des variations apparentes des déclinaisons des Etoiles pour tous les temps de l'année, mais sans aucune démonstration. Comme cette matière est des plus importantes en Astronomie, (...) j'ai cru que l'Académie approuverait le but que je me propose, d'éclaircir cette théorie dans le mémoire que je donne actuellement. Je démontre les Méthodes dont M. Bradley n'a donné que les résultats.[25]

En effet, concernant l'aberration des étoiles fixes, Bradley avait déduit, à partir de sa découverte, plusieurs résultats quant aux variations dans les emplacements des astres dans le ciel, dues au phénomène ; il n'avait cependant pas établi de règle permettant de connaître précisément les variations de positions qui devaient en résulter. L'objet du travail de Clairaut sera donc de donner les démonstrations qui offrent une assise théorique à la découverte de Bradley et en généralisent les résultats.

Le mémoire de Clairaut se présente sous la forme d'un ensemble de quatre problèmes à résoudre, soit en vue d'une solution analytique, soit en vue d'une solution synthétique. Celui-ci expose dans un premier temps des raisonnements mathématiques qui lui permettent de donner les différences de lieu, d'ascension droite, et de déclinaison apparentes aux vrais ; puis, dans un second temps, il propose des constructions géométriques prenant en compte les calculs précédents. Mais selon Clairaut, il y a un autre enjeu, peut-être plus essentiel. Dans les premières pages du mémoire, lorsqu'il présente les problèmes qu'il se propose de résoudre, il précise en effet que « les règles pour trouver les variations apparentes ...[sont]... un des meilleurs moyens pour confirmer la Théorie de

---

[24] Clairaut, op.cit. n. 2.
[25] Ibid, 206.

l'Aberration de la Lumière »[26]. Est-ce à dire que Clairaut avait estimé que la méthode utilisée par Bradley n'avait pas été menée jusqu'à son terme, et qu'il n'avait pu avoir ce que Bacon avait appelé la confirmation par de nouveaux particuliers[27]. On peut le penser.

Influence de la démarche analytique dans les travaux de Clairaut

Ce qui distingue également les travaux de Clairaut de ceux de Bradley, c'est l'utilisation qu'il fait de la méthode analytique, dont on sait la difficile introduction en France, due à l'opposition de nombreux académiciens tels La Hire, l'abbé Bignon, président de l'Académie, Gallois, ou Rolle au tournant du XVIIIe siècle. On sait que cette opposition n'était cependant pas totale, puisqu'une minorité de savants, tels L'Hospital et Varignon, s'étaient déjà initiés aux méthodes proposées par Leibniz[28]. Varignon écrira ainsi à Jean Bernoulli le 6 août 1697 :

> M. le Marquis de l'Hospital est encore à la campagne de sorte que je me trouve seul ici chargé de la défense des infiniment petits, dont je suis le vrai martyr tant j'ai déjà soutenu d'assauts pour eux contre certains mathématiciens du vieux style, qui chagrins de voir que par ce calcul les jeunes gens les attrapent et même les passent, font tout ce qu'ils peuvent pour les décrier, sans qu'on puisse obtenir d'eux d'écrire contre ; il est pourtant vrai que depuis la solution que M. le Marquis de l'Hospital a donné de votre problème de *linea celerrimi descensus* ils ne parlent plus tant ni si haut qu'auparavant[29].

Néanmoins, au moment où Clairaut travaille sur cette question de l'aberration des étoiles, on constate une évolution sensible du milieu scientifique après la parution d'ouvrages ayant contribué à la diffusion en

---

[26] Ibid, 206.
[27] Francis Bacon, op. cit. n. 4, aphorisme 106 , livre I, 163.
[28] Michel Blay, *La naissance de la mécanique analytique : la science du mouvement au tournant des XVIIe et XVIIIe siècles* (Paris, PUF, 1992) ; Jeanne Peiffer, « Du bon usage des correspondances : le problème de la brachystochrone à l'Académie », in Eric Brian, Christiane Demeulenaere-Douyère (éds.), *Histoire et mémoire de l'académie des sciences ; guide de recherches*, (Paris, Tec-Doc, 1996), 374-375.
[29] Pierre Varignon, in Michel Blay, *La naissance de la science classique au XVIIe siècle*, (éditions Nathan Université, Paris 1999).

France des idées que Leibniz avait exposées dans les *Acta Eruditorum*[30] en 1684. Ainsi, *l'Analyse démontrée*[31], que le Père Reyneau publie en 1708 paraît avoir joué un rôle important. Bouguer a publié en 1729 un mémoire[32] qui remporte un prix proposé par l'Académie des sciences, dans lequel il livre des raisonnements s'appuyant sur l'utilisation du calcul différentiel et intégral[33]. C'est dans cette perspective nouvelle, que Clairaut en 1737[34], puis en 1746[35], dans deux mémoires lus à l'académie, critique précisément les travaux de Bradley dont on a précédemment parlé en se démarquant de la démarche utilisée par ce dernier, et en soulignant l'importance de l'utilisation de l'Analyse :

> J'ai trouvé deux solutions, l'une par l'Analyse, l'autre par la Synthèse ; je les ai séparées, afin que ceux qui n'en voudront lire qu'une, puissent passer l'autre.[36]

Clairaut se réfère également à un mémoire sur le même sujet de Manfredi, et avance un argument de simplicité pour revendiquer ses propres résultats et l'utilisation de l'Analyse : « je crois que [mes règles] paroîtront beaucoup plus simples & plus exactes pour la Pratique. »[37]

Dans le mémoire de 1737, Clairaut utilise à deux reprises le calcul analytique pour établir des *extrema*, et démontrer les règles que Bradley avait énoncées. Il cherche à déterminer les positions respectives de la

---

[30] Gottfried Wilhelm Leibniz, « Nova methodus pro maximis et minimis, itemque tangentibus, quae nec fractas nec irrationales quantitates moratur et singulare pro illis calculi genus ». *Acta Eruditorum*. (Octobre 1684), traduction Marc Parmentier, in *G.W. Leibniz. Naissance du calcul différentiel*. Vrin, coll. Mathesis, (Paris, 1989).

[31] Charles-René Reyneau, *L'Analyse démontrée* (Paris, J. Quilliau, 1708), 2 t. Cette lente diffusion s'observe d'ailleurs également dans le milieu scientifique anglais ; ainsi, la méthode analytique, développée de manière apparemment indépendante des travaux de Leibniz par Newton, ne semble rencontrer que peu d'échos chez les astronomes. Taylor, avec l'*Incrementorum directa & inversa*, publié en 1715, semble faire exception.

[32] Pierre Bouguer, *De la méthode d'observer exactement sur mer la hauteur des astres*, pièce qui a remporté le prix proposé par l'Académie des sciences pour l'année 1729 (Paris, Claude Joubert, 1729). Voir à ce sujet, Arnaud Mayrargue, sur Bouguer, *De la méthode d'observer exactement sur mer la hauteur des astres*, in *Revue d'Histoire des Sciences*, à paraître, 2010.

[33] On peut d'ailleurs raisonnablement penser que Bouguer, qui connaissait Reyneau, s'était initié à la méthode analytique grâce à la lecture de l'ouvrage de ce dernier.

[34] Alexis Clairaut, op. cit. n. 2.

[35] Clairaut, « De l'aberration de la lumière des planètes, des comètes & des satellites », *MARS*, 1746, 539-568 .

[36] Alexis Clairaut, op. cit. n. 2, 210.

[37] Ibid, 207.

Terre T dans son mouvement de révolution autour du Soleil pour lesquelles successivement la déclinaison vraie d'un astre sera la plus éloignée de la déclinaison apparente, ou au contraire égale ; on obtient ainsi deux positons, respectivement les points Q et M. Il détermine ensuite les positions pour lesquelles successivement l'ascension droite vraie sera la plus éloignée de l'ascension droite apparente, ou au contraire égale ; on obtient ainsi encore deux positions, respectivement les points Z et X.

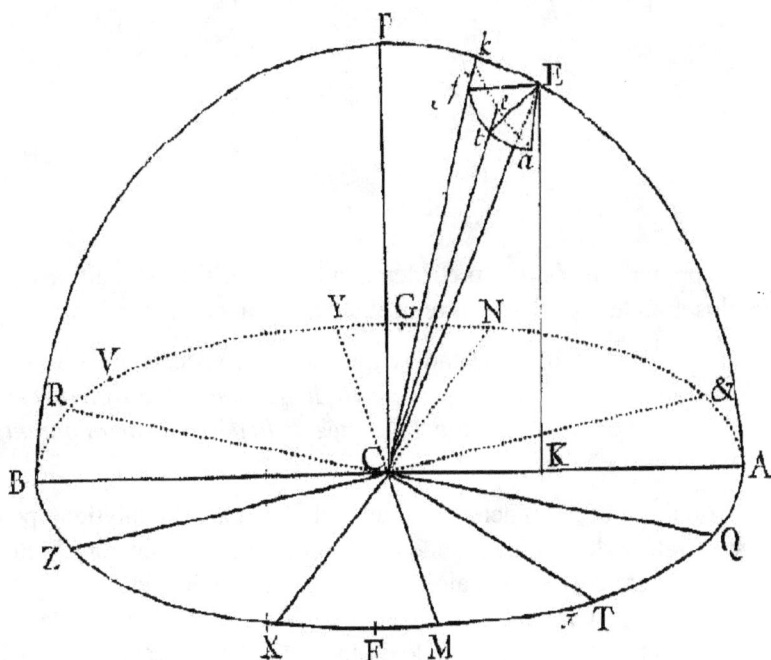

Pour trouver la valeur de la plus grande différence entre la déclinaison apparente de l'étoile et la vraie, il est nécessaire de différencier l'expression qu'il a obtenue précédemment de la « différence en déclinaison apparente de l'étoile à la vraye »[38]. De l'annulation de l'expression[39], il en déduit la position correspondante, et cela constitue :

la démonstration de la règle de M. Bradley, qui porte que le *sinus de la latitude de l'étoile est au sinus total, comme la tangente de l'angle PEp est à la tangente de l'arc BM qui est la*

---

[38] Clairaut, op. cit. n. 2, parag. XII.
[39] Ibid, parag. XIV.

différence de la longitude de l'Etoile à celle du Soleil, lorsque la déclinaison apparente de l'Etoile est égale à la vraie.[40]

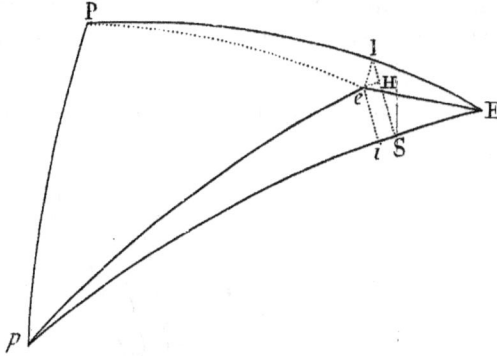

Reprenant le résultat précédemment obtenu, il en déduit la valeur de la plus grande différence entre la déclinaison apparente et la vraie, soit

la règle de M. Bradley, qui consiste en ce que le *sinus de l'arc BM est au sinus de l'angle Pep, comme le rayon du cercle fta est à la plus grande différence de la déclinaison apparente à la vraye.*[41]

Comme précédemment, Clairaut utilise le calcul analytique pour établir la valeur de la plus grande différence entre l'ascension droite apparente et la vraie. Il obtient alors le point Z correspondant[42].

On le voit, Clairaut a, pour établir les résultats que Bradley avaient simplement énoncés, trouvé le fondement de ses raisonnements dans l'utilisation du calcul infinitésimal. C'est une différence importante avec la démarche de Bradley, qui peut trouver son origine dans les réticences quant à l'utilisation de la méthode analytique, notamment chez les astronomes anglais travaillant à la localisation précise des astres, et ce même dans les années 1730.

---

[40] Ibid, 213, Parag. XV. P représente ici le pôle de l'écliptique, p le pôle du Monde, E vrai lieu de l'étoile. », 211.

[41] Ibid, 213, Parag. XVI. Du fait de l'aberration, le lieu apparent de l'étoile E, lorsque le Terre sera en T, sera le point e. Ce sera donc la position à donner à la lunette d'observation pour observer l'étoile E, et le lieu apparent de l'étoile observée sera le cercle fta.

[42] Ibid, 218, Parag. XXVIII. Clairaut, dans le domaine de l'optique, utilisera fréquemment le calcul infinitésimal. Ainsi, dans le mémoire de 1739 dans lequel il étudie le phénomène de réfraction de la lumière au passage entre deux milieux. Voir p. 267 en particulier.

On sait l'intérêt que Clairaut portera à l'optique, lorsqu'il s'intéressera plus tard par exemple à la possibilité d'achromatiser les systèmes optiques pour réduire les défauts (aberrations chromatiques et sphériques) de ces derniers. C'est lui qui fera ainsi connaître les travaux sur ce sujet de savants tels ceux de Klingenstierna[43], ou qui évoquera les constructions d'objectifs achromatiques par John Dollond. Or, on constate que c'est en tant que spécialiste d'astronomie uniquement que Clairaut reprend, pour les expliciter, les compléter, et les enrichir, les recherches de Bradley ; il ne discutera pas, et c'est étonnant, les conséquences de la découverte du phénomène d'aberration des étoiles fixes du point de vue de l'optique, alors même qu'elles conduisent à s'interroger sur le bien-fondé même de la théorie newtonienne de l'optique. Peut-être est-ce précisément parce qu'il entreprend ces recherches au moment où, nous l'avons vu précédemment, l'environnement intellectuel en France est acquis aux idées de Newton.

Ce n'est qu'à la fin du mémoire qu'il fera allusion, sans pour autant le discuter, à un résultat de Bradley – qu'il qualifie, à tort nous semble-t-il, de supposition – important parce que contraire aux hypothèses de Newton, à savoir que la lumière issue de toutes les étoiles est la même[44]. Il évoquera à nouveau cette question deux ans plus tard en 1739 en ces termes :

> Les observations de Bradley prouvent que la vitesse de la lumière des Etoiles qu'il a observées, est la même ; on en doit donc conclure que la lumière de toutes les autres Etoiles est également prompte, sans quoi il faudrait imaginer que par le plus grand des hazard, M. Bradley n'a rencontré dans son secteur que celles qui avaient précisément la même vitesse de la lumière.[45]

Ce n'est qu'à partir de la seconde partie du XVIIIe siècle que ce résultat sera discuté en France, et qu'il contribuera ensuite avec Thomas Young en Angleterre et Augustin Fresnel en France à la remise en cause

---

[43] Klingenstierna, « Sur l'aberration des rayons de lumière lorsqu'ils sont réfractés par des surfaces et des lentilles sphériques », *Journal des Sçavans*, octobre 1762, 664-678, et novembre 1762, 738-753.

[44] Ibid, 223.

[45] Clairaut, « Sur la manière la plus simple d'examiner si les Etoiles fixes ont une parallaxe, et de la déterminer exactement », *MARS*, 1739, 358-369, 359.

de la théorie optique de Newton et à l'adoption de la théorie ondulatoire[46].

L'importance de ces recherches de Clairaut est soulignée par
D'Alembert :

> M. Bradley a joint à la théorie des formules pour calculer
> l'aberration des fixes en déclinaison et en ascension droite : ces
> formules ont été démontrées (...), et réduites à un usage fort
> simple par M. Clairaut dans le mémoire de l'Académie de
> 1737.[47]

Conclusion

Nous avons donné une lecture des travaux de Bradley à la lumière des
idées développées par Francis Bacon. Il faudrait savoir si cela correspond
à la démarche réelle de Bradley, ou si ce n'était que la démarche obligée
à des fins de publication dans les *Philosophical Transactions* (comme
pour Newton). Cela nécessite d'entreprendre des recherches plus appro-
fondies, notamment d'avoir accès aux manuscrits de Bradley.

Néanmoins, une première approche de ces documents, conservés à la
Bodleian Library est riche d'enseignements. On y constate notamment
l'importance, aux yeux de Bradley, du raisonnement par induction auquel
il se réfère fréquemment à partir d'une réflexion sur la causalité, et qu'il
décrit précisément[48]. La place de l'expérience est donc première, puisqu'elle doit contribuer à établir des preuves quant aux propriétés inhé-
rentes à la matière ou aux corps[49] . Les étapes de la démarche sont détail-
lées dès le début du manuscrit, qui concerne les « Propriétés de la matière » ; celles-ci sont au nombre de quatre : la preuve par les expériences, la possibilité d'expliquer les phénomènes de la nature, la cons-
tance dans les effets produits, et enfin l'élaboration d'un nombre minimal
de causes responsables des effets produits.

Clairaut a donc repris les travaux de Bradley et a réussi à donner à la
fois les démonstrations des résultats de Bradley, notamment grâce à l'utilisation du calcul différentiel et intégral. Il a proposé des constructions

---

[46] Voir Arnaud Mayrargue, op.cit. n. 1.

[47] Jean le Rond D'Alembert, *Traité de dynamique*, (Paris, 1758, réed. Jacques Gabay, 1990), 25.

[48] Ms. Bradley 1, écrit dans les années 1740, 46 pages, format petit carnet, Bodleian Li-brary, Oxford.

[49] Bradley, op.cit. n. 17. Quatre pages sont consacrées aux « Properties of Matter ».

géométriques permettant de prendre en compte les variations induites par le phénomène, et a par là même prouvé le bien-fondé de l'explication de Bradley. Il a utilisé pour cela un style très différent de celui de Bradley, et s'est limité, pour les raisons probables que l'on a données, à l'astronomie sans discuter les conséquences de la découverte de Bradley dans le domaine de l'optique pour la théorie newtonienne de la lumière.

Chapitre 9

Esprit Pezenas (1692-1776), jésuite, astronome et traducteur : un acteur méconnu de la diffusion de la science anglaise en France au XVIIIᵉ siècle

Guy Boistel

L'astronome jésuite marseillais Esprit Pezenas (1692-1776) est l'auteur d'une douzaine de traductions d'ouvrages de sciences mathématiques et de philosophie naturelle de langue anglaise, dont une dizaine a été imprimée à Paris et à Avignon[1]. Examiner la manière dont Pezenas travaille autour de ces traductions renvoie d'une part à quelques pages de l'histoire du livre – les relations d'un auteur, jésuite en particulier, avec ses libraires-imprimeurs ; les relations entre la librairie parisienne et la librairie avignonnaise – et d'autre part, sur les activités de ce groupe de jésuites marseillais, présent à l'observatoire entre les années 1749 et 1763, année de la dispersion des jésuites en Provence, groupe dont j'ai signalé par ailleurs l'activité originale et singulière[2].

---

[1] G. Boistel, 2003, « Inventaire chronologique des œuvres imprimées et manuscrites du père Esprit Pezenas (1692-1776), jésuite, astronome et hydrographe marseillais », *Revue d'histoire des sciences*, 56/1, 221-245.
[2] G. Boistel, 2005, « L'observatoire des jésuites de Marseille sous la direction du père Esprit Pezenas (1728-1763) », in G. Boistel (dir.), *Observatoires et patrimoine astro-*

Echanges entre savants français et britanniques depuis le XVIIᵉ siècle.
Robert Fox et Bernard Joly (éd.).
Copyright © 2010.

Quelques repères dans la vie et l'œuvre du P. Pezenas et de l'observatoire des jésuites de Marseille

Il est utile de retracer en quelques dates, la vie du père Pezenas et l'histoire de l'observatoire de Marseille. Nommé professeur d'hydrographie auprès des officiers des Galères du Roi en 1726, Pezenas arrive à Marseille en 1728. La partie la plus productive de sa carrière scientifique commence en 1749 avec un voyage décisif à Paris qui fut vraisemblablement motivé par la menace de mutation de Pezenas au port de Toulon suite à la suppression, en 1748, des Galères royales qui stationnaient à Marseille. Pezenas, souhaitant demeurer à Marseille et soucieux de défendre lui-même sa cause auprès du ministre Maurepas, n'arrive pas à Paris les mains vides. Il a dans ses bagages un ensemble de traductions manuscrites d'ouvrages mathématiques. Lors de son séjour, il rencontre les savants de l'Académie des sciences et les autorités de la Marine dont il dépend. Son charisme semble agir fortement et ces milieux scientifiques et politiques lui ouvrent les portes du libraire Charles-Antoine Jombert (1712-1784), dont la réputation est alors croissante. Charles-Antoine Jombert tient salon et les artistes, graveurs, illustrateurs, auteurs et philosophes, se pressent chez lui[3]. Ce séjour conduit à la reconnaissance institutionnelle de Pezenas : il est nommé correspondant de l'astronome Joseph-Nicolas Delisle (1688-1768) pour l'Académie des sciences. Sans doute rencontre-t-il aussi à cette époque Charles-Marie La Condamine (1701-1774) qui deviendra plus tard son plus fidèle soutien à l'Académie[4]. Pezenas obtient du ministre de la Marine Antoine-Louis Rouillé (1689-1761) de pouvoir demeurer à Marseille, le maintien de sa pension de maître d'hydrographie ainsi que des crédits pour la rénovation de l'observatoire. Puis, en 1752, Pezenas est nommé membre de la toute

---

nomique français, Cahiers d'histoire et de philosophie des sciences, n°54 (2005), Lyon, SFHST/ENS Editions, pp. 27-45.

[3] Sur le clan Jombert et le salon de Charles-Antoine : Françoise Escoffier-Robida, 1968, « Jombert, libraire du roi », *Miroir de l'histoire*, vol. 217, pp. 99-107 ; Catherine Bousquet-Bressolier, 1997, « Charles-Antoine Jombert (1712-1784) : un libraire entre sciences et arts », *Bulletin du bibliophile*, vol. 2, pp. 299-333 ; Greta Kaucher, 2006, « Précis biographique de la famille Jombert (1680-1824) : libraires spécialisés à Paris », in T. König, C.O. Mayer *et al.* (dir.), *Rand-Betrachtungen. Beiträge zum 21. Forum Junge Romanistik (Dresden, 18-21.5.2005)*, Bonn, Romanistischer Verlag, pp. 351-365.

[4] Voir les quatre lettres de Pezenas à La Condamine, écrites entre 1763 et 1773, conservées au Musée du C.N.A.M., cote NS5[PEZENAS]/1.

nouvelle Académie de Marine créée à Brest par Rouillé et l'Inspecteur général de la Marine, Henri-Louis Duhamel du Monceau (1700-1782). Des fonds récoltés durant les années 1740 – dans des conditions qu'il reste à éclaircir – lui permettent d'envisager l'achat de télescopes à miroir de bronze de James Short[5] et d'enrichir sa bibliothèque « personnelle ».

Après la dispersion des jésuites, qui a lieu en Provence en 1763, Pezenas continue à travailler et ce, jusqu'à son décès en 1776, bénéficiant de soutiens forts, à la Cour et à l'Académie. Pendant ses treize dernières années, Pezenas s'intéresse principalement aux longitudes en mer, aux questions d'optique, au mouvement des comètes et à la rotation du Soleil.

Remarquons enfin sa longévité et sa longue carrière ; il meurt en 1776 à quatre-vingt trois ans passés. C'est au cours de ses trente dernières années que Pezenas a donné la totale dimension de ses moyens.

Les premières traductions publiées, 1749-1756 : mathématiques, philosophie naturelle et lexicographie

Au cours des années 1730-1740, Pezenas lit systématiquement des ouvrages de langue anglaise que son réseau de savants jésuites lui permet d'obtenir. Dans les années 1730, le P. Christophe Maire (1697-1767), de Saint-Omer, lui procure par exemple, les *Philosophical transactions*, et lui fourni quelques traductions[6]. Ces années sont aussi des années d'apprentissage et de réflexion sur la science en marche : calcul différentiel, astronomie et optique instrumentale.

Les années 1740-1746 semblent être une période de réactivation et de réorientation scientifique pour Pezenas, qui sort meurtri de son association avortée avec l'ingénieur Floquet pour le nivellement du Canal de Provence[7]. Dénoncé par les adversaires des jésuites au Parlement d'Aix, accusé de stellionat[8] et d'abus de confiance envers un marchand de Saint-

---

[5] G. Boistel, 2005.

[6] Lettres échangées entre Pezenas et le P. Christophe Maire entre 1733 et 1736, Observatoire de Paris, A4.2, pièces 36,21 M et 36,21 O en particulier.

[7] Le P. E. Soullier, 1899, *Les jésuites à Marseille aux XVIIe et XVIIIe siècles d'après les documents recueillis par le P. R. Terret*, Avignon, Seguin & Marseille, Verdot, pp. 170-174.

[8] Stellionat : ce mot est d'un usage obsolète dans le droit privé et est d'origine anglaise (masc., *stellionate*). C'est le nom donné à un « crime qui se commet par la tromperie dont

Rémy de Provence, Pezenas est blanchi de ces accusations lors d'un jugement rendu en 1746. Mais ces affaires bien singulières pour un prédicateur jésuite réputé, ne sont pas si dramatiques. Dans des circonstances encore difficiles à bien cerner, Pezenas sort de cette association avec une somme importante que l'on peut estimer à environ huit mille livres au moins, somme engagée par la suite dans une sorte de boulimie bibliophile permanente chez Pezenas. Cette fringale de livres le conduit à la constitution progressive d'une bibliothèque de travail, essentiellement scientifique, qui alimentera une sorte d'imaginaire fantasmatique à Marseille. En effet, lorsque les créanciers et les forces de police traquent les jésuites et procèdent à l'inventaire de leurs biens en 1763, la bibliothèque du P. Pezenas à l'observatoire des Accoules est l'une des principales cibles du Lieutenant de Police chargé de prendre possession de l'observatoire en mars 1763. La légende rapportée par le Baron de Zach[9] veut que Pezenas ait déménagé cette fabuleuse bibliothèque par des souterrains vers un bâtiment voisin de l'observatoire. Il nous reste un aperçu du contenu de cette bibliothèque dans l'inventaire qui en a été fait après le décès du P. Pezenas en 1776[10].

Pezenas ne débute pas dans l'édition avec des traductions. Avant son voyage parisien, il est connu pour la publication de quatre ouvrages[11], deux manuels de pilotage et de navigation (1733 et 1741), puis deux ouvrages sur le jaugeage des tonneaux (1742 et 1749), dans lesquels il éclaircit quelques problèmes de calcul différentiel posés par la cubature des segments des tonneaux.

---

usent les parties en contractant, quand elles vendent ou hypothèquent des immeubles d'une autre manière qu'ils ne sont en effet », *Nouveau dictionnaire universel [...] de Thomas Dyche* (Avignon, 1753, trad. Pezenas et Féraud), T.II, p. 435.
[9] Baron Franz-Xaver de Zach, 1814, *L'attraction des montagnes [...] suivie de la description géométrique de la Ville de Marseille et de son territoire [...]*, Avignon, Seguin l'aîné, t. II. Sur le séjour de Zach à Marseille, Peter Brosche, 2004, « Zach in Marseille : an astronomer's temporary paradise », *Francia. Forschungen zur westeuropäischen geschichte*, 31/2, pp. 147-157.
[10] Une étude précise et comparative de cette bibliothèque est en cours par nos soins. *Catalogue de la bibliothèque de feu M. l'abbé de Pézénas*, s.d., Avignon, Jean Aubert, in-8°, 25 pp. [BN delta 3205 D4]. Voir sa notice à l'Ecole des Chartes sur le lien : http://elec.enc.sorbonne.fr/cataloguevente/notice346.php
[11] Voir G. Boistel, 2003.

Les recherches que Pezenas mène sur le jaugeage des tonneaux, et donc sur le calcul différentiel[12] dans les années 1740 semblent avoir été stimulées par ses lectures de Colin Maclaurin et ses traductions d'ouvrages mathématiques anglais. Il est très difficile de savoir exactement à quel moment et dans quelles conditions ces traductions ont été entreprises. On peut aisément supposer que l'ensemble des traductions est prêt au début de l'année 1748, si l'on en croît ce que Pezenas écrit dans la préface du *Traité des fluxions* de Maclaurin. Par ailleurs, l'approbation de cette traduction est signée par le censeur royal pour les mathématiques, Montcarville, le 18 juillet 1748, soit sept mois avant le voyage de Pezenas à Paris. C'est aussi à cette époque que le père Louis Lagrange (1711-1783) rejoint la maison de Sainte-Croix, sans doute en compagnie des PP. Jean-Baptiste Blanchard (1720-c.1788) et Rodolphe Corréard (1725-c.1775)[13].

Les traités de mathématiques de Colin Maclaurin, John Ward et Nicholas Saunderson

Depuis la fin des années 1730, Pezenas se procure les ouvrages de langue anglaise qui lui sont nécessaires à ses recherches et traduit les plus importants à ses yeux. Des contacts sont pris avec les imprimeurs libraires parisiens très tôt, sans doute dès 1747 ou 1748, puisque dans sa préface à *La théorie et la pratique du jaugeage des tonneaux des navires et de leurs segments*, publié à Avignon en 1749, Pezenas laisse entendre que son ouvrage doit être réédité et imprimé à Paris chez les libraires Jombert et Rollin.

Pezenas propose à Jombert six traductions. Trois de ces traductions, annoncées en 1749 dans la préface du *Traité des fluxions*, resteront inédites (voir l'annexe 1) ; les manuscrits semblent perdus. Ainsi, les archives de l'Hérault ne conservent plus que l'avis d'Etienne de Ratte (1722-1805) – secrétaire perpétuel de la Société royale des sciences de Montpellier – sur la traduction faite en 1760 par Pezenas des *Eléments d'algèbre* de Nicholas Saunderson (1682-1739). Cet ouvrage avait été

---

[12] *Nouvelle méthode pour le jaugeage des segments des tonneaux [...]* (Marseille : Sibié, 1742) et *La théorie et la pratique du jaugeage des tonneaux des navires [...]* (Avignon : s.l., 1749). Voir G. Boistel, 2003, p. 227.

[13] P. P. Delattre, 1939-1956, *Les établissements des jésuites en France depuis quatre siècles*, Enghien, Wetteren : voir Avignon, Marseille, Toulon.

auparavant traduit par Elie de Joncourt et publié à Paris en 1756 chez Jombert[14]. Mais Pezenas, jugeant la traduction assez mauvaise, se proposait de la reprendre et d'y ajouter une nouvelle partie, comme l'indique Etienne de Ratte[15].

Jombert publie deux traductions de Maclaurin par Pezenas : le *Traité des fluxions* en 1749, et ses *Elémens d'algèbre* en 1750[16]. En 1756 Jombert publie le *Guide des jeunes mathématiciens* de John Ward qui a fait l'objet de onze éditions en Angleterre[17]. Mais ce dernier ouvrage ne semble pas avoir eu d'écho particulier en France ; ni le *Journal des savants*, ni le *Journal de Trévoux* n'en parlent.

Pezenas prétend avoir traduit Maclaurin par « amusement et pour son usage personnel »[18]. Mais elle est davantage qu'un amusement ou une curiosité. Cette traduction du *Traité des Fluxions* de Maclaurin par Pezenas est jugée de grande qualité par ses contemporains. Elle contribue à établir la réputation de Pezenas comme géomètre, traducteur compétent et talentueux, comme le soulignent le *Journal de Trévoux*[19] ou le *Journal des savants* en 1750 :

> On doit être fort obligé au Traducteur, très en état de faire par lui-même des découvertes, d'occuper les heures de son loisir à traduire des ouvrages qui feront augmenter le nombre des bons mathématiciens. L'utilité que le public retirera d'une pareille traduction & de quelques autres qu'il a faites, doit lui attirer beaucoup de remerciements de la part de ceux qui désirent se rendre profonds dans une science si utile [...][20].

---

[14] Sur les *Eléments d'algèbre* de N. Saunderson, voir Carl B. Boyer, 1971, « The new maths of the 1740's in England and France », *Actes du XIIᵉ C.I.H.S.*, t. IV, pp. 17-23.

[15] Archives départementales de l'Hérault, D.124, fol. 121-122.

[16] Il semble y avoir un doute sur cette traduction annoncée par plusieurs dictionnaires bibliographiques du siècle des Lumières (voir Boistel, 2003) ; je n'ai pu localiser cet ouvrage.

[17] Voir G. Boistel, 2003.

[18] *Traité des fluxions de M. Maclaurin*, 1749, Préface, p. vij.

[19] *Journal de Trévoux. Mémoires pour l'histoire des sciences & des beaux Arts*, avril 1750, pp. 844-857, cit. pp. 846-847.

[20] *Journal des savants*, 1750, p. 393.

L'importance de la diffusion en Europe du *Traité des fluxions* de Colin Maclaurin a été étudiée par de nombreux auteurs[21] et il n'est pas utile ici de revenir sur cette question.

Les philosophies naturelles de Desaguliers et de Baker

Parallèlement aux textes mathématiques, Jombert publie aussi deux ouvrages de philosophie naturelle traduits par Pezenas. En 1751, paraît le *Cours de physique expérimentale* de John Theophilus Desaguliers (1683-1744) ; l'approbation est signée par l'astronome Pierre-Charles Le Monnier, le 25 février 1750. En 1754, Jombert publie, en un petit volume in-8°, *Le microscope mis à la portée de tout le monde* du naturaliste Henry Baker (1698-1774) dont l'approbation avait été signé par le censeur royal Montcarville, le 5 août 1748.

Dans chaque cas, la réalisation est très soignée. Les traductions semblent être fidèles au texte original, respectant, par exemple, les notes et les commentaires dont Desaguliers a parsemé son *Cours de physique expérimentale*. D'ailleurs, excepté le *Dictionnaire* de Thomas Dyche, ainsi que les deux ouvrages publiés en 1767 et discutés plus loin, les textes sont conformes aux originaux et l'on ne trouve pas trace de commentaires personnels du P. Pezenas.

Le *Journal des savants* ainsi que le *Journal de Trévoux* avaient jugé l'ouvrage (original) de Desaguliers intéressant mais mal composé, touffu, confus et parfois obscur. Les deux journaux souhaitaient le voir remanié. La traduction de Pezenas est donc très bien reçue et les commentaires en partie élogieux à l'égard de son impression et de sa réalisation. S'ils notent tous deux l'effacement du traducteur devant l'original, ils reconnaissent les efforts déployés par Pezenas et son imprimeur Jombert qui

---

[21] Judith Grabiner, 1997, « Was Newton's calculus a dead end ? The continental influence of MacLaurin's treatise of fluxions », *American Mathematical Monthly*, may 1997, online version (http://www.maa.org/pubs/monthly.html). Voir aussi la thèse d'Olivier Bruneau, 2005, « Pour une biographie intellectuelle de Colin MacLaurin (1698-1746), ou l'obstination mathématicienne d'un newtonien », thèse de doctorat, Centre François Viète, Université de Nantes. Voir aussi les contributions d'Olivier Bruneau et de Pierre Lamandé dans ce volume.

ont apporté une certaine lumière dans cet ouvrage, composé de deux gros volumes in-quarto et de belles planches luxueuses en taille-douce[22].

La première partie du *Microscope mis à la portée de tout le monde* est consacrée à la théorie et à la pratique du microscope ; elle est suivie d'observations naturelles. Mais le microscope solaire semble être le seul objet qui intéresse vraiment le P. Pezenas dans cet ouvrage de Baker. Il développera les considérations théoriques sur cet instrument dans les additions au *Cours complet d'optique* de Smith en 1767. La traduction est jugée « claire & simple, telle qu'on pouvoit la souhaiter pour une matière comme celle-ci », par le *Journal de Trévoux*[23].

Le résultat d'un groupe de jésuites traducteurs ?

Les ouvrages de mathématiques et de philosophie naturelle constituent l'essentiel des traductions entreprises et publiées, pour certaines, avant 1756. Des recoupements dans les archives conduisent à envisager que ces traductions résultent, dans un premier temps, d'un travail d'équipe dont les principaux acteurs sont très certainement Jean-François Féraud (1725-1807) et Antoine Rivoire (1709-c.1789), deux jésuites eux-mêmes auteurs et traducteurs. A cette époque, le prestige de l'anglais s'accroît et Féraud partage ce goût avec Pezenas. En outre, Féraud est aussi très ouvert sur les langues étrangères, italien et espagnol en particulier[24]. Antoine Rivoire traduit à la même époque deux ouvrages de physique et de mathématiques sur les aimants artificiels et sur la perspective linéaire, qui sont publiés respectivement en 1752 et 1757[25]. En outre, Rivoire, Féraud et Pezenas sont les principaux animateurs des retraites et missions menées par les jésuites ; Féraud et Pezenas sont les seuls jésuites capables de prêcher en provençal auprès des pauvres et des mendiants de l'Hospice de la Charité à Marseille, ainsi qu'auprès des marins du quartier Saint-Laurent[26]. Un autre dénominateur commun entre Rivoire et Pezenas est le montpelliérain Jean-François Séguier (1703-1784). Grand voyageur naturaliste, Séguier entretient un vaste réseau de correspondants en Europe, et en particulier avec chacun de nos jésuites marseillais[27]. Rivoire est de la province de Lyon et Féraud se trouve le

---

[22] *Journal des savants,* février 1752, pp. 88-96 ; juillet 1752, pp. 466-470 ; septembre 1752, pp ; 606-612. *Mémoires de Trévoux,* mai 1752, pp. 965-994 ; juillet 1752, vol. I, pp. 1408-1426.
[23] *Journal de Trévoux,* mars 1755, pp. 695-707.

plus souvent à Aix ou en Avignon, deux villes qui occupent une place importante dans la vie de Pezenas. Mais les trois hommes sont en relation étroite.

La contribution du P. Jean-François Féraud au *Nouveau dictionnaire universel des arts et des sciences, françois, latin et anglois* de Thomas Dyche (Paris, 1753 et 1754) a été étudiée par Jean Stéfanini[28]. Cet auteur ne précise pas qui, des deux jésuites, est à l'origine de ce projet commercial, sans doute entrepris après le succès du *Manuel lexique* de l'abbé Prévost, publié à Paris en 1750. Stéfanini note que plusieurs articles au contenu plus scientifique de ce *Dictionnaire*, conçu comme une véritable encyclopédie, ont été réécrits. Le P. Pezenas en a ajouté de nouveaux. L'ouvrage connaît un grand succès ; le prospectus publicitaire en avait été rédigé par le P. Féraud. La Veuve Girard le réimprime à Avignon[29] en 1756. Puis il est publié à nouveau à Amsterdam en 1758 et à Londres en 1761[30]. Selon Jean Stéfanini, Féraud avait jugé hautement souhaitable l'union de la religion et de la science, telle que la réalisait à ses yeux le P. Pezenas, une science dirigée comme le voulait Descartes vers l'action, vers le service des hommes et ayant pour but de « perfectionner les Arts, la Navigation, le Commerce, la Politique, la Connaissance des Tems » et non de détruire la morale et la foi[31].

---

[24] Jean Stéfanini, 1969, *Un provençaliste marseillais, l'abbé Féraud (1725-1807)* (Aix-en-Provence : Editions Ophrys, 1969), pp. 21-28.

[25] *Traité sur les aimans artificiels [...]* (Paris : H.-L. Guérin, 1752), traduit de l'anglais de James Michell, *A treatise of artificial magnets* (Cambridge, 1751) et *Nouveaux principes de la perspective linéaire* (Lyon : J.M. Bruyset, 1757), traduit de l'anglais de Brook Taylor. De la province jésuite de Lyon, Antoine Rivoire semble faire souvent le déplacement de Marseille pour rendre visite au P. Pezenas. Voir P. Carlos Sommervogel, 1960, *Bibliothèque de la Compagnie de Jésus* (Paris : A. Picard, 1890, rééd. 1960), tome VI, pp. 1884-1885.

[26] Archives jésuites à Vanves, collection du P. Prat (XIXe siècle), Pra 11-123, fol. 899 et suivants. Voir aussi le P. E. Soullier, 1899, pp. 167-178.

[27] J. Stéfanini, 1969, pp. 65-66 et G. Boistel, 2003, pour une localisation de la correspondance de J.-F. Séguier avec Pezenas et Rivoire.

[28] J. Stéfanini, 1969, pp. 43-59.

[29] Rappelons que la librairie avignonnaise échappait alors à la juridiction royale concernant l'impression des ouvrages et notamment, les ouvrages n'avaient pas besoin de recevoir l'approbation d'un censeur royal.

[30] Stéfanini, 1969, pp. 48-49 ; Boistel, 2003, pp. 229-230.

[31] Stéfanini, 1969, p. 98.

Il est assez difficile de savoir quelle est la part respective de chacun de ces auteurs-traducteurs dans les six ouvrages traduits et publiés avant 1756. Peut-être ce travail d'équipe a-t-il permis de souder le groupe (les PP. Esprit Pezenas, Louis Lagrange, Jean-Baptiste Blanchard et Rodolphe Corréard) qui travaille à établir une collection, les *Mémoires de mathématiques et de physique rédigés à l'observatoire de Marseille*, qui ne verra que deux volumes publiés, en 1755 et 1756.

Le cours complet d'optique de Robert Smith (1767)

Robert Smith (1689-1768), professeur à Cambridge, est un personnage important de l'histoire de la philosophie naturelle en Angleterre, mais malheureusement encore peu étudié[32]. Son *Compleat system of opticks in four books [...]* (1738) constitue une sorte de référence absolue au XVIIIe siècle. C'est, par exemple, la principale référence en matière d'optique dans la première édition de l'*Astronomie* de Jérôme Lalande publiée à Paris en 1764.

Ne nous laissons pas tromper par l'année de publication (1767). Il est possible d'établir que la traduction était achevée avant la fin de l'année 1752. Selon le *Journal des savants* du moi de mai 1766 qui annonce la parution imminente de cet ouvrage, la traduction du P. Pezenas était déjà mentionnée dans le *Traité d'optique* du marquis de Courtivron (1715-1785)[33], publié à Paris en 1752[34]. Elle est donc contemporaine des six traductions publiées par Jombert. L'abbé Nicolas-Louis de Lacaille, – que Pezenas a rencontré en 1740 à Aix-en-Provence lors des opérations géodésiques pour la méridienne des Cassini –, obtient une copie de cette traduction en 1755[35]. Alors qu'il est en cours de composition de ses *Leçons élémentaires d'Optique* (Paris, H.L. Guérin, 1756), Lacaille presse

---

[32] Voir la notice d'Edgar W. Morse, in *Dictionary of Scientific Biography*, vol. 11-12, pp. 477-478 (N.Y., 1981). Une contribution intéressante à l'étude des travaux de Robert Smith se trouve à l'adresse Internet suivante :
http://home.europa.com/~telscope/binotele.htm

[33] Voir la notice de Robert M. McKeon, *D.S.B.*, vol. 3-4, pp. 454-455 (N.Y., 1981).

[34] *Journal des savants*, mai 1766, p. 305 ; l'annonce aurait été faite par Courtivron dans son *Traité d'optique* (Paris : Durand & Pissot), p. 162. Voir le compte-rendu de ce *Traité d'optique où l'on donne la théorie de la Lumière dans le système newtonien [...]*, *Journal des savants*, décembre 1752, vol. I, pp. 771-779. Pezenas a lu très attentivement le traité du marquis de Courtivron.

[35] Lettre de Pezenas au constructeur Langlois, de Marseille, le 28 mai 1755, CARAN, Marine, 2 JJ 68, pièce 114[b].

Pezenas de publier cette traduction. Si l'on en juge par les demandes répétées de Delisle et de Lacaille sur des éclaircissements concernant les
instruments[36], Pezenas et ses collègues jésuites semblent, au début des
années 1750, être plus au fait des innovations optiques anglaises que la
plupart des astronomes et savants parisiens.

En 1767, la situation est difficile pour Pezenas. La dispersion des jésuites a eu lieu en Provence en 1763 ; Pezenas a été expulsé de l'observatoire au cours du mois de mars et remplacé par son ancien élève devenu rival, Guillaume Saint-Jacques de Silvabelle (1722-1801). Certains
des parlementaires d'Aix qui soutenaient les jésuites ont été bannis[37]. Le
P. Pezenas retourne en Avignon, sa ville natale. Mais, contrairement aux
autres jésuites bannis et parfois chassés, Pezenas semble bénéficier d'un
traitement de faveur. Il dispose de soutiens à la Cour, à l'Académie royale des sciences (La Condamine et sans doute Lalande dont il deviendra le
correspondant en 1769)[38]. Il poursuit ses recherches et est même en
mesure de passer contrat en 1765 pour l'édition de ses traductions.

Les conditions dans lesquelles cette traduction est publiée sont intéressantes à examiner. L'édition est tout d'abord envisagée à Marseille
dans l'imprimerie de Jean Mossy (?-1792) avec le soutien de Jean-
Raymond Pierre Mouraille (1721-1808)[39]. Mouraille fait des avances de
fonds pour financer une grande partie des cuivres servant aux planches
en taille-douce. Mais une première impression échoue : les cuivres sont
mal lavés et le papier de mauvaise qualité. Mouraille souhaite conserver
les cuivres chez lui et demande au P. Pezenas de les lui restituer. Après
quelques discussions dans lesquelles Mossy joue l'intermédiaire en

---

[36] Voir la correspondance de J.-N. Delisle avec les PP. Pezenas et Lagrange : observatoire
de Paris, B1.5, B1.6 et B1.7 ; CARAN, Marine, « Papiers de Delisle », 2 JJ 67 à 2 JJ 69.
Voir G. Boistel, 2003, pp. 242-245.
[37] Le P. Marcel Chossat, 1896, *Les jésuites et leurs œuvres à Avignon, 1553-1768*,
Avignon, F. Seguin, chap. XX, pp. 481-498 ; Monique Cubells, 1980, *Structure de
groupe et rapports sociaux au XVIIIe siècle : les parlementaires d'Aix-en-Provence*,
Thèse de Lettres, Université Aix-Marseille (et 1984, *La Provence des Lumières : les
parlementaires d'Aix au XVIIIe siècle*, Paris, Maloine).
[38] Voir les lettres de Pezenas à La Condamine, musée du C.N.A.M., cote NS5
[PEZENAS]/1.
[39] Astronome et membre de l'Académie des sciences, lettres et arts de Marseille, son
président en 1768 et futur maire tyrannique de Marseille. G. Reynaud, 1973, « J.-R.
Mouraille savant et révolutionnaire marseillais », *Marseille*, n°92-94.

faveur de Pezenas, pour lequel il a beaucoup d'admiration[40], ce dernier parvient à récupérer les cuivres des planches de son ouvrage[41]. L'époque est difficile pour Pezenas. Le ministre de la Marine a accepté de lui reverser les sommes dépensées pour l'acquisition de plusieurs télescopes[42] – environ 6700 livres ! –, mais les créanciers et opposants des jésuites, ainsi que ses rivaux, parmi lesquels se trouvent Saint-Jacques de Silvabelle et l'intendant de la Marine à Toulon, contestent les comptes présentés par Pezenas. Finalement, après de nombreux rebondissements[43], l'affaire aboutit en faveur de Pezenas et celui-ci quitte définitivement Marseille entre juin et juillet 1766.

L'édition de l'*Optique* de Smith a finalement lieu en Avignon. Pezenas passe contrat avec la Veuve Girard et Jean Aubert (c.1726-c.1795)[44] pour l'impression de mille cinq cents exemplaires d'un ouvrage en deux volumes in-quarto. Le manuscrit est compté pour six cents livres. Se souvenant de l'échec marseillais, Pezenas prend en charge les cuivres (quatre-vingt-quatre livres pour une nouvelle gravure), paye et surveille l'impression des planches en taille-douce. Il est convenu qu'une centaine d'exemplaires lui sont réservés, charge à la Veuve Girard et à Jean Aubert d'écouler le reste. Il est aussi convenu qu'un grand nombre d'exemplaires seront déposés chez Jean Mossy. Ce dernier fournit la veuve Girard en rames de papier pour l'impression des planches[45].

---

[40] « Je souhaiterais avoir une tête aussi forte que la Vôtre. Vous êtes cloué sur les calculs du matin au soir. Aussi passez-vous pour un des plus grands hommes de notre siècle & votre nom seul fait votre éloge. Il ne passe guère d'anglois ici, qui ne demande quelqu'un de vos ouvrages. La Providence puisse-t-elle vous conserver longtemps », lettre de Mossy à Pezenas, Marseille, 13 mars [c. 1766], observatoire de Marseille, 132J,213.

[41] Archives de l'observatoire de Marseille, 132J, 213, lettres de Mossy à Pezenas, année 1766.

[42] G. Boistel, 2005.

[43] Voir par exemple, CARAN, Marine, G92, plusieurs lettres de Pezenas avec le ministre de la Marine.

[44] René Moulinas, 1974, *L'imprimerie, la librairie et la presse à Avignon au XVIIIe siècle*, Grenoble, P.U.G. La veuve Girard, née Marguerite Cappeau et mariée à l'imprimeur libraire François Girard (1688-1753), meurt en 1772, léguant tous ses biens à François Seguin. Ce dernier était le fils de Dominique Seguin (1711-1755), membre fondateur du corps des libraires d'Avignon. François Seguin est associé avec la Veuve Girard, sa grand-tante. Jean Aubert a été apprenti chez François Girard en 1747.

[45] Lettre de Mossy à Pezenas, 15 mai 1767 (Arch. observatoire de Marseille, 132J, 213). Le 15 mai 1767, la veuve Girard paye à Mossy la somme de quatre-vingt-six livres pour la fourniture de treize rames de papier.

L'impression et la diffusion sont rapides, puisque le *Journal des savants* en fait la recension dans sa livraison de juillet 1767[46]. Notons le prix assez élevé de l'ouvrage, trente livres pour les deux volumes, en regard notamment du prix de la traduction du Maclaurin (trente-six livres) et du prix de la traduction du Smith publiée à Brest au même moment, dix-huit livres pour un seul volume, discutée plus loin.

La traduction avait déjà recueilli les suffrages des savants parisiens. Le *Journal des Savants* en donne une très élogieuse critique. Contrairement aux ouvrages précédents où le traducteur s'était effacé devant l'auteur, il est évident que l'*Optique* de Smith apparaît dans sa traduction comme un véritable ouvrage du P. Pezenas[47] :

> Le P. Pezenas, en la donnant enfin au public, ne s'en est pas tenu à une simple traduction de l'original Anglois ; il y a mis une quantité prodigieuse de choses nouvelles dont nous allons donner une petite notice, en attendant que nous rendions compte plus en détail de cet excellent ouvrage […] [48].

Le *Journal des savants* donnera trois longs extraits de l'ouvrage entre septembre et décembre 1767, soulignant en permanence les mérites du P. Pezenas :

> Le père Pezenas en avoit fait la traduction il y a bien des années ; mais c'est un avantage pour le Public qu'il ait différé de la faire paroître, parce qu'il l'a enrichie des découvertes intéressantes qui se sont faites jusqu'à ce jour […] Ainsi, la traduction françoise préférable à l'original, a le mérite d'une seconde édition beaucoup plus parfaite que la première ; & elle n'a aucun des défauts d'une traduction, puisqu'elle est faite par un Géomètre aussi habile que pouvoit l'être l'auteur lui-même. [49]

---

[46] *Journal des savants*, juillet 1767, pp. 574-576.
[47] Certains exemplaires semblent anonymes si l'on en croît la bibliographie de J.-M. Quérard (1838, t. IX, p. 193) : « Tous les exemplaires de cette traduction ne doivent pas être anonymes car Bellepierre de Neuve Eglise, en l'annonçant dans son *Catalogue hebdomadaire* du 11 avril 1767, nomme le P. Pézénas ».
[48] *Journal des savants*, juillet 1767, p. 574.
[49] *Journal des savants*, septembre 1767, p. 690.

Confrontons l'original à sa traduction. L'original comporte 687 figures, au trait souvent grossier, réparties sur deux volumes de respectivement 280 et 455 pages. Le second volume comporte « The author's remarks upon the whole work », occupant 114 pages, suivies de « An essay upon distinct and indistinct vision » (60 pages) par Jurin[50]. La traduction de Pezenas occupe deux volumes de 472 et 408 pages respectivement ; les figures sont au nombre de 587, en taille-douce. Pezenas n'a pas traduit l'essai de Jurin mais a ajouté près de 130 pages d'additions et six planches relatives à ces additions. Les figures du traité de Smith ont été retravaillées et condensées. La réduction est sévère : par exemple, la figure 126, planche 9 a pour correspondante, chez Pezenas, la figure 35, planche 6 ! Pezenas a remplacé les figures simples et élémentaires du traité de Smith par des figures plus synthétiques au style plus géométrique. Ce qui intéresse clairement Pezenas, ce sont les développements théoriques des parties de l'optique non élémentaire. De ce fait, Pezenas a peut être enlevé une partie de la richesse des planches du traité de Smith qui constitue un véritable exposé pédagogique très précis de l'optique. La traduction est fidèle au texte ; Pezenas a conservé les renvois aux figures dans la marge, la numérotation des articles, et est resté très respectueux du découpage et de l'articulation du texte original. Mais il a rassemblé les notes explicatives en fin de chaque chapitre, là où Smith les avait regroupées en fin d'ouvrage.

Le grand intérêt de la traduction de Smith par Pezenas réside aussi dans les 130 pages et douze chapitres d'additions dont Pezenas gratifie le lecteur. Toujours au fait de l'actualité scientifique, Pezenas nous fournit la traduction d'un mémoire du suédois Samuel Klingenstierna (1698-1765) sur le calcul de la réfraction des rayons lumineux ou l'achromatisme[51] ; Pezenas connaît très bien les travaux de John Dollond[52], ceux

---

[50] Sur James Jurin, Andrea A. Rusnock, 1996, *The correspondence of James Jurin (1684-1750): physician and secretary of the Royal Society*, Clio Medic 39, Wellcome Institute Series in the history of Medicine, Amsterdam and Atlanta.

[51] Paru dans le t. 21 (1760) des *Kungliga vetenskapsakademiens Handlingar* (Philosophical transactions of the Swedish society of sciences), avril-mai-juin, pp. 79-129.

[52] John Dollond, « Of some experiments concerning the different refrangibility of light », *Philosophical transactions*, vol. 50, 1758, partie II, p. 733 et suiv.

d'Alexis Clairaut[53] et de Patrick Murdoch[54] ; il est tout à fait à jour des querelles sur l'achromatisme[55]. Sa traduction publiée dans le second tome du cours de Smith est complétée de ses propres commentaires.

La traduction de Smith par Pezenas semble indissociable des textes d'optique publiés en 1755 dans le premier tome des *Mémoires de mathématiques et de physique rédigés à l'observatoire de Marseille*. Ces textes dont les auteurs sont les PP. Pezenas, Louis Lagrange et Jean-Baptiste Blanchard ont été nourris par le cours de Smith ainsi que des recherches personnelles de ces jésuites sur les télescopes et héliomètres[56] qu'ils se sont procurés à grands frais depuis 1752[57]. Etudes d'optique, modes d'emploi des instruments, « trucs et astuces » expérimentales, font le grand intérêt de ces textes méconnus. L'ensemble achève de forger la réputation du P. Pezenas.

En octobre 1766, paraît une autre traduction du traité de Smith réalisée par l'un des membres de l'Académie de Marine renaissante à Brest[58], le professeur royal de mathématiques Nicolas-Claude Duval-le-Roy (c.1730-1810)[59]. L'ouvrage est publié sous le privilège de l'Académie de Marine, chez l'imprimeur de la Marine, Romain Malassis. La traduction de Duval le Roy ne comporte qu'un seul volume de 740 pages, dont 720 pages pour la traduction et 18 pages pour des additions. La traduction comporte 1036 articles au lieu des 1203 articles du traité de Smith ou de

---

[53] « Lettre de M. Clairaut sur l'aberration des rayons dans les lunettes achromatiques », *Journal des savants*, 1762, octobre, pp. 664-678 et novembre, pp. 738-754, avec une traduction du mémoire de Klingerstierna.

[54] Patrick Murdoch, « Rules and examples for limiting the cases in which the rays of refracted light may be reunited into a colourless pencil », *Philosophical Transactions*, vol. 53, 1764, pp. 173-194.

[55] Voir René Taton, « Un épisode significatif de l'histoire de l'optique au XVIIIe siècle : la querelle de l'achromatisme » (1979), réédité dans D. Fauque, M. Ilic, R. Halleux (dir.), 2000, *René Taton. Etudes d'histoire des sciences*, Turnhout, Brepols, pp. 253-260. Voir aussi, Danjon, A., Couder, A., 1979 (rééd.), *Lunettes et télescopes [...]*, Paris, Blanchard, pp. 653-662 en particulier.

[56] Danielle Fauque, 1983, « Les origines de l'héliomètre », *Revue d'histoire des sciences*, 36/2, pp. 153-171.

[57] G. Boistel, 2005, pp. 40-45.

[58] Voir A. Doneaud du Plan, 1878-1882, *Histoire de l'Académie royale de Marine*, Paris, Berger-Levrault et Cie.

[59] Nicolas-Claude Duval le Roy est professeur de mathématiques aux écoles royales des gardes de la Marine ; il est aussi l'auteur des articles de mathématiques du volume Marine de l'*Encyclopédie méthodique* et de quelques ouvrages de navigation.

la traduction de Pezenas. Les 65 planches sont insérées dans le texte et comportent 736 figures. Les additions sont illustrées par deux planches supplémentaires comportant environ une vingtaine de figures[60]. Duval annonce dans sa préface qu'il ne s'est pas contenté de simplement traduire le cours de Smith, et qu'il a « élagué » quelques articles, retiré ce qui lui semblait obsolète et procédé à quelques mises à jour. De fait, Duval le Roy n'a conservé ni la correspondance des articles entre le traité original et la traduction, ni le découpage en quatre livres de la traduction. Ainsi, cette traduction s'apparente à une œuvre personnelle de Duval le Roy, dont les caractéristiques sont similaires à celle de Pezenas. La réalisation est très soignée et les planches en taille-douce sont de qualité. Le formalisme des calculs ou des recettes données par Smith, a été révisé par une réécriture au style plus « géométrique », et Duval a procédé à une mise à jour des connaissances mathématiques ou astronomiques. Par exemple, si Duval développe moins les récentes recherches sur l'achromatisme que Pezenas, il met particulièrement à jour les recherches sur les réfractions et les parallaxes lunaires par Lacaille, Bouguer et Mayer[61]. Il faut donc voir dans cette traduction une nouvelle lecture du traité d'optique de Smith, complémentaire de la traduction du P. Pezenas.

La montre de John Harrison et les longitudes en mer (1767)

La parution des *Principes de la Montre de John Harrison*[62] entre dans les préoccupations qui sont celles qui animeront les dernières dix années du P. Pezenas. Les *Principes de la Montre d'Harrison* font partie d'un corpus de textes sur les longitudes en mer que j'ai étudié dans ma thèse et évoqué dans mes articles sur Pezenas et les longitudes en mer[63].

---

[60] Des figures 737 à 753.

[61] Voir les notes assez longues, *Traité d'optique de Smith* par Duval-le-Roy (Brest, 1767), pp. 157-169 et 170-172.

[62] Exemplaire étudié : CARAN, Marine, G98, fol. 19-59, *Principes de la montre de Mr. Harrison, avec les planches relatives à la même montre, imprimées à Londres en 1767 par ordre de Mrs. Les Commissaires des Longitudes*, Avignon, Vve Girard & François Seguin, Jean Aubert ; Paris, C.-A. Jombert, Jean Desaint et Charles Saillant.

[63] Voir G. Boistel, 2001, thèse, *op. cit.* ; G. Boistel, 2002, « Les longitudes en mer au XVIIIe siècle sous le regard critique du P. Pezenas », in V. Jullien (dir.), *Le calcul des longitudes. Un enjeu pour les mathématiques, l'astronomie, la mesure du temps et la navigation*, Rennes, P.U.R., pp. 101-121 ; Derek Howse, 1980, *Greenwich time end the discovery of the longitude*, N.Y. Oxford Univ. Press ; Anthony J. Turner, 1985, « France, Britain and the resolution of the longitude problem in the 18th century », *Vistas in*

Rappelons que l'Académie des sciences est fortement marquée par la remise du prix des longitudes pour la montre de John Harrison. Jérôme Lalande et Ferdinand Berthoud étaient en 1763 à Londres pour assister à quelques discussions autour de cette montre. Les deux savants français ont alors pu rencontrer et discuter avec tous les acteurs de la quête anglaise des longitudes. Lalande est le premier à se faire l'écho de ces débats dans la *Connaissance des temps pour l'année 1765* (Paris, 1763). Le P. Pezenas, par son propre réseau, est aussi au courant de l'affaire. Il fait un long récit de ces découvertes sur les longitudes en mer et les travaux du *Board of Longitude* britannique dans l'*Astronomie des Marins*, publiée en Avignon en 1766. Ces deux textes sont très importants dans l'historiographie de la quête française des longitudes en mer. L'histoire a été bien étudiée par ailleurs pour ne pas être reprise ici[64].

Revenons sur *Les principes de la Montre d'Harrison* et les circonstances de sa publication. La publication de l'ouvrage en anglais a été ordonnée par Nevil Maskelyne et le *Board of Longitude* au début du mois d'avril 1767. Le *Journal des savants* en fait mention en juin 1767[65]. La traduction est donc réalisée par Pezenas en un temps record, et sans doute achevée à la fin juillet 1767. Les sept planches ont été gravées par le graveur marseillais Faure et Pezenas en a modifié l'ordre. Le contrat d'édition est signé avec la veuve Girard, associée à François Seguin (1739-1795) et Jean Aubert avec lesquels Pezenas est déjà en commerce pour l'édition du traité de Smith. L'impression de l'ouvrage est achevée entre la fin du mois de juillet et le début du mois d'août 1767 ; Pezenas

---

astronomy, vol. 28, pp. 315-319 ; Jim Bennett, 2002, « The travels and trials of Mr. Harrison's timekeeper », in M.-N. Bourguet, C. Licoppe, O. Sibum (dir.), *Instruments, travels and science. Itineraries of precision from the seventeenth to the twentieth century*, Routledge, London and New-York, pp. 75-95.

[64] Chapin, Seymour L., 1978, « Lalande and the longitude. A little known London voyage in 1763 », *Notes and records of the Royal Society*, vol. 32, pp. 165-180 ; Turner, A.J., 1992, « Berthoud in England, Harrison in France : the transmission of horological knowledge in 18th century Europe », *Antiquarian horology*, Autumn 1992, pp. 219-239 ; *ibid.*, 1993, « L'Angleterre, la France et la navigation : le contexte historique de l'œuvre chronométrique de Ferdinand Berthoud », *Of Time and Measurement: studies in the history of horology and fine technology*, Aldertshot Variorum, Collected Studies Series, 407, XIV, pp. 142-163.

[65] *Journal des savants*, juillet 1767, p. 566 ; l'ouvrage est vendu cinq livres en France.

envoie un exemplaire de cette traduction au ministre de la Marine[66]. L'ouvrage se divise en plusieurs sections distinctes. Il s'ouvre avec une courte préface de Nevil Maskelyne, présentant rapidement quelques modifications apportées par John Harrison et son fils, « Guillaume » (William) à quelques figures. Suit une première section de sept pages, « Remarques sur la découverte de M. Harrison »[67] par Nevil Maskelyne, portant sur la conception du balancier, la compensation thermique du chronomètre de Marine, son emploi et son entretien à la mer. La seconde section[68] est l'exposé des « Principes de la montre de Mr. Harrison » proprement dit, dans lequel on peut trouver les explications sur la montre et la légende des figures par Harrison. Ces deux parties sont en édition bilingue ; le texte anglais est donné sur la page de gauche, la version française se trouvant à droite. Une troisième section[69] est un « Avertissement de l'éditeur », dans lequel Pezenas rappelle ses propres commentaires sur ces « découvertes » et leur importance dans la quête des longitudes en mer, tels qu'ils les avaient exposés dans son *Astronomie des marins*. Enfin, l'ouvrage s'achève sur le « Résultat des observations de Mr. Maskelyne sur la montre de Mr. Harrison », que Pezenas souhaitait absolument joindre à l'ouvrage[70].

Traduire pour mieux diffuser ses propres idées

Quelques semaines plus tard, à la demande du ministre de la Marine[71], Pezenas adjoint un supplément d'environ vingt-trois pages[72] aux *Principes de la montre d'Harrison* : une traduction de la réponse que fait Harrison aux sévères critiques que formule Nevil Maskelyne à l'encontre de sa montre[73]. Pezenas apporte ses propres commentaires aux discus-

---

[66] CARAN, Marine, G98 : lettre envoyée dans le courant du mois de juin ; la réponse est datée du 6 août 1767.

[67] Pp. 1-7.

[68] Pp. 8-19.

[69] Pp. 19-24 (rupture de pagination).

[70] Pp. 25-39

[71] CARAN, Marine, G98, Lettre de Pezenas au Ministre, d'Avignon, le 6 septembre 1767, fol. 73.

[72] CARAN, Marine, G98, « Extrait de la réponse de Mr. Jean Harrison aux remarques & objections de Mr. Maskelyne », fol. 60r°-71r°.

[73] John Harrison, 1767, *Remarks on a pamphlet lately published by the Rev. Mr. Maskelyne [...]*, London, W. Sandey. Cette brochure connaît deux éditions à quelques mois d'intervalle.

sions entre les deux rivaux anglais[74]. En effet, Maskelyne, partisan des observations des distances lunaires, rejetait en partie l'emploi des montres marines, et en particulier celle de Harrison, qu'il considérait insuffisamment précise pour la détermination des longitudes en mer. Une querelle personnelle avec John Harrison venait renforcer la détermination de Maskelyne à ne pas donner trop d'importance à la réussite de l'horloger. De son côté, Harrison regrettait qu'il n'existât pas cent méthodes de détermination des longitudes, jugeait trop sévères les conditions qu'imposait l'abbé Lacaille dans les erreurs et la marge d'incertitude sur les longitudes issues des observations. S'il approuve et apprécie les travaux des deux savants britanniques, Pezenas souligne toutefois que, dans leur querelle, ces deux hommes perdent de vue l'essentiel : en mer, selon les conditions de navigation et les positions respectives dans le ciel du Soleil et de la Lune, il est préférable de mettre à la disposition du marin un arsenal de méthodes complémentaires les unes des autres, qu'elles soient astronomiques ou chronométriques[75]. En outre, Pezenas souligne combien Harrison, dans ses commentaires, n'a pas une juste vision des progrès de la mécanique céleste et de la précision croissante des tables de la Lune développées par les géomètres et les astronomes[76].

Avec la montre d'Harrison, Pezenas adjoint donc ses propres commentaires à la traduction. Dans ses lettres au ministre de la Marine, il affirme pouvoir développer toutes ses idées sur la conduite des calculs sur les distances lunaires, dans de nouveaux écrits. Pezenas multiplie dès lors mémoires et notes sur les longitudes en mer et en inonde l'Académie des sciences durant les années 1767-1769. Elles seront en partie publiées en 1768 dans les *Nouveaux essais pour déterminer les longitudes en mer, par les mouvements de la Lune et par une seule observation*[77].

---

[74] *Journal des savants*, janvier 1768, pp. 67-68.

[75] Pourtant, Isaac Newton en 1714, Jacques Cassini et Fontenelle en 1722, ouvraient la porte à toutes les méthodes, n'établissant aucune hiérarchie dans les méthodes, conscients que le navigateur devait employer toutes les méthodes que l'on mettrait à sa disposition. Voir G. Boistel, 2001, thèse ; 2002, « Les longitudes en mer […] » ; 2003, « Inventaire […] ».

[76] G. Boistel, 2002, « Les longitudes en mer […] » ; *Ibid*, 2005, « La Lune au secours des marins : la déconvenue d'Alexis Clairaut », *Les génies de la science*, n°25 (novembre 2005-février 2006), pp. 28-33.

[77] G. Boistel, 2001, thèse ; 2002, « Les longitudes en mer […] ».

Pezenas et les imprimeurs-libraires d'Avignon : l'affaire « Seguin »

L'édition du cours d'optique de Smith et de la montre d'Harrison ne se sont pas faites sans mal pour Pezenas. En 1775, l'imprimeur François Seguin, – qui travaillait très souvent en collaboration avec la veuve Girard, sans trop se soucier des usages de droits[78] –, intente un procès à Pezenas pour obtenir le remboursement de quatre cent vingt exemplaires invendus de l'*Optique* de Smith. Il apparaît au cours de l'instruction que Seguin, imaginant réaliser un coup éditorial, avait fait illégalement imprimer cinq cents exemplaires de plus que le contrat ne le stipulait. Après un décompte très scrupuleux des sommes réclamées de part et d'autre, l'instruction conclut en faveur de Pezenas qui est alors remboursé des sommes dont il a été lésé[79].

Conclusion

Histoire des sciences et histoire du livre se rejoignent pour éclairer les relations entre nos savants traducteurs et leurs imprimeurs-libraires. L'ensemble des traductions présentées ici caractérisent l'œuvre personnelle du P. Pezenas. Les deux ouvrages publiés en 1767 ont connu un certain succès et ont achevé de forger la réputation de notre astronome jésuite. L'officier de Marine et futur ministre de la Marine, Pierre Claret de Fleurieu (1738-1810), chargé par le ministre de la Marine de statuer sur les mérites de la traduction des *Principes de la montre d'Harrison*, ne tarit pas d'éloges à l'égard du P. Pezenas, associant dans un même regard, la grande qualité des traductions du cours d'optique de Smith, des notes d'Harrison et de Maskelyne, ainsi que l'ouvrage de Pezenas, *L'Astronomie des marins*[80].

La traduction des textes de mathématiques par le père Pezenas a sans doute créé une dynamique au sein de la Compagnie de Jésus. En effet, des recherches menées ces dernières années montrent que plusieurs jésuites espagnols et polonais ont séjourné à l'observatoire de Marseille pour y suivre une formation en mathématiques et/ou en astronomie.

---

[78] René Moulinas, 1974, pp. 210-211.
[79] A.J. Turner, 1992, pp. 232-233.
[80] CARAN, Marine, G98, fol. 75-76. Voir G. Boistel, 2002, pp. 109-112.

L'un des cas les plus saisissants est celui du P. Tomás Cerdá (1715-1791)[81]. Entré dans la compagnie en 1732, c'est à partir de 1750 que le P. Cerdá s'intéresse à la philosophie naturelle et aux mathématiques qu'il enseigne à l'Université publique de Cervera, l'ancêtre de l'Université de Barcelone. De 1753 à 1756, le P. Cerdá séjourne à l'observatoire de Marseille pour apprendre les mathématiques aux côtés du P. Pezenas et se former aux traductions d'ouvrages anglais. De retour à Barcelone, Cerdá devient professeur de mathématiques au Collège de Cordelles, l'actuelle Académie royale des sciences et arts de Barcelone dont il est l'un des fondateurs[82]. Il publie de nombreux ouvrages de mathématiques et est l'un des acteurs de la diffusion du calcul infinitésimal en Espagne. Quand la Compagnie est dissoute en 1767, Cerdá se réfugie définitivement en Italie.

D'après des éléments encore trop fragmentaires, on peut noter la présence de plusieurs jésuites polonais[83] : Ignacy Chmielewski (1726-1764) séjourne à l'observatoire de Marseille de 1756 à 1758 ; Mikolaj Kossowski est à Lyon en 1753-1754 puis à Marseille en 1754-1755. Ces deux jésuites ont étudié les mathématiques avec Pezenas. Martin Odlanicki Poczobut (1728-1810), astronome et poète, futur directeur de l'observatoire de Vilnius, et Kazimierz Adam Naruszewicz (1730-1803), historien, écrivain et traducteur, sont davantage connus. Poczobut est un des assistants zélé de Pezenas entre 1760 et 1762 pour les observations des taches solaires et des comètes notamment. Il se réfugie en Avignon en 1763, et poursuit ses observations pendant huit mois avant de quitter la France au mois d'octobre en raison du bannissement des jésuites[84]. Poczobut parcourt alors l'Italie, refuge des jésuites pourchassés en France, se rend à Naples, Rome, Florence, Venise, puis à Vienne.

---

[81] Mes remerciements au Professeur José Maria Romero Baró (Université de Barcelone) pour m'avoir communiqué de nombreux éléments biographiques sur ce mathématicien jésuite.

[82] Sur l'Académie royale de Barcelone, voir García Doncel, 1998, « Los orígenes de nuestra Real Academia y los jesuítas », *Memorias de la Real Academia des Ciencias y Artes de Barcelona*, n° 947, Barcelona.

[83] Mes remerciements à Mme Ewa Wyka (Varsovie) pour m'avoir communiqué ces éléments précieux.

[84] Ses observations sont publiées dans un addendum au *Traité de paix entre Descartes et Newton* du P. Aimé-Henri Paulian (Avignon, Veuve Girard, 1763) : « Observations commencées à Marseille et continuées à Avignon, 1763 ».

Poczobut rentre à Vilnius à l'Automne 1764 où il restaure l'observatoire[85] et devient premier astronome du roi de Pologne puis recteur de l'Université de Vilnius. Il est élu membre de la Société royale de Londres en 1771[86]. Narusciewicz, théologien et peu versé dans les mathématiques, est pris dans la tourmente de la dispersion des jésuites de Provence et semble avoir très mal vécu les événements de 1762-1763. On peut remarquer sa présence aux côtés du P. Louis Lagrange lors d'une tentative désespérée de plaidoyer en faveur des jésuites auprès du Parlement d'Aix à la fin de l'année 1762. Naruszewicz quitte alors Marseille pour Avignon, puis part pour l'Italie et finalement l'Allemagne.

Dès le début des années 1750, la réputation du P. Pezenas avait donc largement dépassé les frontières. Les premières traductions publiées chez Jombert ont joué un rôle décisif dans le rayonnement de l'observatoire de Marseille et du groupe de jésuites que Pezenas avait constitué autour de lui.

Remerciements : ce travail a bénéficié des aides importantes de M. James Caplan, responsable du Groupe Patrimoine à l'observatoire des sciences de l'univers de Marseille, et de Mademoiselle Greta Kaucher, doctorante à l'E.P.H.E. et travaillant sur une thèse intitulée « Une dynastie de librairies parisiens : la famille Jombert et le commerce éditorial dans l'Europe des Lumières ».

Annexe

Liste des traductions, publiées et non publiées, réalisées par le P. Pezenas
(et son équipe de jésuites provençaux).

Ouvrages publiés (10)

Colin MacLAURIN, 1749, *Traité des fluxions*, 2 tomes in-4°, Paris, Jombert.

Colin MacLAURIN, 1750, *Elémens d'algèbre*, in-8°, Paris, Jombert (?).

Theophilus DESAGULIERS, 1751, *Cours de physique expérimentale par le Docteur J.T. Desaguliers*, 2 vols. In-4°, Paris, Rollin & Jombert.

Thomas DYCHE, 1753, *Nouveau dictionnaire universel des arts et des sciences, françois, latin et anglois...*, 2 vols in-4°, Avignon, F. Girard (en collaboration avec le P. J.-F. Féraud). Réimprimé en 1758 à Amsterdam et en 1762 à Londres.

Henry BAKER, 1754, *Le microscope mis à la portée de tout le monde...*, Paris, Jombert, in-8°.

---

[85] Gusev, M., 1853, *100 years to the Vilnius observatory, 1753-1853*, Vilno (38 pages).

[86] Jérôme Lalande, 1803, *Bibliographie astronomique*, Paris, pp. 555-556 ; 793 et 877.

John WARD, 1756, *Le guide des jeunes mathématiciens ou Abrégé des mathématiques à la portée des commençans de Jean Ward*, in-8°, Paris, Jombert. (11 éditions connues par Pézenas en Angleterre).

John HARRISON, 1767, *Principes de la montre de M. Harrison avec les planches relatives à la même montre, imprimées à Londres en 1767 par ordre de MM. Les commissaires des longitudes, en anglois et en françois*, in-4°, Paris, Jombert, Desaint & Saillant ; Avignon, Girard, Seguin & Aubert.

―― 1767, *Extrait de la réponse de M. Jean Harrison aux remarques & objections de M. Maskelyne*, in-4°, Avignon, Girard, Seguin & Aubert.

Robert SMITH, 1767, *Cours complet d'optique... contenant la théorie, la pratique & les usages de cette science, avec des additions considérables...*, 2 vols. In-4°, Avignon, Girard, Seguin & Aubert ; Paris, Jombert & Saillant.

W. GARDINER, 1770, *Tables de logarithmes contenant les logarithmes des nombres depuis 1 jusqu'à 102 100...*, in-4°, Avignon, J. Aubert. (participation des PP. jésuites Pezenas, Jean Dumas et J.-B. Blanchard. Intervention ou commande de Jérôme Lalande ?)

Traductions non publiées

John STEWART, Le *Commentaire de Stewart, avec la Quadrature des courbes de Newton, & sur l'analyse du même auteur par les suites infinies* (original : *Isaac Newton two treatises of the quadrature of curves*, by John Stewart, London, 1745, 1 vol. in-4°).

John CLARKE, (La) *Démonstration de quelques-unes des principales Propositions du premier livre des Principes de Newton de M. Clarke* (original : *Principles of Natural philosophy Isaac Newton*, London, 1730, in-8°).

Nicholas SAUNDERSON, Les *Elémens d'Algèbre en dix livres de N. SAUNDERSON* (original : Nicholas SAUNDERSON, *Elements of Algebra*, Cambridge, 1741, 2 vols., in-4°).

Chapitre 10

Franco-British interactions and the "Figure of the Earth" question

MICHAEL RAND HOARE

Introduction

The main period I shall consider, from the foundation of the two royal societies in Paris and London, in 1660 and 1666 respectively, to the end of the next century, is one of the greatest interest for the history of Franco-British relations in the scientific world. This interaction can be said to have taken place, not without strife and controversy, on a number of levels. At the philosophical level there is the well-studied question of the introduction of Newtonianism in France, at the expense of Descartes, this process loosely coupled to repercussions of the earlier *Anciens et modernes* dispute in literary circles. At another level, interaction was mediated by remarkable personalities, some of whom physically crossed the Channel : Maupertuis and above all Voltaire, whose presence in London in the 1720s was of capital importance in the diffusion of knowledge and attitude in the years that followed. Likewise the roles of the great secretaries : the long-lived Fontenelle in Paris, and Oldenburg, Hooke, Sloane, and Halley in London. To these aspects one might add the significant events in the printed medium, such as the initiation of translations of the Royal Society's *Philosophical Transactions* under the title of *Journal d'Angleterre* in 1668, the very prompt translation of Bayle's *Dictionnaire historique* into English in 1710 (a truly enormous labour carried out at

Echanges entre savants français et britanniques depuis le XVIIᵉ siècle.
Robert Fox et Bernard Joly (éd.).
Copyright © 2010.

great speed), or, at a different remove, the appearance of Voltaire's *Elémens de la philosophie de Newton* in 1738. Finally, one might mention the two-way influence in the publication of scientific dictionaries and encyclopaedias : In fact, a good many English specialized scientific and technical dictionaries produced in the eighteenth century had their origin in a work in French : for example, Ozanam[1] /Raphson[2] (mathematics) or Macquer[3] /Keir[4] (chemistry). The reverse is, of course, the trend in the case of encyclopaedias, with *Chambers*, the origin of the great *Encyclopédie* project.

The "Figure de la Terre" in Franco-British science politics

The running controversy over the *Figure de la Terre* embraces all these aspects. A complete account would be out of place here, but the features significant for Franco-British relations can be traced in outline.[5] We can pick up the story near its beginning, with the newly founded Académie royale des sciences looking for impressive projects to justify its part in national life, and achieve funding for the first of these, the building of the Observatory in Paris. All this was very much under the watchful eye of *Contrôleur général* Jean-Baptiste Colbert, who saw science as a potential ally in his consolidation of personal power. Astronomy, the first quantitative science, figured most prominently in the plans of the early Académie, reflecting the influence of founders such as Adrien Auzout (1622-91).

A significant boost to astronomy was the arrival in Paris, in April 1669, of Giovanni Domenico Cassini (1625-1712), progenitor of the family who would dominate French astronomy in the next century over four generations. Cassini had been attracted to Paris from Bologna in order to raise the profile of the new Academy and in particular to oversee the building of the Observatory, all this with an eye to its slightly older

---

[1] Ozanam, M. (1691). *Dictionaire mathématique*. Amsterdam.
[2] Raphson, J. (1702). *A Mathematical Dictionary or, a Compendious Explication of all Mathematical Terms, abridged from M.Ozanam and others*. London.
[3] Macquer, P. J (1776). *Dictionnaire de chimie*. Paris.
[4] Keir, J. A (1771). *Dictionary of Chemistry (Translated from the French of Joseph Macquer)*. London.
[5] Smith, J. R. (1986). *From Plane to Spheroid. Determining the Figure of the Earth from 3000 B.C. to the 18ᵗʰ century Lapland and Peruvian expeditions.* California, Rancho Cordova; Hoare, M. R. (2005). *The Quest for the True Figure of the Earth: Ideas and Expeditions in Four Centuries of Geodesy*. Aldershot: Ashgate; Lacombe H. and Costabel P. (Eds.) (1988). *La figure de la Terre du XIIIᵉ siècle à l'ère spatiale*. Paris : Gauthier Villars.

competitor across the English Channel. Christiaan Huygens was already in Paris, the whole recruitment operation skilfully stage-managed by the all-powerful Colbert. It was at this point that the Académie, seeking to raise its profile while the Great Observatory was being completed, conceived the idea of an ambitious scientific expedition to the equator. There was a convenient location in the form of Cayenne, a French possession since 1643, located on the Atlantic some 4 degrees north. The expedition set out in 1672 under the leadership of Jean Richer and carried out a range of astronomical projects, along with a number of general measurements at lesser priority, of weather, tides etc. Among these was, almost as an afterthought, a determination of the length of the seconds-pendulum. To everyone's surprise, this proved to be : "3 pieds 8 lignes 3/5", in the measure of the day – fully some 1¼ lignes (= 2.82mm) longer than the same pendulum in Paris (equivalently, a slowing of 2 min. 28 sec. per day). This represented a definite weakening of the gravitational force at the equator, relative to that in Paris. It seemed that this could only result from one of two possibilities: either there was less mass to attract on the equator, or some other force must be competing with gravity to lessen the effect. [6]

News of this reached Newton, who proposed an explanation in terms of Huygens's recent concept of centrifugal force. In the *Principia* of 1687 he described a thought-experiment that seemed to account satisfactorily for the effect. If the primeval Earth were to have been liquid, or plastic, the equatorial regions would have been spun outwards, leaving the poles relatively depressed. [7] The same thought-experiment suggested, though not rigorously, that the result was an oblate ellipsoid of rotation with a "flattening factor", f, related to the major and minor axes a, b by : $f = (a - b)/a = 1/250$.[8] Cassini at first refused to believe the anomalous behaviour of the pendulum and was equally dismissive of Newton's explanation. It seemed easier to assume that the reduction in gravity was due to less mass being present under the equator: that is to say the Earth was pinched in at the waist, being a prolate spheroid (rugby ball) rather than

---

[6] Richer, J. (1679). "Observations astronomiques et physiques faites en l'isle de Cayenne". *Histoire de l'Académie royale des sciences depuis 1666 jusqu'à 1699*. Paris, vol. 7, p. 213.

[7] Newton, I. (1713). *Philosophiae naturalis principia mathematica. Editio secunda*, Cambridge (Ed Côtes, R). Book 3 Propositio XVIII theorema XVI.

[8] See F. Mignard. "La théorie des figures", in Lacombe and Costabel. *La figure de la Terre*, p. 281.

the oblate one (pumpkin). Some extravagant ideas emanating from British deist theologians such as Thomas Burnet supported this.[9]

It was quickly pointed out that there was a purely geometrical test of the Earth's shape in the form of measurements of the *degree of latitude* along a *meridian* in one quadrant of the globe, using the fact that the length of this at the surface will vary according to whether the Earth's shape deviates in either of the two possible ways. This is to be seen in Figure 1, in which a single equal angle is drawn perpendicular to the surface at the pole and equator in the two cases.

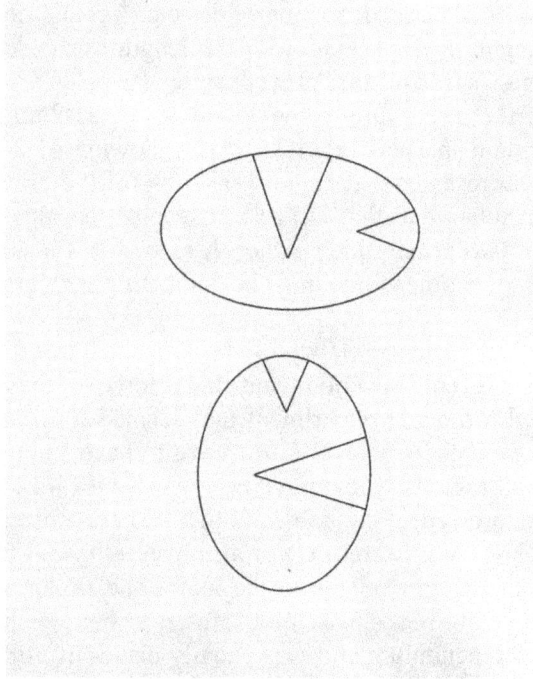

Figure 1. Variation of the degree with the shape of a spheroidal Earth. Above an oblate spheroid; below a prolate spheroid. The axis of rotation runs vertically, the equator horizontally. The angles shown are identical, their intersections notionally perpendicular to the surface in each case. The difference of the polar and equatorial arcs subtended in the two cases is evident, with the arc-length increasing towards the pole in the oblate case and decreasing in the prolate case.

It is easy to see that the angle *increases* from equator to the pole in the case of the oblate spheroid, while *decreasing* for the prolate spheroid.

---

[9] T. Burnet, (1681). *Telluris theoria sacra*, London. Burnet's fanciful geognosy, based on his theory of the Noarchian flood, led him to postulate an oviform earth.

(There is a slight optical illusion effect, but the four angles shown are exactly the same.) Thus, if the variation of the degree could be measured along a sufficiently long stretch of a meridian, this would decisively settle the question. (The measurement of a degree of *longitude* as a function of latitude would also suffice, with the degree length also changing anomalously from equator to pole, if the Earth should deviate from a spherical form.)

The technical details of how this might be done must be referred elsewhere,[10] but the essence of the idea is to be seen in the ancient observation of Eratosthenes, who first estimated the size of the Earth by measurements in Egypt. His method was to measure the angle of the Sun to the vertical at Alexandria, when at the same time, it was known to be at the zenith, illuminating a deep well at Syene, a known distance south. The angle of 7.5° gave the circumference of the Earth, unfortunately in the ancient units of "stadia", a quantity in unknown relation to modern measures. A refinement of Eratosthenes' method would use a plumb-line as reference direction, assumed perpendicular to the Earth's surface and pointing to the zenith, and the angle formed with the direction of a fixed star as it crossed the meridian at night. On carrying out this procedure at different points along a stretch of meridian, and combining with a land survey to measure the distance between stations, the variation of the degree could be obtained. Leaving aside the details of the land-survey (triangulation), which were well established by the late seventeenth century, the crucial instrument for the stellar observations was the *sector*, designed to measure small angles relative to the vertical. The design and fabrication of a suitable sector would prove an important factor in Anglo-French collaboration.

This method had been used, to questionable accuracy, by the abbé Jean Picard (1620-82), one of the founder-members of the Académie, when he carried out a meridian survey from Malvoisin, south of Paris, to Sourdon, near Amiens in 1669.[11] Though the accuracy claimed for Picard's results, published in *La mesure de la Terre* (1671), was known to be doubtful, they provided a benchmark for future measurements and, it must be said, future controversy. Though a Figure of 57060 toises (= 111.2 km) for the average degree near Paris was obtained, the accuracy

---

[10] See e.g. Smith, J. R (1996). *An Introduction to Geodesy. The History and Concepts of Modern Geodesy*. New York: Wiley, and Lacombe and Costabel, (1986) *La figure de la Terre*.

[11] Picard, J. (1671), *Mesure de la Terre*. Paris.

needed to find a variation from south to north remained unattainable. Picard did however make an important technical improvement, by fitting sighting telescopes to his sector and quadrants, instead of the then usual sights (pinnules), and his work can be said to have marked the beginnings of modern geodesy.

Descartes fights back

The rejection of Newton's model had its roots in profound ideological differences between London and Paris. At the turn of the eighteenth century, philosophical and mathematical thought in France remained profoundly Cartesian. The planets were transported around their orbits by the *tourbillons* of *subtle matter*; light travelled to the eye by impulses transmitted by the same medium. This was incompatible with Newton's laws of motion and with the law of universal gravitation, which was treated with particular suspicion in France. Descartes continued to be revered for abolishing the Aristotelian world-view, with its attendant scholasticism, and Newton's action at a distance was regarded as a deplorable return to occult forces. Though Descartes had said nothing about the Figure of the Earth, it was almost automatically assumed in the Académie that the centrifugal force explanation was wrong and that the prolate Earth, with a deficit of mass at the equator was the preferred explanation.

Jean Picard died in 1681, but in his last years persuaded the Académie to mount a far more ambitions survey, which would eventually extend the Paris meridian measurements from Dunkerque in the north to near Perpignan in the south, a distance about eight times as long as the Amiens arc. Giovanni Cassini's son Jacques (Cassini II) was given the task. Frustrated by the War of the Spanish Succession, the final results were only complete in 1718, to be summarized in the 1720 *Mémoires* under the title *De la grandeur et de la figure de la Terre*.[12] The results seemed to indicate a *decrease* in the degree from south to north and so supported the prolate Earth.

London and Paris were now in open conflict over the question, notwithstanding reasonably diplomatic relations in other respects. With the election of Fontenelle as secretary in 1697 and the reforms that followed, the Académie had become more regulated and generally professionalized, indeed more so than the Royal Society of London at the time. Newton had been elected *associé étranger* in 1699, but there was disappointment, when the second edition of the *Principia* appeared in 1713, that he failed

---

[12] Cassini, J. (1720). *De la grandeur et de la figure de la Terre*. Paris.

to change his opinion on the Figure of the Earth in the light of the Picard and Cassini surveys. As long as Cartesianism dominated the Académie, the French tended to regard Newton as an errant genius who might still eventually see the light. But by the 1720s he was, of course, disengaged from mathematical work, and when he died in 1727, Fontenelle's *éloge* , further strained relations with London by what was considered faint praise, seeming to suggest that the great man was not altogether of the standard of Descartes. Dortous de Mairan, influential in the Cartesian ranks, attempted to form a compromise in 1720, but his mathematics was unconvincing.[13]

A cultural factor at this stage was the presence in the Royal Society of several members of Huguenot origin. One in particular, Jean-Théophile Desaguliers, took issue with the Cassini survey results, pointing out that their probable error margin made any attempt to follow the changing of the degree quite worthless. He also constructed and demonstrated an ingenious machine which, by spinning a loaded metal hoop, demonstrated its distortion from a circle to an ellipse.[14]

Voltaire and Maupertuis

The mid-1720s would bring about a distinct change in the atmosphere at both ideological and practical levels. There arose to prominence the two key figures that between them were to preside over the slow demise of Cartesianism: Voltaire and Maupertuis. Voltaire, famously exiled in London from June 1726 to March 1729, attended Newton's funeral in Westminster Abbey, becoming a lifelong anglophile and propagandist contra Descartes. Maupertuis, who would later add mathematical substance to Voltaire's enthusiasm, spent six months in London during this time (May to August 1728) having earlier given up a military career to devote himself to science. There is no evidence that the two met while in London, however. Though he still had published little, Maupertuis had been an *adjoint géomètre* since 1723, and his letters of introduction from Bernard de Jussieu to Hans Sloane brought him immediate election to the Royal Society in June 1728. Jussieu had earlier visited London and was on good terms with several Fellows.

---

[13] Dortous de Mairan, J.-J. (1720 [1722]). "Recherches géométriques sur la diminution des degrés terrestres". *Histoire de l'Académie royale des sciences*. Paris, Vol. 60.

[14] Desaguliers, J. T. (1725). "A dissertation concerning the figure of the earth". *Philosophical Transactions of the Royal Society of London*, N°. 386, 201. Continued in N°s. 387, 1725, 239, and 388, 1725, 277.

The circumstances of Maupertuis's emergence as a Newtonian partisan have led to some disagreement among historians. Until recently it has been an *idée reçue* that Maupertuis saw the light during his visit to London and returned to Paris fully disillusioned with Descartes. Pierre Brunet in his 1929 biography took this for granted,[15] and most later historians, including Elisabeth Badinter,[16] have followed suit. Only recently have two anglophone biographers, David Beeson[17] and Mary Terral,[18] in separate works queried this. They point out that at the time of the London visit Maupertuis was mainly interested in natural history and probably did not meet anyone significant from the mathematical community. Elisabeth Badinter contradicts this, citing correspondence proving that he was familiar at least with the mathematicians Desaguliers and De Moivre. Moreover, in favour of the traditional view is the fact that he was elected *adjoint géomètre* as early as 1722 and in this capacity could hardly not have taken an interest in Newtonian mathematics.

What is not in dispute is that, by the early 1730s, Maupertuis had become a fully fledged Newtonian, a prolific mathematician, and well enough placed to challenge the Cartesian orthodoxy. In particular he published a key paper on the geometry of the ellipsoid and found the formula for the change of degree with latitude for the weakly eccentric approximation.[19] He was also at the centre of a group in the Académie who were pressing for an expedition to carry out a meridian survey nearer the equator, which, when compared with the Paris meridian figures, might confirm the polar flattening once and for all. This expedition was indeed organized with royal approval and it set off for Peru in 1735, led, in effect, by the triumvirate Charles Marie de la Condamine, Louis Godin, and Pierre Bouguer. Once the Peru party had left, Maupertuis quickly organized an expedition of his own to the "polar regions", though actually in Lapland, barely reaching the Arctic Circle.

Though the narratives of both expeditions and their settling the Figure of the Earth question are of great interest, it is the question of anglo-

---

[15] Brunet, P. (1929). *Maupertuis, Étude biographique* 2 vols. Paris : Blanchard, p.13.

[16] Badinter, E. (1999). *Les passions intellectuelles*, 2 vols. Paris : Fayard, Vol. 1, p.53.

[17] D. Beeson, (1992). *Maupertuis. An Intellectual Biography* [Studies in Voltaire and the Eighteenth Century, vol. 299] Voltaire Foundation, Oxford, p. 65.

[18] M. Terral (2002). *The Man who Flattened the Earth*. Chicago: University of Chicago Press p. 41.

[19] Maupertuis, P. L. Moreau de (1733 [1735]). "Sur la figure de la Terre, et sur les moyens que l'astronomie et la géographie fournissent pour la déterminer". *Histoire de l'Académie royale des sciences*. Paris, Vol. 153.

french cooperation that presents itself here and must focus our attention. The Lapland expedition 1736-7 is of main interest in this respect. [20]

The peripatetics

A number of contributory aspects of the development of Anglo-French relationships in the Figure of the Earth period deserve attention here. One in particular is the role of the more peripatetic figures who can be said to have mediated the scientific contacts between the two Academies and their respective intellectual worlds in general. Two of the most interesting, neither French nor English, are Francesco Algarotti (1712/13-64) and Anders Celsius (1701-44). Both visited London bearing with them goodwill from french sources and performing service in the cause of Newton. Algarotti, a somewhat flamboyant Venetian and an intimate of Voltaire, Maupertuis, and Emilie Du Châtelet, wrote the curious *Newtonianismo per le dame* (1737) in the course of his travels (translated into French and English, 1739).[21] This unusually titled homage to Newton would quickly become an Enlightenment best-seller in Italian, French, English, and eventually Russian. In London Algarotti cultivated literary circles and was elected to the Royal Society, though never to the Paris Académie. He was invited to join the Maupertuis expedition to Lapland, but declined.

Celsius also travelled widely throughout Europe, with rather more practical motives. From his base in Uppsala he went in search of astronomical instruments and ideas, while cultivating all the appropriate Academies. (His later definition of the Celsius temperature-scale was only a minor part of his career as Sweden's leading astronomer.) When the Lapland expedition was being planned, Celsius was used as an envoy to London to obtain astronomical and surveying instruments. A particular need was for a state-of-the-art sector. Although there were excellent French instrument-makers available, it was decided to commission one from George Graham in London. Graham had just built a 2.4m quadrant for Halley in Greenwich and the instrument which would allow Bradley to detect stellar aberration for the first time in 1725. In due course he produced an excellent sector, which was shipped to Lapland in time for the

---

[20] Outhier, R. (1744). *Journal d'un voyage au nord en 1736 et 1737*, Paris. For a recent study, see J.-P. Martin, *La figure de la Terre, récit de l'expédition française en Laponie suédoise (1736-1737)*. Isoète. Cherbourg, 1987.

[21] Algarotti, F. (1737). *Il Newtonianismo per le dame*. Naples; *Le Newtonianisme pour les dames*. (Trans. Du Perron de Casteral (1739)). Paris ; *Sir Isaac Newton's philosophy explain'd for the ladies*, (Trans. Carter, E.). London.

astronomical observations along the meridian, just as the survey measurements were complete. Celsius himself joined the expedition and was
invaluable to it with his Swedish-language and Finnish contacts.

Relationships in decline

The organization of the Peruvian expedition owed little to contacts
with England, though it involved a great deal of delicate diplomacy with
Spain. Two experienced navigators, Jorge Juan and Antonio de Ulloa,
were required to accompany the French party, ostensibly to keep an eye
on them; in the event they played an indispensable part in the success of
the expedition, and wrote up their own accounts,[22] alongside those of
Bouguer[23] and La Condamine.[24] England's influence was of a rather different kind and in part responsible for the already long-overdue return to
Paris. A factor in the lengthening delay in finishing the survey was the
sporadic hostilities between England and France and Spain in the early
1740s preceding the outbreak of the Seven Years War. With Admiral
Vernon pillaging Porto Bello and attempting to take Cartegena, two of
the important communication and escape routes were for a time cut off.
And when George Anson and his fleet rounded the Horn and began to
attack the coast of Peru in November 1741, Juan and Ulloa were called
away to prepare defences, this further setting back the work for several
months. When, with the final measurements complete, La Condamine
made his celebrated descent of the Amazon in 1743-4, he was held up in
Brazil and forced to travel to Surinam to catch a Dutch boat for fear of
interception by the English. Arriving in Amsterdam further delay was
caused by the Austrian occupation of Flanders. Ulloa was even less for-
tunate. He was captured by the English when his ship unwisely put in at
Louisburg and was transported as a prisoner to Plymouth. On arrival,
however, following the discovery of his part in the expedition, his data
were safeguarded and he was freed, taken to London, and immediately
elected to the Royal Society. A safe conduct to Spain followed.

Although there is a received idea that scientific interchange often continued unperturbed by eighteenth-century European wars, it was not alto-

---

[22] Juan J. and Ulloa A. de (1743). *Relación histórica del viage a la América meridional...*
Madrid.

[23] Bouguer, P. (1749). *La figure de la Terre, déterminée par les observations de MM.
Bouguer et de La Condamine ...* Paris.

[24] La Condamine, C.-L. de, (1751). *Journal du voyage fait par ordre du Roi, à l'Equateur,
servant d'introduction historique à la mesure des trois premiers degrés du méridien.*
Paris.

gether the case, and there is little doubt that anglo-french scientific relations declined markedly after the 1740s. Nothing could be more representative of this than the disgraceful black-balling of Denis Diderot by the Royal Society of London in 1753, surely one of the most regrettable episodes in the history of that body. The petition for Diderot's election was signed by the cream of the Académie, all of whom were foreign FRSs, and supported by the London president Martin Folkes. The circumstances of the blackballing, an apparently rare occurrence and the only case documented the Society's records for the period, remain something of a mystery. The citation dated Paris, 9th July 1752 asserts that: "... il a donné preuves de la supériorité de son esprit et de la plus grande capacité tant par le grand ouvrage de l'Encyclopédie que par differens autres traités de Mathematique, de Physique de belles Lettres et d'Arts". The signatories were : Folkes, Sallier, Buffon, La Condamine, Clairaut, D'Alembert, Grandjean de Fouchy, Lemonnier, Parsons, Walmesley, Needham, Birch, Godin, Bernard de Jussieu, and Cassini de Thury. Six of these were prominent in the debate on the Figure of the Earth, and four took part in the expeditions described.

The blackballing, by 50 black balls to 16 white, on February 6th 1753, must have been seen as a deliberate slap in the face for the Académie. It must surely have been the result of collusion, perhaps on both sides of the Channel, with Diderot's enemies in Paris playing a part. Further research is needed to establish the background to this curious incident. Undoubtedly it contributed to dissipating the goodwill that was established earlier in the century and might be said to mark the beginning of the decline that both Academies were to experience in the later eighteen-hundreds. Some improvement would result from another great peripatetic, Benjamin Franklin, but the preponderance in both London and Paris of titled nonentities and status-conscious amateurs would increase as the century went on, until the shock of 1789 put paid to the *ancien régime* in the Académie as well as that outside it.

The meridians reconciled

The Académie would retain a sort of proprietorial interest in further geodetic measurements, even into the late nineteenth century, when Henri Poincaré's commission deplored the fact that this was being challenged by, amongst others, the United States Geological Survey.[25] La Caille,

---

[25] H. Poincaré, (1900). "Rapport sur le projet de révision de l'arc du méridien de Quito" *Comptes rendus ... de l'Académie des sciences*, Vol.131, p.244. Paris.

with his expedition to the Cape in 1752,[26] would continue to show the flag for France for a while, but the eminence of Paris was already under threat from surveys such as those of Mason and Dixon in America[27] and Boscovich and Maire in Central Europe.[28]

A final chapter in franco-british geodesy, before the nineteenth century found the subject thoroughly militarised and professionalized, was the cooperation in 1784-7 on the fixing of the relative longitudes on the Paris and Greenwich meridians. The initiative for this came from Cassini III (César-François, otherwise "Cassini de Thury"), who raised the possibility with the Royal Society secretary Joseph Banks and received a favourable response. However, Cassini III died in 1784, and the project was stalled while instruments were prepared on either side. The British were constructing the huge Ramsden theodolite, while the French put their faith in an improved Borda circle to be made by Etienne Lenoir. Cassini IV (Jean-Dominique) had now taken command in Paris assisted by Pierre-François Méchain and Adrien-Marie Legendre, both noted for their almost obsessive concern for error-elimination. The British team was led by the experienced, but less academic, military surveyor Major General William Roy, who had recently established the Greenwich meridian. Charles Blagden, the incumbent secretary of the Royal Society, was in charge of cross-Channel liaison.

Measurements finally began on both sides of the Channel in 1787, in the last critical years before the Revolution. First priority was given to long sightings across the sea and this was followed by meticulous connection of these back to baselines. The English primary base was on Hounslow Heath, now covered by Heathrow Airport, with a secondary one on Romney Marsh near the sea, the consistency of the two being to within a few inches. The French used a line south of Paris. There was a distinctly competitive atmosphere as the two teams on either side of the English Channel vied for accuracy and speed. Roy in England relied on the enormous Ramsden theodolite, weighing almost a ton, while in France Cassini used the elegant Borda circle, much easier to read, but lacking the telescopic power needed over long distances. In the event, the achieved accuracy on both sides was remarkable for the period, with the

---

[26] La Caille, N.-L. de, (1763). *Journal historique du voyage fait au Cap de Bonne-Espérance.* Paris.

[27] Mason, C. and Dixon J. (1786). *Philosophical Transactions of the Royal Society of London,* Vol. 58, p. 20.

[28] Maire C. and. Boscovich R. J., (1755). *De litteraria expeditione per pontificam ditionem a dimentiendos duos meridiani gradus.* Rome.

two meridians located to within some 30cm, equivalent to about 0.2 seconds of time in the Earth's rotation.[29]

After mutual congratulations on the accuracy of the result, Cassini came to London and was welcomed by the Royal Society – though his efforts to probe the secrets of England's success in instrument engineering and optics were politely deflected. The longer-term aftermath of the meridian measurements was less congenial. A century later the Washington Conference of 1884, much to the annoyance of the French, established the priority of the Greenwich meridian as a time-standard. Twenty-five countries concurred, but France held out against "Greenwich mean time" until 1911 as a time-standard and 1914 as a navigational reference. Even today, when GMT is no longer a reference for scientific work and "atomic clocks" are the standard, there are occasional French objections to the ways of fine-tuning the accepted universal time-scales.

These developments take us some way from the original interactions and tensions of the eighteenth century, but it is reasonable to conclude that the early international collaborations, particularly those between France and England, set the tone for what were to become the worldwide coordinated projects in Earth science that continue to prosper to the present day.[30]

---

[29] For an account of the Paris-Greenwich triangulation see Widmalm, S., "Accuracy Rhetoric and Technology: the Paris-Greenwich Triangulation, 1784-88" in Frängsmyr, T., Heilbron, J. L. and Rider R. E. (Eds.) (1990). *The Quantifying Spirit in the 18th century* [Uppsala Studies in History of Science, No. 7], Berkeley: University of California Press. Cassini's work was published as: Cassini, J-D . "De la jonction des observations de Paris et Greenwich et précis des travaux géograpiques exécutés en France, qui y ont donné lieu". *Histoire de l'Académie royale des sciences* Paris, Vol. 706.

[30] For a recent history of the development of modern international cooperation in geodesy see W. Torge (2005). "The International Association of Geodesy 1862-1922: from a regional project to an international organization". *Journal of Geodesy,* 78, p.558.

Chapitre 11

Réception en France des recherches sur le cerveau de Thomas Willis (1621-1675)

Thérèse-Marie Jallais

Au début des années 1750, deux libraires-imprimeurs, Desventes de Dijon et Fournier d'Auxerre (auxquels allait s'adjoindre, à partir de 1766, Charles Panckoucke) entreprirent, avec l'aval de l'Académie royale des sciences, la publication en français des travaux des cinq plus importantes Académies étrangères, à savoir : l'Académie *del Cimento* de Florence, la Société royale de Londres, les Ephémérides d'Allemagne, les Académies de Leipzig et de Copenhague. Le projet, dont le premier souscripteur n'était autre que Condé, prince de Clermont, membre de l'Académie française, vit le jour en 1755, avec la parution des deux premiers tomes de la *Collection académique composée des Mémoires, Actes ou Journaux des plus célèbres Académies et Sociétés littéraires (...).*[1] Il s'agissait de présenter aux lettrés et savants, un large panorama de la recherche, depuis le milieu du XVIIe siècle, incluant, outre l'historique de chacune des sociétés ou académies, une présentation critique des travaux

---

[1] *Collection académique, composée des Mémoires, Actes ou Journaux des plus célèbres Académies et Sociétés littéraires, des Extraits des meilleurs ouvrages périodiques, des Traités particuliers et des pièces fugitives les plus sûres concernant l'Histoire naturelle, la Botanique, la Physique expérimentale et la Chymie, la Médecine et l'anatomie, traduits en français et mis en ordre par une Société de Gens de Lettres,* chez Desventes de Dijon et Fournier d'Auxerre, libraires-imprimeurs, 1755-1770, huit tomes.

Echanges entre savants français et britanniques depuis le XVIIe siècle.
Robert Fox et Bernard Joly (éd.).
Copyright © 2010

jugés majeurs ainsi que des traductions d'extraits choisis des œuvres
retenues, traductions assurées par des spécialistes français avec la collaboration des correspondants étrangers de la *Collection*. Le dernier tome
fut achevé d'imprimer en 1770. Les tomes consacrés aux recherches
médicales de la Société royale de Londres vont ici retenir notre attention.
Il s'agit d'un nombre très important de textes médicaux sur des pathologies fort diverses ainsi que d'une présentation critique des travaux de
Thomas Willis (1621-1675), membre de la Société, auteur de *Cerebri
Anatome* (1664) et de *De Anima Brutorum* (1672), ouvrages dont il a
souvent été dit, à juste titre, qu'ils renouvelèrent l'approche clinique en
anatomie et physiologie cérébrale.[2] Ce vaste corpus nous suggère deux
questions. Quelle conception de la médecine s'y révèle? Comment furent
appréciées, par ses homologues français, les études en physiologie du
cerveau du médecin anglais ?

Deux remarques préliminaires sur les milieux français de l'édition
dans les années 1750 vont nous permettre d'éclairer les enjeux politiques
et scientifiques de cette impressionnante entreprise. La reconnaissance de
l'existence d'un réseau académique européen, qu'officialisait, à partir de
1755 donc, la publication de la *Collection académique* correspond à un
moment de pleine expansion des académies ou cercles scientifiques français de province, patentés ou non. Or, la diversité des relations entre
l'Académie royale et les très nombreux groupes de lettrés en France (relations qui pouvaient aller du loyalisme le plus fidèle à la plus grande
distance), incita probablement la première à une tentative d'unification
de ces mouvements divers, dont certains affichaient des particularismes
ou un patriotisme jugés quelquefois trop marqués.[3] Les travaux des collaborateurs de la *Collection* constituaient donc une caution à peine voilée à
cette unité politique et culturelle qu'incarnait l'Académie royale des

---

[2] Thomas Willis utilisait le terme neurologie. Le néologisme recouvrait, en réalité,
l'anatomie et la physiologie des nerfs. Thomas Willis, *The Anatomy of the Brain and
Nerves*, Montréal, Mc Gill, 1965, 66. La première édition, en latin, de l'ouvrage date de
1664. Son titre était : *Cerebri Anatome Cui accessit nervorum descriptio et usus*.
L'ensemble des travaux de Thomas Willis se trouve dans : *Opera Omnia, nitidius, quam
umquam hactenus edita, plurimum emendata, indicibus rerum copiossimis, ac
distinctione characterum exornatam*, Genève 1676.
[3] Voir, à ce sujet : Daniel Roche, *Le Siècle des Lumières en province. Académies et
académiciens provinciaux 1680-1780*, 2 vols, Paris, Mouton, 1, 35-62.

sciences.[4] La rétrospective européenne des recherches en histoire naturelle proposée aux lecteurs rappelait donc d'abord aux provinces de France que la paternité des échanges de savoirs devait rester parisienne et surtout, qu'elle ne prenait sens qu'à l'intérieur du strict cadre d'allégeance à la monarchie.

Notons, en second lieu, que la *Collection* tentait de contrecarrer le succès des publications scientifiques des milieux protestants français du Refuge. En effet, des pans entiers de la recherche en philosophie naturelle (sciences exactes et empiriques) avaient été laissés en jachère par les milieux favorables à la monarchie, à cause de la censure. Les huguenots réfugiés en Angleterre avaient, eux, fait preuve d'un remarquable dynamisme éditorial et investi, avec succès, ces domaines délaissés. Non soumis à la censure, ces publications étrangères qui circulaient en France affichaient une liberté de ton tranchant délibérément avec celui des journaux estampillés. Parmi les ouvrages des milieux francophones protestants réfugiés en Angleterre, citons surtout la *Bibliothèque britannique*.[5] Dès 1733, elle offrit à ses lecteurs francophones des analyses fort documentées sur les travaux en physique, en science naturelle et en médecine des savants anglais. Comparativement, *Le Journal des scavants*, prolongement éditorial des travaux des trois académies françaises faisait figure de parent pauvre, tant ses écrits s'étaient, au fil des décennies, réduits à des investigations théologiques ou juridiques fort consensuelles, souvent menées par des rédacteurs eux-mêmes censeurs.[6] En bref, dans ce milieu de l'édition en pleine ébullition, les collaborateurs de la *Collection académique*, fidèles à la Monarchie, tentaient, sinon de reprendre en main les publications indépendantes (l'entreprise eut été impossible avec l'abolition *de facto* de la censure en 1750), mais de regagner le terrain perdu dans la diffusion et l'étude des travaux des savants étrangers. Le débat scientifique ne saurait donc être dissocié des luttes politiques qui le sous-tendaient, comme le montre cette remarque de la préface de la *Collection* : « Il s'agit de redéfinir les domaines du savoir ».[7] Malgré le recul des publications fidèles aux institutions monarchiques qui n'étaient donc

---

[4] Emmanuel Le Roy Ladurie détaille les spécificités sociales des trente-huit académies de province dans la préface de l'ouvrage de Robert Darnton, *L'Aventure de l'Encyclopédie 1775-1800*, Paris, Perrin, 1982, 14 -16.

[5] *Bibliothèque britannique*, La Haye, Pierre de Hondt, 1732, *passim.*

[6] *Le Journal des scavants*, Paris, Pierre de Hondt, 1733-1747, *passim.* En 1727 le journal devint mensuel.

[7] *Collection académique, op.cit.*, tome I, *Discours préliminaire* et tomes VII, XXV.

plus, dans cette seconde partie du siècle, les lieux d'énonciation du « vrai » scientifique, la volonté de poser une finalité épistémologique à l'entreprise prouvait que les enjeux symboliques restaient essentiels.

Venons-en aux études de la *Collection* dans le domaine médical. Elles se décomposent, nous l'avons dit, en deux domaines distincts : la première est consacrée aux observations de malades par les membres de la *Royal Society* ou leurs correspondants locaux, la seconde à la présentation critique des découvertes de Thomas Willis (1621-1675) dans le domaine de l'anatomie cérébrale. Notons, d'emblée, que la très volumineuse première partie ne fait l'objet d'aucun commentaire de la part des savants français. Il s'agit, en fait, d'une impressionnante compilation de notes sur les pathologies les plus diverses : observation sur des pierres rendues par la vessie, sur la texture des muscles, sur les vers du nez, sur une femme enceinte de vingt-deux mois, sur une rate malade.[8] Aucune précision n'est donnée sur les raisons qui ont poussé les médecins français à sélectionner ces données plutôt que d'autres. Dans ce corpus, se trouvent aussi bien des approches galéniques de la maladie, basées sur la théorie des quatre humeurs (bile, atrabile, flegme, sang) et des qualités cardinales que des approches paracelsiennes, basées, elles, sur l'étude des composants chimiques des maladies (sel, soufre, mercure). L'absence de commentaires sur les pathologies est ainsi justifiée en introduction :

> Nous passerons sous silence tous les mémoires, qui, au lieu des faits, ne contiennent que des hypothèses, des théories, des raisonnements vagues.[9]

Cette méfiance affichée à l'égard des différentes écoles rappelle, en tout point, les remarques de Michel Foucault sur la médecine à l'âge classique dans *Naissance de la Clinique*.[10] Il convenait d'effacer les systèmes qui ne jouissaient plus d'aucun prestige pour laisser advenir le temps de la clinique, qui, seul, devait permettre d'accéder à la vérité. Il est encore précisé :

---

[8] *Ibid.*, tome VII, *passim*.

[9] *Ibid.*, 35.

[10] Michel Foucault, *Naissance de la clinique. Une Archéologie du regard médical*, Paris, PUF, 1963, *passim*. Voir également : *Michel Foucault Philosophe*, Rencontre internationale, Paris Seuil, 1989, 22-25.

La sémiotique n'étant qu'une suite continuelle d'observations et observer étant agir, pour nous, en médecine, tout est
pratique et non spéculatif. [11]

Privilégier la pratique en prenant des distances marquées par rapport
aux discours sur ces pratiques, c'est-à-dire par rapport aux théories, re-
venait, pour les auteurs de la *Collection* à se concentrer sur le descriptif.
En clair, la clinique est déjà donnée, ses manifestations ne sont pas autre
chose que ses conséquences. Il s'ensuit qu'à une exception près (cas de
la louve à laquelle on a fait absorber de la ciguë aquatique pour étudier
ses réactions), jamais ne sont présentées d'études de type expérimental
qui auraient impliqué la mise en place de procédures interprétatives. On
observe pour observer, ce qui est vu est ce qui est déjà su. Dans ce corpus, les quelques cas consacrés au cerveau à proprement parler (du ma-
niaque, de la vieille femme, de l'hypocondriaque) révèlent, à travers la
présentation des altérations cérébrales, la position très originale qu'occupe l'organe en question : il était conçu comme une caisse d'enregistrement des différentes maladies où devaient se dévoiler leurs différentes
valeurs thymiques : il se devait donc d'être aqueux pour le vieillard, plein
de sang pour l'épileptique. Le cerveau blanc signifie la démence, le cerveau noir l'hypocondrie, à condition que la semence soit de même couleur.[12] L'organe en question remplit donc, au niveau du discours une double fonction : métonymique et métaphorique. Métonymique en ce sens
que les conséquences des maladies se laissent à voir, par déplacement,
sur ou dans le cerveau. Métaphorique, en second lieu : dans l'approche
galénique, basée sur l'observation des couleurs et de la qualité des
liquides, les figures de style sur la lumière et l'eau prédominent. L'approche paracelsienne privilégie, elle, les métaphores renvoyant au monde
organique et aux phénomènes naturels (explosions volcaniques, déluges).
Pourtant, à sa création, en 1660, les membres de la société scientifique
qui allait devenir, en 1662, la *Royal Society*, s'étaient engagés à chasser
la métaphore des textes savants.[13] L'idéal de *logos* clair ainsi posé con-
tenait le déni des figures de style ou tout du moins de leur pertinence
dans le discours scientifique, dont l'état terminal se devait d'être absolument clos sur lui-même. Sur cette illusion d'une langue parfaite, ne

---

[11] *Collection académique, op. cit.*, tomes VII, IV.
[12] *Idem. , passim.*
[13] Margaret Llasera, *Représentations scientifiques et images poétiques en Angleterre au
XVIIe siècle. A la recherche de l'invisible*, Paris, CNRS Editions, 1999, 267.

pouvant permettre l'accès à la vérité qu'en se débarrassant de sa dimen-sion symbolique, savants français et anglais avançaient en parfait accord.

Passons, maintenant, au rapport de la *Collection académique* sur les travaux de Thomas Willis. Le docteur Savary, médecin du Roy et méca-niste convaincu, assura la coordination de l'étude. Le traducteur de Willis, lui, tint à garder l'anonymat. Ce point est souligné en présenta-tion, sans que, pour autant, les raisons d'une telle décision soient expli-quées.[14] Dans la très grande majorité des cas, les noms des traducteurs d'ouvrages anglais ou autres sont connus. Les travaux de Willis consti-tuent donc l'une des rares exceptions à cette règle établie. L'étude, à pro-prement parler, débute par une biographie ; elle est suivie d'extraits, en français, du *De Anima Brutorum* (1672), d'une analyse, enfin de la con-tribution de Willis à la recherche médicale.[15] Biographie, morceaux choisis, commentaires : on retrouve ici l'ordre retenu pour toutes les présentations des œuvres des savants étrangers. Le récit de la vie de Willis représente un modèle du genre, en ce qu'il développe un discours convenu, garant d'une image traditionnelle du spécialiste de philosophie naturelle. En effet, au moins autant que l'œuvre, ce sont les qualités mo-rales qui font du médecin le savant : « mœurs pures et conduite austère », « refus de la médiocrité », « pondération, sagesse, rejet de la charlatane-rie, grandeur d'âme ».[16] Ces vertus, loin de constituer un heureux additif aux qualités de l'homme de sciences, étaient bien la condition *sine qua non* de l'excellence de ses travaux. Il en découle, naturellement, que le *Cerebri Anatome* soit qualifié d'ouvrage « excellent » et que le *De Fer-mentatione* (1659) ait révélé « les talents de son auteur ».[17] La valeur de l'œuvre ne fait que rappeler celle de l'homme.

Un élément biographique, cependant, rompt la monotonie d'un propos hyper-codifié. Alors même que les rédacteurs de la *Collection* avaient affirmé leur détermination de ne pas aborder les questions de religion ou de politique, les positions en faveur du roi prises par Willis sont, ici, soulignées. En réalité, Willis, qui n'avait jamais caché ses sympathies royalistes, dut attendre 1660 pour être nommé professeur de philosophie naturelle à Oxford. De la même manière, son choix d'une carrière médi-cale, en lieu et place de la carrière ecclésiastique à laquelle il se destinait,

---

[14] *Collection académique, op. cit.*, tome VII, 31.
[15] *Ibidem.*
[16] *Idem*, XXIX.
[17] *Ibidem.*

à la veille de la guerre civile, est encore présentée comme marque de cette même sagesse :

> Willis se tourna donc du côté de la Médecine sans rien perdre des mœurs pures et de la conduite austère qui convenaient à son premier état.[18]

Le médecin, en même temps qu'il soignait les désordres des corps participait au maintien de l'ordre établi ou restauré. Qu'en était-il exactement ? En fait, l'attachement affiché de Willis à la cause monarchiste et à l'Eglise anglicane ne semble pas avoir été partagé par ses collègues, membres de la *Royal Society*. Des désaccords scientifiques existaient au sein de cette communauté de savants où les médecins néohyppocratistes étaient majoritaires, alors que Willis s'apparentait, lui, à la tradition iatrochimiste ; or Sydenham, tête de file des premiers, connut, entre 1643 et 1649, une promotion médicale spectaculaire, clairement liée à son soutien à la cause des Républicains alors que la carrière de l'anatomiste fut, à cause de ses choix politiques, plus chaotique. Willis réitéra, même, à plusieurs reprises, son refus de payer sa cotisation à la *Royal Society*.[19] Tout tend à prouver qu'il existait des désaccords importants entre ces deux figures de la médecine anglaise et que ces dimensions, tant politiques que médicales, restaient très imbriquées, au point qu'il paraît, aujourd'hui encore, difficile de les dissocier. En clair, bien que la valeur des travaux de l'auteur du *De Anima Brutorum* fût reconnue en Angleterre, l'homme n'était pas représentatif du milieu dans lequel il évoluait. Il est pourtant dépeint, par ses homologues français des années 1750, comme un parangon de sagesse, sa fidélité déclarée à la figure du roi Charles I renvoyant très exactement à la fidélité des médecins de la *Collection* envers leur propre monarque. On a bien affaire à la reconstitution d'une image de scientifique, image qui, dans sa version finale, renvoie à ces savants français, fiers défenseurs des institutions de leur royaume, un portrait, miroir d'eux-mêmes. A travers ce propos laudatif, se voit ainsi posée une continuité historique entre les deux communautés de scientifiques, continuité fondée sur l'affirmation d'une filiation toute politique, dans la réalité fort douteuse, dans la mesure où ce qui caractérisait tout membre de la *Royal Society*, c'était bien son autonomie relative par rap-

---

[18] *Idem*, XXX.
[19] Alfred Meyer and Raymond Hierons, « On Thomas Willis' Concepts of Neurophysiology », *Medical History*, 9, 1965, 144-145.

port aux pouvoirs en place, alors que les académiciens français et les cercles qui en étaient proches se distinguaient par leur soumission obligée et souvent consentie envers ces mêmes pouvoirs.

Des écrits de Willis, seul le *De Anima Brutorum* (1672) est présenté et commenté. Le choix éditorial d'étudier une œuvre tardive se justifie entièrement, dans la mesure où l'ouvrage constitue une vaste synthèse des principes et des découvertes du *De Fermentatione* (1659) et du *Cerebri Anatome* (1664), qu'il contient, de plus, un grand nombre de planches d'animaux disséqués gravées par Christopher Wren, parmi lesquelles pléthore de batraciens et mollusques dont le système nerveux présente l'avantage d'être relativement simple. Sont soulignées les trois avancées en neurologie dues aux recherches de Willis. Tout d'abord l'abandon complet de la pratique, courante à l'époque, de couper le cerveau en tranches pour l'étudier lui permit de développer une approche évidemment plus fine de la physiologie du cervelet en particulier. En deuxième lieu, l'injection d'encre dans les vaisseaux lui permit de conclure que l'obstruction de plusieurs artères laissait intacte l'irrigation de certaines parties du cerveau. Ces procédures expérimentales nouvelles constituèrent la base des études ultérieures sur la différenciation des fonctions cérébrales.[20] Enfin, et surtout, selon Willis, les mouvements réflexes supposaient une transmission aller-retour du cerveau à la terminaison nerveuse alors que les explications traditionnelles, y compris celles de Descartes, posaient une simple réaction de ces mêmes terminaisons nerveuses à un stimulus extérieur.[21] Les auteurs français remarquent, à juste titre, que l'anatomiste anglais avait, très tôt, complètement abandonné les explications galéniques en posant une représentation chimique des processus organiques. Leur présentation des apports de Willis s'avère remarquablement complète. Rétrospectivement, il convient seulement d'ajouter que les pathologies mentales, perçues par lui comme des dégénérescences chimiques, se rapprochaient par leur étiologie des maladies non mentales, ne portant donc plus la marque du satanisme de la folie. Les découvertes du neurologue expliquent que certains historiens,

---

[20] *Ibid*, 1-15. Voir également : Yvette Conry « Thomas Willis ou le premier discours rationaliste en pathologie mentale », *Science, raison, progrès au XVIIe et XVIIIe siècles dans le monde anglo-américain*, Paris, Université Sorbonne Nouvelle, 1977, 99-111.
[21] Walter Riese, « Descartes's idea of brain function » in F. N. L. Poynter, *The History and Philosophy of the Brain and its Functions*, Amsterdam, Israel, 1973, 115-134.

Rousseau par exemple, dans *Enlightment Crossings*, aient parlé, à leurs propos, de révolution scientifique, au sens où Khun utilise ce concept.[22]

Si le tableau dressé par les rapporteurs français offre un panorama précis des avancées de la recherche, la conclusion des auteurs peut surprendre le lecteur car, dans sa partie terminale, le ton tranche brusquement avec l'ensemble des propos laudatifs du corps du texte. Il y est, en effet, affirmé que le raisonnement de Willis renvoie à l'occultisme, que l'Anglais est resté fidèle à l'école des fermentateurs, et enfin qu'il ne fait pas mention de la notion d'impulsion.[23] Le caractère abrupt du propos rappelle étrangement l'éloge funèbre de Newton par Fontenelle en 1729, qui, après avoir loué le génie de l'homme, terminait en ne reconnaissant de valeur qu'aux seuls travaux d'optique du président de la *Royal Society* ![24] Quelles peuvent être, dans le cas du médecin, les raisons d'un tel revirement, pour le moins inattendu ? L'auteur de cet article, nous l'avons noté, était un mécaniste convaincu. Or, il est clair que l'explication de Willis sur le mouvement involontaire (explosions de ferments à l'intérieur du système nerveux) s'intégrait mal, à première lecture, au système cartésien. De fait, Savary, le rédacteur, opposait les conclusions de Willis à celles de Baglivi (1669-1707), médecin mécaniste qui, dans un traité intitulé *De La Force motrice*, posait une explication du mouvement différente : selon lui, seules les méninges entourant le cerveau et l'ensemble de la moelle épinière communiquaient ce mouvement, par impulsion à l'ensemble du corps.[25] A la différence de celle de Willis, l'explication de Baglivi ne prenait pas en compte les nerfs et le rôle important que ce dernier accordait à l'impulsion pouvait satisfaire tous les esprits cartésiens. Faut-il alors en conclure que nous retrouvons ici l'opposition traditionnelle entre les vérités cartésiennes seules accep-

---

[22] George. S. Rousseau, *Enlightnment Crossings, pre- and post- modern discourses*, Manchester, M. U. P., 1993, 122-141. Une découverte, selon Kuhn, peut être qualifiée de révolutionnaire si elle oblige les générations suivantes à prendre position par rapport à son contenu.

[23] *Collection académique, op. cit.*, tomes VII, XIII, XVI. L'impulsion cartésienne s'opposait, bien sûr, à l'attraction newtonienne. Voir, par exemple, l'explication de Antoine Furetière, *Dictionnaire universel*, La Haye, 1702, article impulsion.

[24] *Œuvres de Monsieur de Fontenelle*, Paris, Brunet, 1742, tome 6, *Eloge de Newton*, 339-342. Pour une étude de la réception des théories de Newton dans les milieux cartésiens français voir : Pierre Brunet, *L'Introduction des théories de Newton en France*, Paris, Albert Blanchard, 1931 ; rééd. Genève, Slatkine, 1970.

[25] Pour une explication détaillée de l'explication de Baglivi voir : *Dictionnaire encyclopédique des sciences médicales*, Paris, Masson, 1958, article Baglivi.

182 / T̲H̲ÉRÈSE-M̲ARIE J̲ALLAIS

tables en deçà de la Manche et inconciliables avec les vérités empiriques au delà ? Nous pourrions être tentée de le faire. Et pourtant ! Plusieurs éléments du texte remettent en cause une vision peut-être trop mani-chéiste. De fait, bien des points développés par Willis étaient en parfait accord avec les analyses du philosophe français, qu'il connaissait. Le neurologue avait repris à son compte l'idée selon laquelle les esprits ani-maux parvenaient, par le sang, dans tous les organes, qu'ils transmet-taient, par les tuyaux que sont les nerfs, le souffle nécessaire au bon fonctionnement des mouvements.[26] Les deux conceptions ne s'excluaient pas, même si l'explication du mouvement réflexe restait, pour Descartes, exclusivement centrifuge. Willis, lui, affirmait que des excitations exter-nes au corps pouvaient avoir, de manière centripète, une relation sur les esprits animaux et, en dernier lieu, le cerveau. La subtilité plus grande des explications de l'Anglais n'impliquait en rien l'incompatibilité des deux théories à la manière où l'attraction newtonienne, par exemple, excluait la théorie des tourbillons du même Descartes. Georges Canguilhem l'avait d'ailleurs rappelé dans son étude sur l'historique du mouvement réflexe.[27] En médecine, posait-il, les réponses apportées jouaient souvent sur plusieurs doctrines à la fois, chacune d'entre elles relevant d'écoles de pensées différentes. En bref, les explications fonc-tionnaient par superposition ou plus exactement par accumulation car dans ce domaine, à la différence de la physique par exemple, la dernière erreur n'est pas l'avant-dernière vérité.

Cette remarque ne nous éclaire pas cependant pas sur les réserves terminales émises par les rapporteurs français sur les travaux de Willis. Et ce, d'autant moins que, dans un très long préambule, les rédacteurs avaient justifié leur choix de ne présenter qu'un nombre limité d'œuvres de savants étrangers en ces termes :

> Seront exclus tous les travaux qui ne correspondent pas à l'esprit de Bacon, Leibnitz et Descartes.[28]

Seules, donc, les démarches inductives, ancrées dans une pratique (terme qui recouvrait l'expérience et le savoir-faire, mais non l'expéri-mentation) avaient été retenues. Trois médecins anglais correspondaient, selon les auteurs, à cette approche : Harvey, Willis et Sydenham. Com-

---

[26] Thomas Willis, *Cerebri Anatome*, *op. cit.*, 50 -51.
[27] Georges Canguilem, *La Formation du concept de réflexe*, Paris, Vrin, 1977, 11-32.
[28] *Collection académique*, *op. cit* , tomes I, III, tomes VII, II, XVI.

ment donc expliquer la véhémente critique des découvertes de Willis, alors même que l'anatomiste semblait avoir satisfait aux exigences scientifiques de la *Collection* ?

En fait, si l'on revient aux termes mêmes du rapport, il apparaît que la condamnation ne porte pas, *stricto sensu*, sur le contenu scientifique de l'analyse. A aucun moment, en effet, n'est récusée la synonymie parfaite entre âme et esprit posée par le médecin anglais ou l'affirmation selon laquelle les trois fonctions de l'esprit (raisonnement, imagination, mémoire) ne pouvaient être dissociées du cerveau. La plupart de ces assertions, prises isolément, n'avaient d'ailleurs rien de véritablement nouveau. Si, par exemple, la Renaissance avait, de par sa vision holiste de l'être humain, récusé l'importance d'une localisation précise de ces trois compétences, la médecine galénique l'avait, elle, très clairement posée. En réalité, l'accusation de Willis renvoie aux modalités de son raisonnement qui excluait l'interrogation sur la causalité, en ce sens qu'il posait les deux postulats précédemment cités (non démontrables avant l'utilisation du microscope) dont il n'envisageait que les conséquences. En ne s'intéressant qu'aux qualités de la matière cérébrale, comme Newton après lui qui privilégia l'étude des qualités de la matière tout court, Willis évacuait les questionnements sur ces causes pour accéder à un cadre plus global des observations qu'Henri Atlan, dans *A Tort et à raison* qualifie de cadre interprétatif abstrait permettant de prédire avec succès des classes d'évènements qui ne pouvaient être prouvés.[29] En ce sens, Willis, comme Newton, faisait bien preuve de ce que les auteurs de la *Bibliothèque britannique*, rivaux de la *Collection*, appelaient l'esprit de grande liberté des savants anglais qu'ils rattachaient, non sans quelque raison, à la liberté des institutions politiques du pays.

Il nous faut donc conclure que Willis avait beau « dire vrai », au niveau strictement scientifique, car nombre de ses postulats connurent de fructueux prolongements, il n'était pas « dans le vrai » du discours médical français des années 1755-1770.[30] Mais le rejet de ses découvertes jusque dans la seconde moitié du siècle, porte la marque, non pas tant d'un cartésianisme intransigeant, que de rivalités éditoriales entre les milieux de la *Collection académique* toujours fidèles à la monarchie

---

[29] Henri Atlan, *A Tort et à raison, Intercritique de la science et du mythe,* Paris, Seuil, 1986, 189-191.

[30] Sur la distinction entre « dire vrai » et « être dans le vrai », voir Michel Foucault : *Dits et écrits, 1954-1988*, Paris, Gallimard, 1994, 770.

française et les milieux du Refuge, défenseurs des valeurs politiques nouvelles qu'incarnaient les scientifiques anglais et leur méthodologie peu orthodoxes. Et pourtant ! Ce savant participa directement à l'élaboration de nouvelles manières de dire le cerveau : ses tropes s'inscrivaient incontestablement en rupture avec ceux qui prévalaient à l'époque en anatomie cérébrale et qui, très souvent, renvoyaient à la lumière, la liquidité, les phénomènes naturels. A partir de maquettes du cerveau en carton pâte, il spatialisa la villa encéphalique avec la représentation en trois étages des trois fonctions de l'esprit rappelant, en tout point, la villa palladienne à la mode à l'époque en Angleterre. Or, à travers ces métaphores architecturales, cette architectonique originale du cerveau, se dévoile la fonction heuristique spécifique à cette figure de style. Les métaphores de Willis explorent, en effet, des champs préparatoires où le concept se cherche encore, n'est toujours pas assuré. Loin d'être, comme l'affirment les rapporteurs français, une couche archaïque de la curiosité scientifique, ayant vocation à disparaître, elle constituent, dans ce cas précis, ces éléments novateurs indissociables du discours savant qui vont permettre l'accès à de nouvelles vérités car la vérité, y compris scientifique, n'est-elle pas, en effet, qu'une multitude mouvante de métaphores et de métonymies, qui, après avoir été rehaussées et ornées par des générations entières, semblent, aux yeux des nouvelles générations, canoniques et contraignantes ?[31]

---

[31] Frederic Nietzche, *Vérité et mensonge au sens extra moral*, in *Œuvres philosophiques complètes*, Paris, Gallimard, 1975, I, vol. 2, 282.

Troisième section

Le XIXe siècle

Chapitre 12

Language, the theory of signs, and the intellectual impact of French "Idéologie" on Charles Babbage's early mathematical research

EDUARDO L. ORTIZ

From around 1810 the young British mathematician Charles Babbage, then a student at Cambridge University, became deeply interested in contemporaneous developments in his discipline in France and even participated in the translation into English of a standard French mathematical textbook, Silvestre Lacroix's treatise on calculus (Lacroix 1816). In an "Essay" published in the *Philosophical Transactions* of the Royal Society in 1815-16 Babbage introduced a specific language, formulated as a tightly structured system of notation, to solve difficult functional equations in one or several variables (Babbage 1815-16)[1]. This field had recently attracted the attention of leading mathematicians, such as Laplace, D'Alembert, and Monge. In the development of his original ideas Babbage displayed a fairly sophisticated and modern conception of alge-

---

[1] On the historical development of functional equations, see (Dhombres 1986); Babbage's mathematical work is reviewed in (Dubbey 1978); details on the mathematics of Babbage's approach to functional equations are given in (Ortiz 2007). Babbage's works have been compiled and published by Martin Campbell-Kelly in 1989 in an excellent edition with a useful index and notes (Babbage 1989).

Echanges entre savants français et britanniques depuis le XVIIᵉ siècle.
Robert Fox et Bernard Joly (éd.).
Copyright © 2010.

bra. His approach made it possible to reduce the solution of complex functional equations, often with considerable success, to some form of algebraic manipulation. However, although capable of solving interesting types of functional equations (some of which had to wait until the 1940s to be solved again)[2], his special methodology of 1815 was not advanced after 1820 and cannot be regarded as having been fully incorporated into Mathematical Analysis.

I claim that Babbage's conception of the power of language as an analytical tool in science, which dictates the fabric of his theoretical approach to functional equations, belongs to the circle of ideas proposed by Condillac and made explicit for the case of mathematics in his celebrated work *La langue des calculs*[3] (Condillac 1798). However, by the time Babbage published his "Essay", Condillac's views were widely disputed by French philosophers of science, among whom there was intense debate on the role and structure of language and on its impact on the development of science. The new ideas were coming from the school of the "Idéologues", which was broadly regarded as the inheritor of Condillac's tradition[4].

Changes in the conception of the relations between science and language became more apparent to Babbage towards the 1820s, that is, at a time when intellectual exchanges between Britain and France became more fluid. However, this new, easier communication seems to have contributed to lessen Babbage's enthusiasm for his line of research, rather that to support it.

In a new paper, written and read in 1821 but published in 1827 (Babbage 1827: 329-30), Babbage quoted a critique of Condillac's published by Joseph Marie de Gérando in (de Gérando 1800). He seems to have accepted some of de Gérando's arguments, as he claimed that he had independently arrived at similar conclusions. We must assume that Babbage's views on the subject in 1821 differed considerably from the ones he supported earlier. This means that in 1815-16 he operated with a delay of at least ten to fifteen years in relation to critical analysis in France, as the conception of the role of language in science adopted by Babbage in his 1815-16 "Essay" is not supported but rather strongly criti-

---

[2] However, a different approach from that of Babbage was used in (Silberstein 1940); the author does not seem to have been aware of Babbage's work in the area.

[3] For a careful re-edition of this book, with interesting notes, see (Condillac 1981). For an overview of Condillac's work, see (Réthoré 1864), (Knight 1968).

[4] On the "Idéologie" movement, see (Picavet 1891), (Moravia 1968), (Gusdorf 1978), and the references given therein.

cised by de Gérando in his extensive treatise on the theory of signs of 1800. By 1820 de Gérando's views of 1800 had, in turn, been superseded by more advanced research published between 1798 and 1817 by Antoine-Louis Claude Destutt de Tracy[5], the acknowledged leader of the school of "Idéologues", and by other members of his group. They were actively working on the formulation of a general theory of ideas from a philosophical perspective.

It should also be remarked that precisely in the 1820s Babbage left the apparently promising line of research that combined pure mathematics and an abstract approach to linguistics, a methodology he had initiated with his "Essay". In fact, by 1820 Babbage abandoned research in pure mathematics altogether. When the so-called "symbolic" techniques began to be developed by British mathematicians, from the 1830s onwards[6] there was little reference to Babbage's pioneering work on functional equations[7]. Perhaps, views on language had changed sufficiently to make his theoretical framework look outdated.

This discussion has a further point of interest, as Babbage belongs to the minority of English mathematicians generally regarded as acquainted with, or at best interested in, the new developments that were taken place contemporaneously in France. It seems reasonable, therefore, to question the real strength of the channels of communication through which exchanges in areas of philosophy that affected mathematical research circulated between France and England in the last years of the Napoleonic period and in the early period of the Bourbon Restoration.

Condillac's circle of ideas and *La langue des calculs*

In his unfinished book *La langue des calculs*, published posthumously in 1798, Condillac set himself the task of finding the *grammar of algebra*. This was, indeed, a most difficult task, which may explain why the book remained unfinished. In the work Condillac declared that his studies on mathematics were really not an objective in themselves. Rather, they were a step towards fulfilling a much larger goal: to show how all

---

[5] See (Destutt de Tracy 1798 [An VI]), (Destutt de Tracy 1801a [An IX]), (Destutt de Tracy 1826a&b), (Destutt de Tracy 1817). For a biography of Destutt de Tracy, see (Arnault, Jay, Jouy, and Norvins 1822), (Newton de Tracy 1852), (Kennedy 1978), and the references given therein.

[6] Particularly through the work of George Peacock, Augustus De Morgan, and Duncan F. Gregory in the 1830s; see (Nový 1973), Ch. 6.

[7] In a detailed review (Grattan-Guinness 1979) the author points (in p. 86) to a short reference to Babbage's work in (De Morgan 1835?).

sciences could be given the accuracy often assumed to be exclusive to mathematics (Condillac 1798: 8). In the background of his expectation – that metaphysical analysis and mathematical analysis were equivalent, and consequently that one and the same analysis would apply to them (Condillac 1798: 218) – lies the possibility of a transcendental system of calculation with ideas, rather than merely with numbers. According to Condillac: "[c]ertainement calculer c'est raisonner, et raisonner c'est calculer: si ce sont-là deux noms, ce ne sont pas deux opérations" (Condillac 1798: 226-7). He warned, however, that because of the nature of the ideas involved, analysis in metaphysics is definitely more difficult than in mathematics.

Condillac closed the first part of *La langue des calculs* by stating that in it he had played the role of a *grammarian*, as algebra is nothing but a language. He stated he had achieved the goal of discussing the grammar of algebra and reflected on the fact that languages are nothing but more or less perfect, analytical methods. Regarding language as an analytic method, i.e., identifying it with analytical logic, brought language even closer to the elaborate model of algebra. That is why a thorough analysis of the language of algebra was, for him, a necessity. If the language associated with a given science could be taken to a higher degree of perfection, then anyone "speaking" the language would be able to understand that particular science with much greater precision. Therefore, for him, to create a science was nothing more than creating a language; to study a science is to learn "[u]ne langue bien faite" (Condillac 1798: 228). This well-known statement called for reconsideration, and some of his followers attempted to do just that.

In *La langue des calculs* Condillac inscribed his well known statement: "[T]oute langue est une méthode analytique, et toute méthode analytique est une langue" (Condillac 1798: 1). Around the turn of the eighteenth century to the nineteenth, and to a large degree due to Condillac, the structural model of algebra was introduced in a variety of fields. For example, in botanical classification, in chemistry, in the two-dimensional graphical representation of space objects (as in descriptive geometry), and in the classification of mechanical machinery. In line with Condillac's ideas, Babbage introduced new notation, rules, and symbols to develop a special "language" in the context of functional equations. He adopted the concept of *function*, not that of quantity, as the atomic element in his language, anticipating some basic ideas on functional analysis and the theory of abstract spaces. The results that Babbage published in his "Essay" of 1815-16 reflected both mathematical and philosophical ideas informed by his direct or indirect reading of Condillac's work[8]. However, towards the end of the 1790s conceptually deep fractures began to appear between Condillac and a new generation of his disciples, the "Idéologues". From different angles and perspectives, members of this school were attempting the construction of a science of ideas.

If an understanding of the origin of language had been the subject of a substantial literature in the late eighteenth century (Harnois 1929), (Kuehner 1944), in which, as we have seen, Condillac's work occupies a central position, the beginning of the nineteenth century is marked by a much closer interest in a systematic development of a theory of signs. This "general linguistics" was seen as the key to a better understanding, not only of ordinary language, but also to the advancement of our understanding of science and of the "mechanics" of the mind's processes. The latter was a question that attracted Babbage's attention, particularly in connection with automatic mechanical calculation.

The theory of signs as a turning point in the development of 'ideology'

The views expressed in de Gérando's four volume book on the theory of signs mark an important split in method between members of the two successive generations of the French school of "Idéologues"[9]. This fracture is central to the topic of my paper. The new work of de Gérando of 1800 and, particularly, the far more refined work of Destutt de Tracy, Maine de Biran, and others in the same school, brought about a change of perspective in relation to Condillac's optimistic views on the power of language in science. I argue that these advances on the perception of language as an analytical method, which no doubt were a French philosophical export of considerable mathematical significance, were not clearly received by Babbage until possibly twenty years later, as suggested by the structure of his work on the calculus of functions of 1815-16 and by his later paper of 1821.

Although there are differences, sometimes deep differences, between the two philosophers, de Gérando's intention was not to demolish Condillac; indeed, much of his work was to remain as an integral part of the school's second generation. This permanence at a time of deep philosophical debate and intense social and political change is one of the elements that gave coherence to the school of "Idéologie", a group whose

---

[8] Babbage did not specifically quote Condillac in his works.
[9] I follow Picavet's stratification of schools within the "Idéologie" movement.

identity and unity are sometimes difficult to grasp. De Gérando credits Condillac with the perception that the mechanism of abstract thought involves a succession of translations (de Gérando 1800 1: xiv), and also with having started an exploration of the relationship between signs and ideas. However, de Gérando criticized Condillac for the excessive emphasis he had put on the interplay between languages and analysis, a point that may have benefited Babbage if he had known it earlier. On that important question de Gérando was very specific, questioning Condillac's grand ideas on language as an analytical tool quite frontally, rather than referring to possibly correctable limitations or shortcomings in his conceptions. He also censured Condillac for making statements that were too absolute, for example that the study of a science is limited to learning a language and that a well developed science is nothing but a well constructed language.

The position of language in science was clearly experiencing a substantial change in the twenty years that separate Condillac and his new critical followers. The changes of perception on the role of language in science that took place roughly between 1780 and 1800 (and were deeply influenced by Condillac's *La logique*, published in 1780), were perhaps less perceptible in philosophical writings than in the views expressed by scientists, such as in Lavoisier's *Méthode de nomenclature chimique* (Lavoisier et al. 1787) of 1787, even if claiming inspiration in Condillac's works.

De Gérando's work marks the tentative beginnings of a new grouping within Condillac's school; while still accepting some of his basic ideas on sensations, its members began to distance themselves from his attractive, perhaps also simplistic, ideas on the overwhelming power of language to dictate the path of science and knowledge. In particular, they broke with Condillac's implicit view that removing any conceptual obstacles is not a necessary precondition for the construction of a scientific language[10].

In his book on the theory of signs de Gérando hinted that language alone is not the cause of mathematics' prominence; he suggested that the very special structure of mathematics is what has allowed for the development of a powerful language in it. On systems of language, in particular on algebraic language, de Gérando referred to the coexistence of two very different ingredients: one depending on the nature of the signs used

---

[10] In *La langue des calculs*, Condillac encountered difficulties in his discussion of algebra; for example, in connection with the possible enlargement of the realm of quantity with the complex numbers, which he was naturally forced to reject.

and the other on the laws controlling their composition; in terms of grammar, the elements of the discourse and syntax (de Gérando 1800 1: 263). The discussion, initially, was on elements and on laws of composition for them; again, in linguistic terms, between the "dictionary" and a "grammar" that regulates the combinations of the elements in the dictionary. It became clear to de Gérando that a new methodical language would not be an "algebra" in the traditional sense of the word, as its structure and rules would not be those of ordinary algebra. For example, methodical languages would not share with the algebraic language the facility of having "mobile" symbols, as in ordinary algebra, capable of representing with equal validity known and unknown quantities. In a methodical language there cannot be "unknowns" in the algebraic sense, as the formation of signs is controlled by the formation of the corresponding (and therefore *known*) ideas. He concluded that the symbols and methods of algebra are inapplicable to metaphysics because of the very nature of the topics discussed there (de Gérando 1800 4: 170-1). De Gérando distanced himself even more clearly from Condillac when he remarked that the symbols and methods of one cannot be easily applied to the other due to the different nature of the questions addressed in algebra and metaphysics.

In his paper of 1821 Babbage adopted a more subtle evaluation of the power of language than in his "Essay" of 1815-16, becoming closer to the ideas de Gérando's developed in his work on signs of 1800. However, his quotations still show a delay of over twenty years in his intellectual communication with contemporaneous French scientific and philosophical circles. He argued in 1821 (Babbage 1827: 329-30), that he had independently arrived at the views expressed by de Gérando in 1800; this must necessarily have happened in the second half of the 1810s, after writing his "Essay" on functional equations. However, at the time Babbage quoted de Gérando's thoughts, these ideas had been largely superseded in France by more far advanced and refined philosophical research. This matter has some interest since through his life Babbage continued using language[11], not always with success, in different forms and in different contexts, most obviously in his mechanical inventions.

---

[11] In terms of the concept of algorithm, as discussed in (Grattan-Guinness 1992).

Destutt de Tracy's abstractions: "Les langues, des espèces d'algèbres"

Destutt de Tracy expressed his disagreement with the idea, often derived from Condillac's dictum, that to renovate a particular chapter of science and launch it into a new avenue of progress it is only necessary to renew its nomenclature and introduce a more systematic language, a language *méthodique*. He wrote that "[c]ependant ce n'est point du tout cela dont il s'agit" (Destutt de Tracy 1826b: 26-7). In 1816 Babbage remained one of those distant disciples of Condillac who still upheld these outdated ideas.

Returning to his critique of Condillac's prescription, Destutt de Tracy stated in his *Élémens* that even accepting the advantages of a good nomenclature and of a well designed language, it is not *words* that *create* science (Destutt de Tracy 1826b: 27n). In a direct reference to Lavoisier's work, he used the theory of the phlogiston to illustrate how little advance had been possible before clarifying the obscure points of that science to the extent Lavoisier and his colleagues had done. It was only then they confronted the task of constructing a new language capable of expressing their new ideas. He had turned Condillac's propositions upside down. In Babbage's "Essay", however, basic questions relating to the existence or uniqueness of the inverse of the operator defining the given problem are, quite naturally for the time, left aside.

In his work Destutt de Tracy considered some of Condillac's over-simplifications on the question of languages specifically designed for use in science. He discussed the possibility that these languages may have a structure far more complex than that of ordinary algebra. He did not accept that scientific languages (with the exception of that of algebra) could be regarded as potential keys to formulate the way forward in a specific field of science in which its fundamental laws have not yet been formulated. In his view, languages are representations of an actual contingent scientific structure. He did not rule out, however, the existence of formal analogies between algebra and the various scientific languages. His view on the relationship between algebra and other specific scientific languages is expressed in the statement: "[c]'est bien là ce qu'est l'algèbre: aussi l'algèbre est une langue, et les langues ne sont elles-mêmes que des espèces d'algèbres" (Destutt de Tracy 1801b: 239). This was clearly not *ordinary* algebra as Condillac had postulated. It was left to George Boole, in 1847 (Boole 1847), to construct such special algebra for logic.

Conclusion

As we have seen, by the time Babbage's "Essay" was published, French philosophers interested in questions related to the philosophy of science and mathematics were highly critical of Condillac's definitive statements and were constructing new formulations of the concept of language and its relationship with science. Babbage does not seem to have been aware of them until well after the publication of his "Essay". According to his biographers[12], Babbage probably made his first visit to Paris, together with John Herschel, in 1819; the same year in which the Cambridge Philosophical Society was founded. In that trip Babbage met with a number of scientists who were in direct contact with leading "Idéologues", sharing with them positions in many official bodies including the Academy of Sciences. As indicated earlier, after that trip Babbage quoted de Gérando's critique of Condillac's theories on language and analysis. It is significant that after the 1820s he stopped working on the development of analytical scientific languages to solve problems in pure mathematics, as he had attempted for the case of functional equations in his 1815-16 "Essay". By 1817 de Gérando's critical assessment of Condillac had been largely superseded in France, particularly through the publication of Destutt de Tracy's well designed and original treatise *Élémens d'Idéologie* and, also, through the work of some of his disciples, such as Maine de Biran. By 1821 Babbage does not seem to have been seriously influenced by this more recent work; this suggests again that he operated with a delay of at least ten to fifteen years in relation to critical analysis in France.

Finally, I wish to remark that since these ideas would have constituted a philosophical export of considerable mathematical significance, clearly not transmitted to or through Babbage, it seems reasonable to call into question the amplitude and modernity of the channels of communication carrying items of philosophy, of some significance to science and mathematics, between France and Britain in the period considered in this note. It should be noted that, on the French side, an extract of Babbage's 1815-16 work was translated and published by Joseph D. Gergonne only in 1822, that is, after Babbage's visit to Paris (Gergonne 1821-2).

---

[12] See for example (Hyman 1982), pp. 40-4; see also (Babbage 1864), Ch. XXXV and XXXVI.

References

Arnault, A. V., Jay, A., Jouy, E. and Norvins, J. (1822). *Bibliographie nouvelle des contemporains, ou dictionnaire historique et raisonné*. Paris, vol. 5, pp. 434-5.

Babbage, Charles (1815-16). "An essay towards the calculus of functions", Parts I and II. *Philosophical Transactions of the Royal Society*, 105, pp. 389-423 and 106, pp. 179-256.

Babbage, Charles (1827). "On the influence of signs in mathematical reasoning". *Transactions of the Cambridge Philosophical Society* 1, pp. 325-77 (see pp. 329-30).

Charles Babbage (1864). *Passages from the Life of a Philosopher*. London: Longman, Green, Longman, Roberts, & Green.

Charles Babbage (1864). *The Works of Charles Babbage*. 11 volumes. London: William Pickering.

Boole, George (1847). *The Mathematical Analysis of Logic, being an Essay Towards a Calculus of Deductive Logic*. Cambridge :Macmillan.

Condillac, Bonnot de (1798). *La langue des calculs*. This is vol. 23 of Condillac, Bonnot de (1798). *Oeuvres complètes de Condillac* (1798 [An VI]). Ed. by Arnoux, Guillaume and Mousnier. Paris.

Condillac, Bonnot de (1981). *La langue des calculs*. Ed. by Auroux, Sylvain and Chouillet, Anne-Marie. Lille: Presses universitaires de Lille.

De Gérando, Joseph Marie (1800 [An VIII]). *Des signes et de l'art de penser considérés dans les rapports mutuels*. 4 vols., Paris.

De Morgan, Augustus (1835?). "Calculus of functions". *Encyclopaedia metropolitana* 2, pp. 305-89.

Destutt de Tracy, Antoine (1798 [An VI]). "Mémoire sur la faculté de penser".. *Mémoires de l'Institut national des sciences et des arts* 1, pp. 283-450.

Destutt de Tracy, Antoine (1801a [An IX]). *Projet d'Eléments d'Idéologie à l'usage des écoles centrales de la République française*. Paris.

Destutt de Tracy, Antoine (1801b [An IX]). *Élémens d'Idéologie*. Vol. 1 (*Idéologie proprement dite*). Paris.

Destutt de Tracy, Antoine (1826a). *Élémens d'Idéologie*. Vol. 2 (*Grammaire*). Bruxelles.

Destutt de Tracy, Antoine (1826b). *Élémens d'Idéologie*.. Vol. 3 (parts 1 and 2), (*De la logique*). Bruxelles.

Destutt de Tracy, Antoine (1817). *Élémens d'Idéologie*.. Vols. 4 and 5, (*Traité de la volonté et de ses effets*). Paris.

De Gérando, Joseph Marie (1800 [An VIII]}. *Des signes et de l'art de penser considérés dans les rapports mutuels*. 4 vols., Paris.

Dubbey, John M. (1978). *The Mathematical Works of Charles Babbage*. Cambridge: Cambridge University Press.

Gergonne, Joseph D. (1821-2). "Des équations fonctionnelles, par M. Babbage". *Annales des mathématiques pures et appliquées* 12, pp. 73-103.

Grattan-Guinness, Ivor (1979). "The mathematical works of Charles Babbage by J. M. Dubbey". *British Journal for the History of Science* 12, 40: pp. 82-8.

Grattan-Guinness, Ivor (1992). "Charles Babbage as an algorithmic thinker". *IEEE Annals of the History of Computing* 14, No. 3, pp. 34-48.

Gray, Jeremy and Parshall, Karen H., eds. (2007). *Episodes in the History of Modern Algebra (1800-1950)*. Providence/London: American Mathematical Society/ London Mathematical Society.

Gusdorf, Georges (1978). *Les sciences humaines et la pensée occidentale*. 8 vols. Paris: Payot. (in particular: vol. 8, *La conscience révolutionnaire. Les Idéologues*).

Harnois, Guy (1929). *Les théories du langage en France de 1660 à 1821*. Paris: Société d'Édition Les Belles Lettres.

Hyman, Anthony (1982). *Charles Babbage, Pioneer of the Computer*. Princeton: Princeton University Press.

Kennedy, Emmet (1978). *Destutt de Tracy and the Origins of "Ideology"*. Philadelphia: American Philosophical Society.

Knight, Isabel (1968). *The Geometric Spirit. The Abbé de Condillac and the French Enlightenment*. New Haven:Yale University Press.

Kuehner, Paul (1944). *Theories on the Origin and Formation of Languages in the Eighteenth Century in France*. Philadelphia: University of Philadelphia.

Lacroix, Silvestre François (1816). *An Elementary Treatise on the Differential and Integral Calculus*, translated from the French by C. Babbage, G. Peacock, and J. F. W. Herschel. Cambridge.

Lavoisier, Antoine (with Louis Bernard Guyton de Morveau, Claude-Louis Berthollet, and Antoine de Fourcroy) (1787). *Méthode de nomenclature chimique*. Paris.

Moravia, Sergio (1968). *Il tramonto dell'Illuminismo. Filosofia e politica nella società Francese (1770-1810)*. Bari: Laterza.

Newton de Tracy, Sarah (1852). *Essais divers, lettres et pensées*. 3 vols., Paris.

Nový, Luboš (1973). *Origins of Modern Algebra*. Prague: Academia.

Ortiz, Eduardo L. (2007). "Babbage and French *Idéologie*: functional equations, language and the analytical method". In (Gray and Parshall 2007), pp. 13-48.

Picavet, François (1891). *Les Idéologues. Essai sur l'histoire des idées et des théories scientifiques, philosophiques, religieuses, etc., en France depuis 1789*. Paris.

Réthoré, François (1864). *Condillac ou l'empirisme et le rationalisme*. Paris.

Silberstein, Ludwick (1940). "Solution of the equation f'x) = f(1/x)". *Philosophical Magazine* 7, 30, pp. 18.

Chapitre 13

Alternative ways of teaching space: a French geometrical technique in nineteenth-century Britain

SNEZANA LAWRENCE

Descriptive geometry in France

Descriptive geometry saw the light of day in an atmosphere of anticipation – a lecture-hall full of students, all awaiting the famous savant, about to hear a lecture on the "revolutionary" technique expounded for the first time publicly after decades of secrecy. This was at the École normale, Paris, on 20 January 1795 (1er pluviôse III), and the professor was Gaspard Monge – mathematician, scientist and, in the years preceding this event, a revolutionary. On this day began his first course in descriptive geometry, a technique that he had discovered some thirty-two years earlier while working as a drafting clerk at the École royale du Génie de Mézières. The text of this course, which was published soon after the first series of lectures was completed, came from the stenographic notes of the lessons. These were first published in a special journal in 1795, before being transformed into a book by Jean Nicolas Pierre Hachette, Monge's assistant (both at the École normale, and later École polytechnique) in 1799 (Monge, 1799). The book came out in numerous editions and the technique has been taught in both French schools and across the world ever since. Britain, it is fair to say, is probably one of the

Echanges entre savants français et britanniques depuis le XVIIe siècle .
Robert Fox et Bernard Joly (éd.).
Copyright © 2010.

few countries of Europe where the technique has not survived the initial interest and translation.

Descriptive geometry was invented by Gaspard Monge (Taton 1951, Sakarovitch 1989, 1995, 1997) in or around 1764, when he worked as a drafting clerk at the time. As part of his everyday work duties at Mézières,[1] he was given the task of determining the height of the fortification in a design office. His invention was deemed so ingenious, and so useful in military engineering, that it was proclaimed a military secret. The scenarios of what "might have been if"[2] would be interesting to consider here, for the technique was not made public until the end of the century, and until Monge himself became involved in setting up the institutions of the new Republic during the Revolution.

The reason that the technique of descriptive geometry was declared a military secret was two-fold: it was considered an extremely novel and easy method of visualising space, and one that could be used against the national interests if it came into wrong hands; it was also recognized as a useful tool to have in terms of the prestige of the school where it was first conceived, and was later taught there in secrecy.

Principles of descriptive geometry

The technique of descriptive geometry addresses several issues. First, it is a coherent system, based on Euclidean geometry, with a uniform methodology and a few simple principles. Monge developed a description of space by introducing the method of generation: a point is a generatrix of a line; similarly any plane is generated by two lines. In descriptive geometry the position of any element is determined by its position with respect to the projection planes, of which there are two (for simplicity of explanation, the horizontal and vertical). The generation of a plane surface one could describe by the lines in which the plane in question intersects the projection planes. These two lines determine the plane in full and are called the traces of the plane.

---

[1] The Royal school of engineering at Mézières was founded in 1748 and was closed in 1794 when it transferred to the School of engineering at Metz.

[2] Some "ifs" might be the following: What if Monge did not become so prominent in the New Republic, setting up the institutions such as École polytechnique and École normale which provided the setting for the teaching of Descriptive geometry? What would have happened if Monge had died during the Terror? What would have happened if indeed no one looked seriously at the technique because it was invented by, at the time, a lowly clerk in a drafting office of a famous engineering school?

The traces of the plane on the projection planes may also be regarded as the lines that generate the plane. It should be now easy to see that those two traces meet on the straight line in which the planes of projection meet each other. In Monge's drawing (Figure 1.) this means that in the plane which has been named from its traces as BAb, those traces, namely the line AB and Ab, meet on the line AC=LM, which represents the intersecting line of two projection planes.

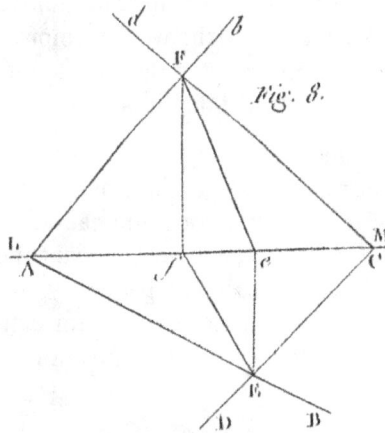

Figure 1. Plate III from *Géométrie Descriptive* by Monge, Edition Hachette, 1811, showing the primary operations with two planes. The system, although determined by two planes of projection, is actually represented only by their line of intersections, AC=LM on this diagram.

If we were to consider a second plane we would be able to see how this plane meets the first plane. We may bear in mind that this is the process that is used in the construction of any solid body with plane surfaces for its sides.

There are two important things to be learnt from this example that explain, in basic terms, the principles of the technique. First, every three-dimensional geometrical body can be described as a sum of planes which are generated by some mode of motion and intersect each other. This means that the solid is not regarded as an independent entity in itself, but as a product of motion and intersection of its primary elements. Had we further elaborated upon the above example, and said that, for example, the two planes which intersect should be orthogonal to each other, and if we had continued by adding further four planes in the similar manner so that each of them is orthogonal to the one it intersects, and that they should be on the same distance to the parallel ones on all sides, we would generate a cube. In this way the perception of all geometrical entities is changed from the image as being a collection of various forms, to the image as being a collection of various methods and processes by which those forms are being generated.

Monge's enthusiasm was directed to promoting this technique as a universal tool for practising and gaining geometrical and therefore scientific insight. He thought that developing an intuitive knowledge and being able to visualise space – which would improve with the study of geometry – is a most important step on the way of cultivating a clear and productive mind. Monge argued that it is only:

> through numerous examples and through the use of the straight edge and compass in the classroom that one can acquire the habits of the constructions and can accustom oneself to the choice of the simplest and most elegant methods in each particular case. ... in descriptive geometry, when the projections are produced, general methods exist for constructing, all which result from the form and the position of bodies (Monge, 1811:4).

Descriptive geometry in Britain

Apart from having application in military engineering, and later on in education, (through Monge's influence in setting the programmes at both École centrale des travaux publics, later renamed École polytechnique, and École normale)[3] descriptive geometry satisfied one important need that had become a vital question for engineers and architects. With the professionalisation of architecture and engineering, the craftsman and the professional became differentiated to such an extent that a need for a clear and easily transmissible system of communication between the two became an urgent issue.[4] The foremost problem was that of inventing a new principle of graphical communication. Such a "language" needed to satisfy two important prerequisites: it had to be easily transmissible, and

---

[3] For the history of these schools and their mathematics programmes see Grattan-Guinness (1990: 95).
[4] The boundaries between the arts, crafts, and the building professions became an important question for architecture and engineering during the seventeenth century. See Crison and Lubbock (1994: 91-111).

it had to be standardised, to allow usage across the territory for which it was valid.[5]

Up to and during the greater part of the eighteenth century, the geometrical techniques employed by craftsmen and designers were empirical recipes (Booker, 1963: 91-111). They offered few underlying principles of unity by which the similar processes of defining and executing the methods of stone-cutting could be transferred from one case to another. These techniques often resembled a catechism rather than an exact method. Furthermore, geometrical methods, both graphical and constructive,[6] were in the seventeenth and eighteenth centuries expounded in treatises on the art of stone-cutting;[7] they were mainly based on what authors found from the sources still surviving within the operative masons' craft, and were deeply coloured by the mythology pertaining to the secrets of the mediaeval masons.[8] But the need for a clearly defined communication technique amidst the separation of the professional and the craftsmen made the search for it an urgent issue, discussed and entertained on various levels of the engineering (both civil and military) and the architectural professions.

Between 1795 and the time the engineering and architectural schools at the new British universities were established in the first half of the nineteenth century (at King's College London in 1838 and University College London in 1841), this search led to the creation of a variety of systems of communication. Unlike the situation in France, the search was

---

[5] Territory in this context refers to the geographical area across which both the system of educating and practising a profession is overseen by a professional association.

[6] Graphical would be those techniques and methods whose primary aim was to represent objects (architectural or otherwise) as they would appear once completed; the constructive are those techniques which are used in order to derive certain properties of an object – for example finding the exact length of a diagonal of a cube would deem to be a constructive manipulation and part of a constructive method/technique.

[7] The main works were those of Mathurin Jousse, Le Secret de l'architecture, La Fleche, 1642; Abraham Bosse, La pratique des traits pour la coupe des pierres, Paris 1643; François Derand, L'architecture des voutes, Paris, 1643; Joseph Moxon, Mechanick exercises, or the doctrine of handy works, London, 1677; Jean Baptiste De La Rue, Traité de la coupe des pierres, Paris, 1728; Amédée François Frezier, Traité de la stéréotomie, Strasbourg, 1738.

[8] In the English language in particular, the work of Moxon: Mechanick exercises, published in London 1677, 1693, and 1700, was one such publication, as were the numerous works of Batty Langley who published extensively for the building craftsmen during the period between 1720 and 1760.

never, however, dependent entirely on the knowledge and use of descriptive geometry.[9]

The first English translation of Monge's work appeared in Britain in 1841, when the Revd. T. G. Hall of King's College, London, published *The Elements of descriptive geometry*. Hall's work was succeeded by a few books, published for the British military academies[10], which were the straightforward translations of the original technique. The last of these treatises was one published by John Fry Heather of the Woolwich military academy in 1851 (Fry, 1851).

Farish

An alternative version of what was deemed to be a valid answer to the question of the need for a "language of graphical communication" came from Cambridge in the early 1820s. It was given by William Farish (1759-1837), Jacksonian professor of natural and experimental philosophy at the University of Cambridge from 1813 to 1836. In 1820 Farish published a treatise on his use of a graphical representation system which he called "Isometrical perspective". In 1851 Heather, in his earlier mentioned work, made an interesting comparison of Monge's and Farish's systems and explained the main difference between them, pointing to that part of the system of descriptive geometry which most British authors on the subject found an impediment to its general acceptance:

> Descriptive geometry would require great accuracy in the construction of the shadows, and would frequently present great difficulties in practice.... [on the other hand] a single projection, the construction of which is remarkable for its simplicity, forms a conventional picture, conveying at once to the eye the actual appearance of the objects... This technique is Isometrical Perspective of William Farish.... (Fry, 1851: ix-x).

---

[9] For example, the French had a few other techniques of graphical communication invented in the first two decades of the nineteenth century, of which Cousinery's technique (Cousinery, 1828) was the most interesting one (in terms of the conception of space and projection apparatus).

[10] They were published for the Military Academy schools at Woolwich and at Portsmouth. The first translation into English language was also made for the military, albeit in the United States: it was published in 1821 by a former pupil of Monge, Claude Crozet, who found a post teaching the subject at the newly founded military academy at West Point, US (Crozet,1821).

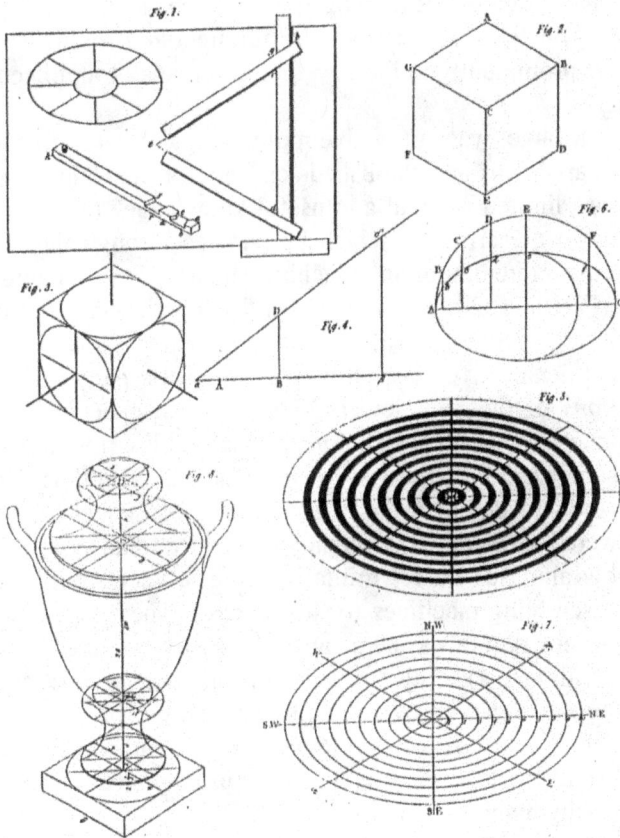

Figure 2. The first page of Farish's *Treatise on Isometrical Perspective* published in 1820, Cambridge.

Whilst Monge had grand ambitions for the use of descriptive geometry which he imagined as a universal language of graphical communication to be used throughout the territories defined by national educational systems, Farish invented his system of isometrical perspective for a simple purpose of showing his assistants how to assemble models for his lectures on natural and experimental philosophy. Farish held lectures on mechanical principles of machinery used in the manufacturing industries, and for these he often used models exemplifying particular principles. Storage of models and their transport from the store-room to the lecture theatres posed a problem, which he solved by making the models from elements which were then assembled by his assistants. Farish then published a short treatise describing this practice. Isometrical perspective, however, soon became very popular throughout Britain in various settings, most prominently in the developing schools of architecture and engineering.[11]

While Monge was an active politician and an influential educationalist, Farish was an established academic of the Cambridge elite. His interest was limited to "real and useful knowledge" (as the terms of the professorship prescribed)[12] which he pursued through the study of "almost all the more important machines in use in the manufactories of Britain" (Farish, 1820: 1-22), and was the founder and first president of the Cambridge philosophical society, founded in 1818. His treatise on isometrical perspective was published as the first paper to appear in the *Transactions* of the new society. This difference between the circumstances in which the two techniques – that of descriptive geometry and that of isometrical perspective – were invented, as well as the difference between their inventors, were to have major consequences for the ways the two were later adopted throughout the educational system in Britain.[13]

Farish's aim was purely utilitarian, with a very strictly defined purpose of assembling machines for his lectures. The real measurements of objects presented in this system cannot be easily extracted from the drawings. Sopwith (1834) in his treatise on isometrical perspective suggested that this problem can be overcome by using the process of "crating"[14] – an old technique used since the Renaissance for drawing objects by placing them in an elementary reference box (usually a cube), which can then be more easily manipulated.

Despite this limitation, the system of isometrical perspective remained part of publications on graphical systems of communication aimed at ar-

---

[11] Manuals used were that of Thomas Sopwith, an engineer (Sopwith, 1834), and Joseph Jopling an architect, (Jopling 1833).

[12] The Jacksonian Professorship of Natural and Experimental Philosophy was founded in 1782 from a bequest by the Revd Richard Jackson.

[13] Booker (1963: 73) said: "... Whilst Monge had been a draughtsman and knew quite a lot about designing and manufacturing things, Farish was an academic and seems to have been concerned with assembling things which were already made or were familiar enough to be brought into existence by someone else, the craftsman.... Farish's interests lay entirely in their mechanics, the broad scientific principles. It is doubtful whether he understood the concept of accuracy as Monge did; and of course, being only concerned with broad principles, drawing did not find a place in his engineering lectures – quite the reverse of Monge's curriculum in which drawing was the key subject."

[14] Dürer first explained the method of "crating" in his *Underweysung der Messung, mit dem Zirckel and Richtsheyt,* Nürnberg 1525 (Dürer, 1966).

chitects and engineers. A number of treatises were published on the various applications of the technique, and it soon became known as "a truly English" way of both presenting and communicating space.[15]

By the middle of the nineteenth century Farish's isometrical perspective came to be regarded in Britain as a possible answer to the difficulties posed by descriptive geometry, namely the abstract manner in which objects are presented. However, the search for a technique which would convey a pictorial representation as well as provide a necessary set of tools (such as easily extracting real measurements from a drawing) continued.

Nicholson's system of projection

The answer to the problem of finding a national "language" of graphical communication in Britain came from Peter Nicholson (1765-1844), who described himself as an "architect and a mathematician". He was born in Prestonkirk, East Lothian on 20th July 1765, a son of a stonemason. Nicholson became very interested in geometry and its applications to architecture, where he strove to develop an efficient system of graphical communication for the use of architects and craftsmen.

Nicholson was both an author and a practitioner, and, between 1805 and 1810 worked for Robert Smirke, architect of the British museum, as a superintendent of the building of the new court-houses at Carlisle. The character of his work may be seen as mediation between architect and craftsmen; in Soho (London) in the early 1820s, he organised private classes for the builders to teach them the rudiments of mathematics and technical drawing.

Between 1823 and 1840, Nicholson published more than fourteen books on architectural and engineering subjects (as well as two on "popular" mathematics) some of which survived many editions. As he progressed in his publishing projects, so his ambition to conceptualise a graphical communication system which was deemed necessary for the architectural and engineering educational undertakings, and much discussed during the period, became more obvious. We can best trace the invention of Nicholson's system of projection through his own account of events:

> In 1794 I first attempted the Orthographical Projection of objects in any given position to the plane of projection; and, by

---

[15] See Sopwith (1834), Jopling (1833), and Binns (1864).

means of a profile, succeeded in describing the iconography and elevation of a rectangular parallelopipedon: this was published in vol. II of the *Principles of Architecture* (Nicholson, 1823: 46-7).

Nicholson gave important, if brief, information on how and where he had become acquainted with descriptive geometry:

> In 1812 Monge's treatise was lent to me by Mr Wilson Lowry, celebrated engraver… (Nicholson, 1823: 47).

But even more interesting is his memory from the earlier period. Nicholson said in his *School of Architecture and Engineering* (1828), that in or around 1796 he had met Mr Webster, a drawing clerk for Mr Mitchell in Newman Street, who pointed out to him the similarity of his work to that of works from France. When in 1812 Nicholson was given Monge's treatise, he had it translated by Mr Aspin and published the major points in his *Architectural Dictionary* of 1813.

Nicholson's system undoubtedly rested on his knowledge and experience both of what was considered the necessary knowledge of builders' craft and of what was going on in this subject on the Continent. His account of the practical need for geometrical education, appearing in his 1839 edition of *Practical Treatise on the Art of Masonry and Stone-cutting*, described what he believed was the most important aspect of a new language of graphical communication:

> To be able to direct the operations of stone masonry, taken in the full extent of the art, requires the most profound mathematical researches, and a greater combination of scientific and practical knowledge, than all the other executive branches in the range of architectural science. (…) To enable the workman to construct the plans and elevations of the various forms of arches or vaults, as much of descriptive geometry and projection is introduced, as will be found necessary to conduct him through the most difficult undertaking (Nicholson, 1823: 47).

To this end Peter Nicholson invented and used a system which in his 1840 treatise he named "Parallel oblique projection", an orthographic system of projection which makes use of an oblique plane, so as to provide both the presentation of an object and the method by which such an object is to be executed at a building site. Over the years Nicholson perfected this system and eventually published a full treatise on it four years before his death. The *Treatise on Projection* (1840) explains Nicholson's system elaborately, together with numerous possible applications. Like most of the works in this genre, it was written for the engineer, architect, surveyor, builder, mechanic, and the like, suggesting that the technique should be used as a universal language of graphical communication among the different parties involved in building trade. This became accepted and known as the "British system of orthographic projection" (Grattan-Guinness and Andersen, 1994: 887-896) and was republished many times during the nineteenth century in the works of William Binns and Thomas Bradley, although without the reference to its inventor.

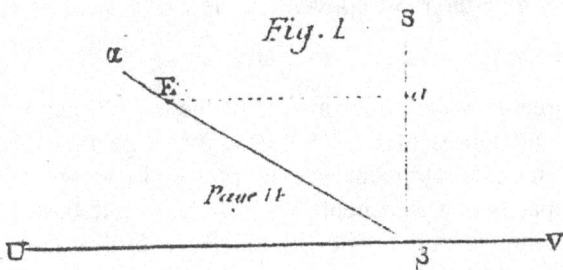

Figure 3. First diagram from Nicholson's *Treatise*, explaining the principles of his Parallel oblique projection. By the introduction of an inclined plane to the ordinary orthographic projection, a third, or oblique projection is obtained, which then enables the exhibition of a complex design. The third plane of projection is seen in its trace through the two primary planes of projection, by a line denoted α on the diagram.

Peter Nicholson's invention of Parallel oblique projection stands somewhere between descriptive geometry and isometrical perspective: by the introduction of a third plane of projection inclined towards the first plane, two of the most important objectives of orthographic projection in communication are satisfied: measurements are easily extracted from the drawing, and it offers an optional possibility of introducing more inclined auxiliary planes which enable the user to transfer objects freely to positions that are most appropriate for certain purposes. Additionally Nicholson's system also presents objects in their entirety, giving a sense of the "wholeness" of the solid bodies, and as such seems to had been granted the attribute of being "less abstract" than descriptive geometry proper.

The system which was developed by Nicholson and which subsequently gained the name of "British system of projection" (Grattan-Guinness and Andersen, 1994) became widely used in the schools of architecture and engineering at University College and King's College, London.[16] This system represents only one type of motion: the motion which comes from the shifting of an object in relation to the planes of projection. The systematic use of planes in terms of their orientation (i.e. clearly distinguished horizontal, vertical and oblique planes) meant that movement was almost reduced to movement of a solid into the position which would give the most convenient view or projection of it.

Alternative ways of teaching space

The degree to which the principle of the educational issue, as defined by Monge and represented by his descriptive geometry (i.e. that it is a technique which develops intellectual powers by means of easier visualisation of space)[17], was accepted in England and best explained by a Cambridge don, Robert Leslie Ellis (1817-1859), founder and editor of *The Cambridge Mathematical Journal*. In his report to the Royal commission of 1852 into mathematical education in England, Ellis testified that:

> the method of which it [descriptive geometry] makes so much use, namely, the generation and transformation of figures by ideal motion, is more natural and philosophical than the (so to speak) rigid geometry to which our attention has been confined (Great Britain, 1853: 224).

In France the new educational institutions of the Republic defined the ways in which mathematics, engineering and architecture and their communications were to be conducted. Considered a "revolutionary" subject,

---

[16] See King's College London (1839), and its reference to manuals suggested for the courses on "descriptive geometry".

[17] Monge (1811: 2) wrote on this educational aim of descriptive geometry as follows: "The second object of descriptive geometry (first being to represent, with exactness, in two dimensions, three dimensional objects) is to deduce from the exact description of bodies all which necessarily follows from their forms and respective positions. In this sense it is a means of investigating truth; it perpetually offers examples of passing from the known to the unknown; and since it is always applied to objects with the most elementary shapes, it is necessary to introduce it into the plan of national education."

stemming from "revolutionary" methods, descriptive geometry was taught in an accelerated way as an abstract and minimalist language of graphical communication as Sakarovitch (1995) pointed out:

> A scholastic discipline which was born in a school, by a school and for a school (but maybe one should say in the École polytechnique, by the École polytechnique, and for the École polytechnique), descriptive geometry allows the passage from one process of training by apprenticeship in little groups which was characteristic of the schools of the Ancien Regime, to an education in amphitheatres, with lectures, and practical exercises, which are no longer addressed to 20 students, but to 400 students (Sakarovitch, 1995: 211).

Another influence on how and why space was to be "taught" in England at the time came from Lord Brougham.[18] He was instrumental in both setting down the framework of the educational programme for the Mechanics' Institutes, and being involved in founding University College London. Brougham was a Scottish philosopher and politician who, in the same year when the first Mechanics' Institutes were founded in Glasgow and London, wrote his famous pamphlet *The practical observations upon the education of the people, addressed to the working classes and their employees* (Brougham, 1825). He advised the nation on the suitability of the subjects to be studied at the Mechanics' Institutes: they should include practical subjects, although mathematics, such as "doctrines of algebra, geometry, and mechanics" should be taught, but, as Brougham put it, through the "examples calculated to strike the imagination". This resonated with the already established view that the use of an orthographic projection system without the final picture of an object, as a language of graphical communication, "would be unintelligible to an inexperienced eye" (Farish, 1820: 2).

And while descriptive geometry could be used, as indeed in France it was, to practical purposes, its strength was in the underlying mathe-

---

[18] Henry Peter Brougham, First Baron, was a lawyer, British Whig Party politician, and Lord Chancellor of England (1830-34). Educated at the University of Edinburgh, he practiced at the Scots bar (from 1800) and helped to found *The Edinburgh Review* (1802). He sponsored the Public Education Bill of 1820; made antislavery speeches and advocated parliamentary reform. During the 1820s he helped to found not only the University of London but also the Society for the Diffusion of Useful Knowledge, intended to make good books available at low prices to the working class. (Sources: *Encyclopaedia Britannica* on-line 2001, Dictionary of National Biography, 1950.)

matical principles, and not in the way the picture of an object was presented. By contrast, Nicholson's, and indeed, Farish's techniques concentrated on giving this final picture of the object – and it was Nicholson's technique that eventually replaced Monge's in Britain. It was further modified in the next twenty years to be finally accepted only as a graphical technique, for the use in the building professions, and, unlike the case of the "original" descriptive geometry, it was never taught at the lower levels (such as schools) or to mathematicians and trainee mathematics teachers. In England, graphical geometry, (geometrical drawing and descriptive geometry in combination) was accepted as a method for solving practical problems in architecture and engineering, but gained almost no validity in terms of its applicability to mathematics and projective geometry (Rogers, 1995: 401-412). In France, however, Monge's work was linked to that of his pupil Jean Victor Poncelet (1788-1867), if not in a clear line of succession, then certainly as a kind of inspiration to the invention of Projective geometry in 1822.

By the 1860s, Nicholson's method was fully accepted in Britain and taught at both the professional (the engineering and the architectural) schools and in the Mechanics' Institutes under the name of "descriptive geometry". The treatises based on his technique were published by Binns and Bradley, but as Nicholson's system of projection became widely adopted, no reference was made to its inventor. And so, descriptive geometry did, briefly, find a place in the educational system of English architects, engineers and even mathematicians, but in a very modified form; unlike its French counter-part neither the technique nor its inventor gained recognition or prominence.

References

Binns,William (1864). *An Elementary Treatise on Orthographic Projection and Isometrical Drawing*, Longman & Co., London.

Booker, Peter Jeffrey (1963). *A History of Engineering Drawing*, Chatto & Windus, London.

Brougham, Lord Henry (1825). *Practical observations upon the education of the people, addressed to the working classes and their employers*, London.

Cousinery,Barthélémy Édouard (1828). *Géométrie perspective, ou Principes de projection polaire appliqués à la description des corps*, Paris.

Crison, Mark and Lubbock, Jules (1994). *Architecture art or profession? Three hundred years of architectural education in Britain*. Manchester University Press, Manchester and New York.

Crozet, Claudius (1821). *A Treatise on descriptive geometry, for the use of cadets of the United States Military Academy*, A.T. Goodrich & Co., New York.

Dürer, Albrecht (1966), *Underweysung der Messung.* Facsimile edition of the 1525 Nürnberg text, Zürich.

Farish,William (1820). "Treatise on Isometrical Perspective". In the *Transactions of the Cambridge Philosophical Society*, Cambridge, 1:1-22.

Fry, Heather John (1851). *Elementary treatise on descriptive geometry with a theory of shadows and of perspective. Extracted from the French of Gaspard Monge to which is added a description of the principles and practice of isometrical projection the whole being intended as an introduction to the application of descriptive geometry to various branches of the arts*, John Weale, London.

Grattan-Guinness, Ivor (1990). *Convolutions in French Mathematics 1800-1840 — From the calculus and mechanics to mathematical analysis and mathematical physics*, Birkhaüser Verlag, Berlin, Basel.

Grattan-Guinness, Ivor and Andersen, Kirsty (1994). "Descriptive geometry", in Ivor Grattan-Guinness (ed.) *Companion encyclopedia of the history and philosophy of the mathematical sciences*, Routledge, London, New York, 887-896.

Great Britain, Parliament, Parliamentary Papers, (1852-53) "Report of her Majesty's Commissioners appointed to inquire into the State, Discipline, Studies and Revenues of the University and Colleges of Cambridge: together with the Evidence and an Appendix". In *Evidence*, London, 1853, vol.5: 224.

King's College London, (1839). *Calendar 1838-39*, London.

Jopling, Joseph (1833). *The practice of isometrical perspective*, London.

Monge, Gaspard (1799). *Géométrie descriptive,* Paris.

Monge, Gaspard (1811). *Géométrie descriptive ... Nouvelle édition; avec un supplément, par M. Hachette*, Paris.

Nicholson, Peter (1823). *A practical treatise on the art of masonry and stone-cutting*, M. Taylor, London.

Rogers, Leo (1995). "The mathematical curriculum and pedagogy in England 1780-1900: social and cultural origins". In *Histoire et épistémologie dans l'éducation mathématique*, IREM de Montpellier pp. 401-412.

Sakarovitch, Jöel (1989). *Théorisation d'une pratique, pratique d'une théorie: Des traits de coupe des pierres à la géométrie descriptive.* PhD thesis presented at Ecole d'architecture de Paris La Villette.

Sakarovitch, Jöel (1995). "The Teaching of Stereotomy in Engineering Schools in France in the XVIIIth and XIXth centuries: An Application of Geometry, an 'Applied Geometry', or a Construction Technique?". In Patricia Radelet de Grave and Edoardo Benvenuto (eds.) *Between Mechanics and Architecture*, Birkhäuser Verlag, Basel, Boston, Berlin.

Sakarovitch, Jöel (1997). *Epures d'architecture*, Birkhäuser Verlag.

Sopwith,Thomas (1834). *A treatise on isometrical drawing*, John Weale, London.

Taton, René (1951). *L'Œuvre scientifique de Monge*, Paris.

Chapitre 14

A propos de la publication du « Recueil d'observations géodésiques, astronomiques et physiques » de Biot et Arago en 1821

S̲ᴜᴢᴀɴɴᴇ D̲ᴇ́ʙᴀʀʙᴀᴛ

A la fin du XVIIIᵉ siècle, la coopération scientifique entre les Britanniques et les Français se développe autour de la « Figure de la Terre » à l'occasion du raccordement des méridiens des observatoires de Paris et de Greenwich. Elle va se poursuivre au cours des premières décennies du XIXᵉ siècle.

Quelques éléments préliminaires

La création des deux Observatoires intervient à Paris en 1667, avec pour méridien de référence l'axe de symétrie du bâtiment, et à Greenwich en 1675 avec pour méridien de référence, celui fixé par l'instrument du premier *Astronomer Royal* Flamsteed.

La mesure d'un degré de méridien en France, de part et d'autre de l'Observatoire de Paris, est menée par Picard en 1669-1670. Halley, deuxième *Astronomer Royal* de Greenwich, vient à Paris en 1681, puis 1682 et, quelques années plus tard, il incite la *Royal Society* à entreprendre la mesure d'un degré de méridien au nord de Londres.

Echanges entre savants français et britanniques depuis le XVIIᵉ siècle.
Robert Fox et Bernard Joly (éd.).
Copyright © 2010.

En 1697 Jacques Cassini, fils de Cassini I venu à Paris en 1669 et qui en 1673 s'est fait naturaliser français, se rend à Greenwich et, par les éclipses de satellites de Jupiter, fixe à 9 minutes 10 secondes l'écart entre le méridien de Flamsteed et celui de Paris.

Une mesure le long du méridien de Paris a lieu en plusieurs étapes, entre 1683 et 1718. Elle conforte les Cassini I et II dans l'opinion d'une Terre allongée vers ses pôles, contrairement à l'opinion de Newton dont les *Principia*, parus en 1687, ont été envoyés par Halley à Cassini I avec une dédicace personnelle.

La controverse sur la Figure de la Terre, qui s'installe alors, prend fin avec l'envoi, par l'Académie des sciences de Paris, de deux expéditions en 1735-1736. L'une se rend au Pérou (Equateur de nos jours) le plus près possible de l'équateur ; l'autre se rapproche le plus possible du pôle nord en Laponie (Suède et Finlande de nos jours). La comparaison des deux arcs de méridiens donne raison à Newton.

En 1739-1740 Lacaille et Cassini III, fils de Jacques et petit-fils de Jean-Dominique, reprennent la mesure de la Méridienne de France de Dunkerque au Canigou avec des instruments nouveaux de meilleure précision. L'opération montre que, en conformité avec Newton, la longueur des arcs de méridiens de un degré croît en allant du sud au nord.

En 1747, le *Military Survey of Scotland*, sous la responsabilité d'un jeune Ecossais Roy, est entrepris. En France, après la mort de Langlois, l'art des instruments de précision s'étiole tandis qu'en Grande-Bretagne vont régner Graham, Bird et Ramsden.

En 1784, dans la perspective d'une opération franco-britannique, le constructeur Lenoir met au point le cercle répétiteur, sur une idée de Borda reprise du cercle entier de Mayer en Allemagne.

La coopération franco-britannique de 1787

La cartographie en Grande-Bretagne se développe avec l'incitation du *Board of longitude*, parmi d'autres études dans ce domaine crucial de résolution du problème des longitudes, à la mer notamment. Le roi d'Angleterre George III demande qu'une nouvelle opération soit menée entre la France et l'Angleterre, en mai 1784.

L'opération ne peut être entreprise qu'à l'automne 1787 : le théodolite de Ramsden sera alors achevé ; côté français Cassini III, mort en 1784, sera remplacé par son fils Cassini IV, Jean-Dominique, accompagné de Legendre et de Méchain, ainsi que de Piazzi de Palerme qui demeurera plusieurs mois en Grande-Bretagne.

Côté anglais l'opération, sous l'égide de la *Royal Society*, est menée par l'*Ordnance Survey* sous la responsabilité de Roy. Le méridien de référence, à Paris, est inchangé. A Greenwich, le méridien de référence est celui du secteur que Bradley, troisième *Astronomer Royal* de 1742 à sa mort en 1762, a installé et avec lequel il s'est illustré. Bradley est bien connu à Oxford où il fut étudiant au *Balliol College* puis *Savilian professor* de son université.

L'opération est placée sous la responsabilité de Roy et Blagden ; un ensemble de triangles est mesuré par chacune des deux parties. Au sujet de Roy, Cassini écrira dans son Journal du voyage « En peu de moments nous le prîmes tous dans la plus grande amitié. » Quant à Blagden, il précise à son propos que « la liaison et l'intimité furent bientôt établie*s*. »

Les résultats fournissent un écart en longitude de 9 minutes 18,8 secondes selon les Britanniques et, pour les Français, deux valeurs selon la forme retenue pour la Terre par Cassini, 9 minutes 20,6 secondes et 9 minutes 18,6 secondes ; il privilégie cette dernière valeur.

Cette opération va bientôt être suivie, en France, comme en Grande-Bretagne, par des opérations le long de différents méridiens.

Les opérations de la dernière décennie du XVIIIe siècle

En 1793 et 1794, les Britanniques entreprennent de nouvelles mesures et, utilisant plusieurs valeurs de l'aplatissement (1/321, 1/230, 1/150) obtiennent 9 minutes 21 secondes 52 tierces, 9 minutes 21 secondes 28 tierces et 9 minutes 20 seconde 40 tierces, cette dernière valeur étant plus proche de la valeur que Cassini ne privilégiait pas.

En France, et après les décisions prises à l'issue de la Révolution de 1789, une opération est lancée, le long de la Méridienne de France en 1792, dans la perspective de fonder un nouveau système des poids et mesures de caractère décimal et appuyé sur un nouvel étalon de longueur, le mètre, dix-millionième partie du quart du méridien terrestre.

Des opérations ont lieu en Grande-Bretagne de 1796 à 1798, en latitude et en longitude, de Dunnose dans l'Ile de Wight jusqu'à Nettlebed vers le nord, puis à Clifton et jusqu'à l'embouchure de la Tees vers Newcastle-upon-Tyne en passant par Arbury Hill. D'autres mesures sont effectuées à Plymouth et aux observatoires de Blenheim et d'Oxford.

En 1798, Delambre et Méchain, chargés des opérations le long de la Méridienne de France, sont de retour à Paris et l'année suivante, la longueur du mètre définitif est fixée (1799). L'opération a confirmé les résultats de Lacaille et Cassini III, d'un allongement des degrés de méridien en se déplaçant du sud au nord du pays.

Les opérations du début du XIXᵉ siècle

Ce résultat n'est pas en accord avec celui obtenu par Mudge lequel reprend des mesures en 1801. Il les poursuit en 1802 avec la mesure de nouvelles bases et de nouvelles déterminations en latitude. Le 23 juin 1803, il donne ses conclusions à la *Royal Society*. Selon ses mesures il se confirme que sept valeurs du degré moyen vont à l'inverse en diminuant du sud au nord. Mudge, pour ces opérations a utilisé un nouveau secteur de Ramsden, achevé par Berge, après son décès en 1800.

Les résultats sur l'arc de près de trois degrés, qui va de Dunnose à Clifton, présentent une mesure intermédiaire à Arbury Hill et par ailleurs des triangles ont rejoint Greenwich. Peine perdue, les degrés de méridien persistent à diminuer dans le sens sud-nord. Mudge s'interroge sur une anomalie de cinq secondes sur la latitude qui paraît se présenter à Arbury Hill et il rappelle celle constatée par Méchain, de 3,24 secondes, à Monjouy près de Barcelone, en Espagne.

En 1806, Mudge mène une nouvelle campagne, le long d'un autre méridien, de Black Down au sud jusqu'à Moor Ryddlad au nord de l'Ecosse, en passant par Delamere Forest dont il portera le nom. On constate une nouvelle augmentation quand la latitude diminue. Et ceci alors que Svanberg, en Laponie, a effectué une nouvelle mesure de l'arc de Maupertuis entre 1801 et 1803 et qu'il a confirmé les conclusions de Newton.

1806 est aussi l'année du départ de Biot et Arago pour prolonger la Méridienne de France jusqu'aux Baléares. Ces mesures, interrompues antérieurement par le décès de Méchain en 1804, vont s'achever en 1808. Elles allongent l'arc mesuré et rapprochent la latitude moyenne de la valeur de quarante-cinq degrés pour laquelle l'aplatissement de la Terre influence moins les résultats. L'ensemble de l'arc Dunkerque-Baléares est analysé par Delambre dans son ouvrage de 1810 et il y a adjoint même le raccordement de 1787.

De nouveaux calculs des arcs anglais sont alors effectués par un savant espagnol, Rodriguez et publiés, comme ceux de Mudge, dans les *Philosophical Transactions*, cette fois en 1812. Différentes expériences sont entreprises. Kater transporte à Arbury Hill un cercle répétiteur, lequel donne, pour la latitude, la même valeur que le secteur employé par Mudge. Mudge se rend à Dunkerque avec le secteur de Ramsden/Berge. Il confirme la valeur déterminée par Delambre. Il ne peut donc pas s'agir d'un effet instrumental : tous fournissent les mêmes résultats.

L'expédition de 1817 en Grande-Bretagne

Le Bureau des longitudes, créé en France en 1795, s'est trouvé chargé, dès son installation, d'étudier les opérations nécessaires à la remise sur pied de l'astronomie après les événements politiques liés à la Révolution de 1789. Il a en charge l'Observatoire de Paris, celui de l'Ecole Militaire et doit conseiller le gouvernement sur ceux des provinces.

Le 27 juillet 1808, ce Bureau propose que Biot, revenu des Baléares où, avec Arago, il a prolongé la Méridienne de France, et Mathieu, astronome de l'Observatoire de Paris, effectuent des observations au pendule sur le parallèle de latitude quarante-cinq degrés. Il s'agit d'un pendule battant la seconde, mis au point à partir d'idées de Borda ; sa longueur varie en fonction de l'intensité de la pesanteur.

Résoudre le problème posé par l'anomalie notée par Mudge, avec un instrument agissant différemment du secteur ou du cercle répétiteur, paraît s'imposer. Si bien que, le 12 juin 1816, le calme étant revenu en Europe après les événements des années précédentes, le Bureau des longitudes s'occupe des expériences du pendule à faire en Angleterre.

Biot, qui en est chargé part de Paris au début de mai 1817, emportant un cercle répétiteur de Fortin, une horloge astronomique et des chronomètres de M. Bréguet. Le matériel, parvenu à Douvres, est transféré à Londres chez Banks de la *Royal Society*. Biot indiquera : « Que ne puis-je peindre ce que je sentis en voyant pour la première fois ce vénérable compagnon de Cook ! » Biot dispose bien entendu du pendule qu'avec Arago il a utilisé en Espagne et aux Baléares.

Le Bureau des longitudes reçoit bientôt des nouvelles de Biot, par exemple le 21 mai 1817 où il informe qu'il quitte Londres pour se rendre à Edimbourg poursuivre ses observations du pendule. Pendant son voyage, des registres sont tenus contenant les mesures effectuées. Ils sont conservés aux Archives de l'Observatoire de Paris, à la cote E3. Ceux qui concernent les opérations en Grande-Bretagne portent les numéros 21, 22, 23, 24, et 26.

L'examen de ces registres, facilité par un pré-inventaire établi, à la fin du XIXe siècle, par Wolf (1827-1918) astronome de l'Observatoire de Paris, montre que l'on y trouve le relevé des observations de Biot. Y figurent aussi des textes décrivant le matériel employé, les manières et procédures de mise en place. Certains passages sont en anglais de Mudge ou de son fils Richard. En effet, Mudge, fatigué par toutes les opérations de campagne qu'il a menées, ne participe qu'au début aux opérations.

Les observations concernent le pendule, donnant lieu à plusieurs expériences, à des comparaisons entre chronomètre et horloge, à des observations de passages du Soleil ou des étoiles, à une lunette fixe (pour le suivi de la marche de l'horloge), de sa hauteur ou de celles d'étoiles au cercle répétiteur pour la détermination de la latitude… A titre d'exemple, Biot décomptera par exemple, en une station, trente-huit séries du pendule de cinq à six heures chacune, cinquante-cinq séries observées pour la latitude ayant nécessité mille quatre cents observations pour cette coordonnée, mille deux cents observations du Soleil et d'étoiles pour régler l'horloge…

Registres et séjour en Grande-Bretagne

L'un des registres se termine par sept dessins au crayon, représentant en buste un profil masculin. Il s'agit de Thom. Edmonston comme cela est mentionné sous le portrait. Au-dessus, en anglais, il est mis : « *This is the best* » et sous le nom « *Let it blow !* » Cet Edmonston a été rencontré par Biot à Lerwick (capitale des Shetland) ; il écrira à son sujet :

> Nous reçûmes sur-tout beaucoup d'avis essentiels du docteur Edmonston, médecin instruit, qui a publié une très bonne description des îles Shetland, et qui se souvenait avec plaisir d'avoir suivi à Paris les cours de notre confrère M. Duméril.

Ce dernier (1774-1860) était un naturaliste professeur au Muséum d'histoire naturelle et à la faculté de médecine de Paris.

Cette rencontre va grandement faciliter le séjour dans la plus septentrionale des îles Shetland, Unst. Grâce à une lettre adressée à son frère par Edmonston, Biot peut être aisément et confortablement hébergé pour pouvoir installer ses différents instruments. Dans le dernier article qui achève le recueil publié par Biot et Arago, en 1821, figure le récit de son expédition de 1817 de Londres jusqu'aux îles Shetland. Ce texte est pratiquement le journal du voyage ; il contient d'importants passages sur les contrées visitées et sur le mode de vie des habitants.

D'un point à l'autre, d'une île à l'autre, le transport des hommes et du matériel se fait souvent par bateau. C'est Mudge qui a suggéré les îles Shetland, plutôt que les Orcades, même si ces îles, les plus septentrionales, doivent être reliées à la côte de l'Ecosse par des triangles. L'arc ainsi mesuré, de Formentera, lors de la prolongation effectuée vers le sud par Arago et Biot, à Unst sera le plus long de ceux mesurés à l'époque, alliant les Baléares et l'Espagne, la France, l'Angleterre et l'Ecosse.

Ce caractère fait écrire par Biot, dans son intervention à l'Académie des sciences du 27 juin 1818 :

> Et ce grand arc [...] ne donnera-t-il pas, pour l'unité fondamentale, ou LE MÈTRE, la détermination la plus complète, et si l'on peut dire, la plus européenne que l'on puisse jamais espérer ?

Biot a mené ses observations à Edimburg au Fort de Leith, où elles sont effectuées du 15 juin au 2 juillet 1817. Il y est bien accueilli, mentionnant « la bienveillance du colonel Elphinstone commandant des ingénieurs militaires. » Puis les observateurs embarquent à Aberdeen, avec le matériel, sur un brick de guerre l'*Investigator*. Ils sont aux Shetland le 18 juillet et se rendent en la capitale Lerwick. Nouvel accueil agréable : « Il est impossible d'imaginer une hospitalité plus franche, plus cordiale que celle qui nous accueillit. »

Sans s'attarder puisqu'ils repartent le 20 juillet, les observateurs atteignent l'île la plus septentrionale, celle d'Unst. Ils y demeureront deux mois en août et septembre 1817. En chaque nouvel emplacement il faut trouver un gros mur solide, remonter le pendule, installer l'horloge, mettre en station le cercle répétiteur. Si l'on en juge par les textes des registres, ce n'est pas une mince affaire ; elle prend du temps et, avant de pouvoir repartir, il faut démonter et mettre en caisses. L'île est calme, ce qui fait écrire à Biot « Depuis vingt-cinq ans que l'Europe se dévore elle-même, on n'a pas entendu dans Unst, à peine dans Lerwick, le bruit d'un tambour […]. »

Retour et contrôles

Après Unst, retour à Edimburg ; Biot quitte l'Ecosse pour l'Angleterre qu'il visite. Il salue Oxford et Cambridge « ces antiques séjours des lettres et des sciences. » Il rejoint à Londres, en novembre 1817, Arago accompagné de Humboldt, et ensemble ils se rendent à l'Observatoire de Greenwich pour y faire, en novembre, des mesures au pendule. Très bon accueil de l'*Astronomer Royal,*

> M. Pond [qui] se plut à nous offrir toutes les facilités imaginables avec cet empressement généreux que les hommes vraiment dévoués aux sciences ont toujours, mais peuvent seuls avoir pour tout ce qui contribue à leur progrès.

Arago, de retour à Paris en janvier 1818, y effectue aussitôt avec Humboldt, puis en mars et en août, des mesures au pendule. Il s'agit de contrôler que les valeurs trouvées sont en concordance avec celles qu'Arago avait effectuées avant son départ, en octobre 1817.

Dans la documentation de l'Observatoire de Paris, il n'a pas été possible de trouver, à ce jour, les conclusions tirées des mesures britanniques et l'explication de l'anomalie de la diminution de la longueur des arcs de un degré avec le déplacement nord-sud. Arago, dans son *Astronomie populaire* fournit seulement la longueur du degré en toise, à la latitude moyenne de l'arc Dunnose-Clifton, soit 57 066 toises équivalentes à 111.224 kilomètres.

Delambre, dans le troisième volume de *Base du système métrique décimal...*, avait déjà en 1810 indiqué « qu'on savait bien que des degrés consécutifs pouvaient présenter des irrégularités, provenant soit des erreurs inévitables […], soit enfin des irrégularités de la Terre […] ». Arago, de son côté compare la valeur moyenne de l'arc britannique à celui mesuré, au Hanovre, à la même latitude ; il donne 57 127 toises, soit 111.343 kilomètres. La différence atteint donc plus d'une centaine de mètres entre ces deux arcs terrestres.

Côté pendule, outre les données recueillies par Biot, Arago établira, dans son *Astronomie populaire*, dont il prépare les éléments avant son décès en 1853, une liste des longueurs observées à différentes latitudes. La partie supérieure du tableau concerne pour la moitié des stations de Grande-Bretagne. Ces longueurs évoluent conformément à la forme d'une Terre aplatie en ses pôles.

Déjà, Delambre avait pu écrire, avant son décès en 1822 :

> [...] Ce mètre est assez vérifié maintenant pour être adopté par tous les peuples, et surtout par tous les savants de tous les pays qui n'ont plus que ce moyen d'arriver à une mesure universelle.

C'est lui aussi qui avait écrit, après les mesures de Mudge et les contrôles qui avaient suivi :

> Ainsi l'irrégularité des méridiens paraîtrait constatée, du moins par tous les moyens dont on peut disposer dans l'état actuel de la Science.

L'avenir a confirmé les opinions de Biot, Arago et Delambre sur l'illusion d'un nouvel étalon reproductible à partir de mesures le long d'un méridien.

Conclusion

Outre ces considérations on retiendra, dans le domaine traité ici, que les différentes coopérations, entre scientifiques de Grande-Bretagne et de France, se sont toujours déroulées dans les meilleures conditions d'excellentes relations. Cela signifierait-il qu'en ces époques les oppositions entre pays relevaient des seuls politiques et militaires ? D'autant, dans le cas de Biot et Arago, que les observations de 1817 se produisaient à l'issue d'une nouvelle période de guerre, entre France et Grande-Bretagne, avant de s'étendre à l'Europe.

Références

François Arago, *Astronomie populaire* (4 vol.), Gide et Baudry, Paris, 1854-1857.

Guillaume Bigourdan, *Le Bureau des longitudes, son histoire de l'origine à ce jour*, Annuaires du Bureau des longitudes pour 1928, 1929, 1930, Gauthier-Villars, Paris.

Jean-Baptiste Biot, et François Arago, *Recueil d'Observations géodésiques, astronomiques et physiques, exécutées par ordre du bureau des longitudes en Espagne, en France, en Angleterre et en Ecosse,* Vve Courcier, Paris, 1821.

César-François Cassini de Thury, *La Meridienne de l'Observatoire Royal de Paris, vérifiée dans toute l'étendue du Royaume par de nouvelles Observations... Avec des Observations d'Histoire Naturelle, faites dans les Provinces traversées par la Meridienne, par M. Le Monnier...* Suite des Mémoires de l'Académie Royale des Sciences, Année M. DCC. XL., H.-L. Guerin et J. Guerin, Paris, 1744.

Suzanne Débarbat, « Coopération géodésique entre la France et l'Angleterre à la veille de la Révolution Française : échanges techniques, scientifiques et instrumentaux » in *Actes du 114ᵉ Congrès National des sociétés savantes* (Paris 1989), p. 47-76, CTHS Editions, Paris 1990.

Suzanne Débarbat, « Courte histoire des raccordements des Observatoires de Paris et de Greenwich », *XYZ*, revue de l'AFT, n° 79, 2e trimestre 1999, p. 77-82

Jean-Baptiste Delambre. *Grandeur et figure de la Terre* publié par Bigourdan G., Gauthier-Villars, 1912.

Henri Lacombe et Pierre Costabel (resp. d'éd.), *La Figure de la Terre du XVIIIᵉ siècle à l'ère spatiale*, Académie des sciences, Gauthier-Villars, 1988.

Jean-Jacques Levallois, *Mesurer la terre – 300 ans de géodésie française*, Presses des Ponts et chaussées-AFT, Paris, 1988.

Pierre-André Méchain et Jean-Baptiste Delambre, *Base du Système métrique décimal, ou mesure de l'arc du méridien compris entre les parallèles de Dunkerque et Barcelone* (3 vol.), Baudoin et Garnery, Paris, 1806, 1807, 1810.

Philosophical Transactions, années 1803, 1808 à 1812.

Charles Wolf, *L'Observatoire de Paris de sa fondation à 1793.* Gauthier-Villars, Paris, 1902.

Archives : *Observatoire de Paris*, Ms E-3 ; *Bureau des longitudes*, Procès-verbaux.

Sites : *Observatoire de Paris*, www.obspm.fr
   Bureau des longitudes, www.bureau-des-longitudes.fr

Chapitre 15

Cuvier et Geoffroy-Saint-Hilaire dans les carnets de notes de Darwin 1837-1838

DANIEL BECQUEMONT

Lorsque Darwin, de retour de son périple autour du monde sur le Beagle, revint en Angleterre, et ouvrit ses carnets de notes où s'élabora lentement sa théorie de l'évolution, le Muséum d'histoire naturelle de Paris jouissait d'un immense prestige et servait de modèle ; les noms de Georges Cuvier et d'Étienne Geoffroy-Saint-Hilaire étant encore, à cette époque, une référence obligée[1]. Il n'existait rien non plus en Grande-Bretagne qui pût rivaliser avec les grandes universités allemandes, où s'étaient élaborées une physiologie et une embryologie, dont les thèses commençaient à se répandre en Grande Bretagne[2]. Les musées de

---

[1] Adrian Desmond, dans *The Politics of Evolution*, (The University of Chicago Press, 1989) montre que l'adaptation fonctionnelle aux conditions d'existence selon les thèses de Cuvier était la théorie dominante chez les naturalistes anglicans conservateurs, alors que l'idée d'un plan général unique des animaux et de lois universelles développée par Geoffroy-Saint-Hilaire prévalait dans la nouvelle couche professionnelle plus radicale de la communauté biomédicale de Londres.

[2] La première partie des *Eléments de physiologie* de Johannes Müller (*Elements of physiology*) fut traduite en 1838. Les recherches embryologiques de Karl Ernst Von Baer furent rapidement connues en Grande Bretagne par l'intermédiaire de Martin Barry (« On the University of Structure in the Animal Kingdom » *Edinburgh New Philosophical Journal*, 22 et 23, janvier et avril 1837). De C.G. Carus, en 1837 également, parut en anglais dans les *Scientific Memoirs* (I, 223-54) l'article « The Kingdom of Nature, their Life and Affi-

Echanges entre savants français et britanniques depuis le XVIIᵉ siècle.
Robert Fox et Bernard Joly (éd.).
Copyright © 2010.

Londres demeuraient peu nombreux : la section d'histoire naturelle du British Museum ne fut officiellement dotée d'un directeur qu'en 1856 – soit vingt ans après le retour de Darwin – en la personne du paléontologiste Richard Owen, et le Musée d'histoire naturelle ne fut construit que dans les années 1870, et ouvert au public en 1881 – un an avant la mort de Darwin ! La seule institution britannique qui dans ces années 1830 jouait un certain rôle par l'ampleur de ses collections et le dynamisme de ses animateurs était le Royal College of Surgeons, où le jeune paléontologiste Richard Owen faisait ses premières armes. Ce Collège royal des chirurgiens avait reçu l'ensemble des collections de John Hunter, probablement l'un des seuls naturalistes dont le nom peut se comparer avec ceux des grands naturalistes français et allemands de la fin du XVIIIe et du début du XIXe siècle, mais qui de son vivant n'était connu que comme chirurgien et collectionneur amateur, propriétaire d'une ménagerie et auteur de nombreuses préparations.

Les questions et problèmes que se posaient les jeunes naturalistes de l'époque, à la suite de leurs maîtres, étaient d'un autre ordre que l'idée d'une possible évolution des espèces, ou formulées de manière différente. Elles consistaient pour la plupart d'entre eux à tenter de trouver une forme de synthèse entre les théories privilégiant une stricte adaptation fonctionnelle, selon le modèle offert par Cuvier, et celles qui mettaient au contraire l'accent sur l'unité de type du monde animal et sur une structure commune à certains groupes d'être vivants – voire tous – selon le modèle matérialiste offert par Étienne Geoffroy-Saint-Hilaire ou le modèle idéaliste offert, à la suite de Goethe et de Schelling, par de nombreux naturalistes allemands. L'écho de la controverse qui avait opposé en 1830 Cuvier et Geoffroy-Saint-Hilaire à l'Académie des sciences de Paris n'était pas encore éteint dans l'Europe de 1837.

Cuvier, réfutant toute « philosophie biologique », basait sa classification sur les fonctions des organismes, dans une approche téléologique de la nature, qui affirmait le primat des causes finales et du « design » (dessin ou dessein intentionnel à l'œuvre dans la nature, encore que

---

nity » qui devait initier Darwin à une certaine biologie « romantique » allemande. Sur l'importance montante dans les années 30 de la biologie allemande en Grande Bretagne, voir Phillip Sloane, préface à Richard Owen, *The Hunterian Lectures in Comparative Anatomy,* The University of Chicago Press, 1992, et Robert Richards, *The Meaning of Evolution*, The University of Chicago Press, 1992.

Cuvier, contrairement à de nombreux naturalistes britanniques, s'abstint de référence à un créateur). C'est selon le primat de tels critères qu'il était parvenu à une synthèse de la paléontologie, de l'anatomie comparée, et de la taxinomie[3]. Les êtres vivants, définissables d'après leurs fonctions, ne pouvaient former une série continue ni se ranger selon un ordre de perfection ou de complexité croissante. Ils étaient séparés par des discontinuités, divers embranchements entre lesquels existait un « hiatus manifeste » qui en était l'illustration la plus évidente[4].

Étienne Geoffroy-Saint-Hilaire au contraire considérait que tous les animaux étaient formés selon un modèle unique, et rejetait d'emblée la notion de fonction comme guide de la classification. Quels que soient les changements de forme ou les déplacements que pût subir un organe, celui-ci conservait tous les liens qui le liaient aux formations adjacentes, selon un « principe de connexion ».

L'évolutionnisme que l'on prête à Geoffroy-Saint-Hilaire ne fut proclamé ouvertement que vers la fin de sa carrière, à partir de 1828, soumis à la thèse principale de l'unité de plan. Cet évolutionnisme était en réalité limité, et constituait avant tout une réponse à la question posée par ses adversaires : si l'on considérait qu'il existait une unité de plan dans la nature, comment rendre compte des divers modes de modifications et de variété des espèces ? Selon les derniers textes de Geoffroy-Saint-Hilaire, les animaux constituaient des variations autour d'un même type, des séries continues ramifiées. Elles étaient produites sous l'influence directe du milieu, les êtres vivants étaient passifs, contrairement aux vues de Lamarck qui considérait que l'action du milieu sur les êtres vivants était indirecte, agissant par l'intermédiaire des modifications d'habitude, d'usage ou de non usage d'un organe. Les animaux étaient formés de parties analogues plus ou moins modifiées, et le programme théorique de Geoffroy-Saint-Hilaire visait avant tout à fonder une science morphologique pure, l'évolution des espèces n'étant qu'un mécanisme de moindre importance destiné à étayer le concept d'unité de plan.

---

[3] Voir Toby Appel, *The Cuvier-Geoffroy debate*, Oxford University Press, 1987.

[4] Une lecture rétrospective de l'histoire de la biologie tend à opposer Cuvier (rigoureusement fixiste) à Lamarck (évolutionniste). En fait la stratégie de Cuvier consista à ignorer Lamarck le plus possible, ou le tourner en ridicule. Le véritable adversaire de Cuvier devint peu à peu son ancien ami Geoffroy-Saint-Hilaire et sa thèse d'une continuité de la nature et d'une unité de plan des êtres vivants.

En fait, comme le montre Toby Appel[5], bien que Cuvier eût manifestement raison ponctuellement en ce qui concernait sa polémique contre les théories de Geoffroy-Saint-Hilaire sur le plan unique des céphalopodes et des mammifères, la plupart des savants, en France et en Grande-Bretagne ne se rangèrent pas totalement d'un côté ou de l'autre, mais tentèrent de réconcilier le fonctionnalisme de Cuvier et les lois d'homologie selon l'unité de type de Geoffroy-Saint-Hilaire. Il n'y eut, entre les deux hommes et les théories contradictoires qu'ils soutenaient, ni vainqueur ni vaincu.

Une certaine tradition, surtout française, avec Henri Daudin, puis Bernard Balan, Michel Foucault et récemment Dominique Guillo[6], a vu dans l'anatomie comparée de Cuvier, sa théorie des embranchements, et plus généralement l'accent mis sur une discontinuité radicale dans la nature, l'un des éléments grâce auquel put se former le concept d'historicité dans les sciences de la nature. Une tradition anglo-saxonne, plus récente sans doute, avec Dov Ospovat, Phillip Sloane, Adrian Desmond et Robert Richards[7], voit au contraire dans les théorie de l'unité de type (dans sa version matérialiste avec Geoffroy-Saint-Hilaire selon Adrian Desmond ou bien dans sa version idéaliste dans la biologie transcendantale allemande d'après Phillip Sloane), une pensée « proto-évolutionniste » (l'expression est de Dov Ospovat) où l'idée d'une ascension graduelle de l'espèce vers sa forme achevée – déjà présente chez Goethe et philosophiquement systématisée par Schelling – pouvait être considérée comme l'introduction graduelle de l'histoire dans les formes vivantes.

Ces deux thèses sont irréconciliables. Ainsi Bernard Balan voit-il dans la morphologie idéaliste et la recherche des « analogies »[8] une phi-

---

[5] Toby Appel, op. cit.

[6] Henri Daudin, *Cuvier et Lamarck, Les classes zoologiques et l'idée de série animale*, 2 vol., Paris, Alcan, 1926-7 ; Bernard Balan, *L'Ordre et le temps*, Paris, Vrin, 2002, Michel Foucault, *Les Mots et les choses*, Paris, Gallimard, 1966 ; Dominique Guillo, *Les figures de l'organisation*, Paris, PUF, 2003.

[7] Dov Ospovat, *The Development of Darwin' s Theory: Natural History, Natural Theology and Natural Selection,* Cambridge University Press, 1981 ; Phillip Sloan, préface à *The Hunterian lectures in comparative anatomy, May-June 1837 by Richard Owen*, University of Chicago Press, 1992 ; Adrian Desmond, *The Politics of evolution*, University of Chicago Press, 1989 ; Robert Richards, *The Meaning of Evolution*, op. cit.

[8] La référence est la « théorie des analogues » de Geoffroy-Saint-Hilaire, que Richard Owen appellera en 1843 « homologies ». Nous emploierons le terme « homologie » dans cet essai, plus communément utilisé aujourd'hui.

losophie zoologique « qui se rapporte à l'unité immobile du plan et de la composition », « indifférente à l'histoire de la vie »[9], relevant d'un ordre ontologique des formes substantielles. Pour Dov Ospovat, cette morphologie idéaliste au contraire annonce l'évolutionnisme. A l'extrême certains considèrent, comme Balan, que la philosophie de Geoffroy-Saint-Hilaire est proche de la philosophie augustinienne d'une production dans le temps « causaliter » d'êtres néanmoins créés d'un seul coup[10] à l'origine, et d'autres voient dans la morphologie idéaliste allemande une pensée proprement évolutionniste[11].

D'un point de vue épistémologique, on se gardera de prendre parti pour l'une ou l'autre thèse aussi rigidement et péremptoirement exposée. Ni la théorie cuviérienne des conditions d'existence, ni la science pure de la morphologie de Geoffroy-Saint-Hilaire ou, en Allemagne, de Lorenz Oken ne peuvent rendre compte à elles seules de l'émergence de l'historicité dans les sciences de la nature, encore que toutes deux aient joué un rôle dans son introduction. On se contentera de faire remarquer que, de Daudin à Foucault et Balan, la thèse de l'importance majeure de Cuvier est en même temps une apologie de la discontinuité dans la méthode scientifique, discontinuité privilégiant les différences et gommant les ressemblances. Au contraire, les thèses d'Ospovat et de Richards privilégient la continuité et mettent l'accent sur les ressemblances. On ne peut s'empêcher d'évoquer les travaux de Holton sur les « themata » indécidables à ce sujet – l'un des plus importants mentionnés par Holton étant précisément l'opposition continuité/discontinuité.

Ce qui est par contre certain, c'est que dans les années 30-40, la plupart des naturalistes tentaient d'atténuer les différences entre ces deux pôles théoriques, et que ni l'un ni l'autre n'était considéré comme à lui seul capable d'expliquer l'ensemble des phénomènes de la nature. En France, les disciples de Cuvier (Valenciennes, Duméril) et ceux de

---

[9] Bernard Balan, *L'ordre et le temps*, op. cit. p. 13.

[10] P. 176.

[11] Selon Geoffroy-Saint-Hilaire (1828), il existait une sorte de « *nisus formativus* » fixe, tout au moins lorsque les conditions d'existence demeuraient stables. Mais un certain degré de déviation était possible lorsque le milieu (les conditions d'existence) se transformaient (voir ses mémoires du Muséum, 1828). Cf. Pietro Corsi, « The Importance of French Transformist Ideas for the Second Volume of Lyell's Principles of Geology », *The British Journal for the History of Science* 39, II, 1978

Geoffroy-Saint-Hilaire (Serres et Isidore Geoffroy-Saint-Hilaire) affirmaient la validité de certaines thèses de l'adversaire[12].

En Grande Bretagne, Richard Owen, l'un des jeunes naturalistes les plus prometteurs de son époque, était clairement partisan de Cuvier en 1830 – sans doute par adhésion à l'argument physico-théologique de la religion naturelle –, cherchait un compromis à dominante fonctionnaliste dans les années 1837[13], et s'affirmait fort proche de la morphologie en 1849[14]. Le philosophe William Whewell, dans son *History of the Inductive Sciences* (1837) s'avérait de même ouvertement favorable au concept de causes finales (ou de « conditions d'existence »), des théories fonctionnalistes de Cuvier, et hostile à l'idée d'unité de plan, opposant la téléologie à la morphologie. Mais, au cours des années, au fil des rééditions, il admit l'importance des homologies (sans doute sous l'influence de Richard Owen) et l'idée d'une harmonie structurale dans l'édition de 1857[15]. Le problème théorique majeur devenait l'articulation entre un principe adaptatif et un principe morphologique :

> Tous ceux qui se livrent à l'étude des sciences anatomiques savent dans quel état d'incertitude la mort de l'illustre Cuvier, et celle de son célèbre collègue Geoffroy-Saint-Hilaire, ont laissé la philosophie anatomique ou, en d'autres termes, la branche homologique de l'anatomie ; et sans doute un certain nombre de savants contemporains n'ont point les vifs débats qui ont agité la fin de la carrière de ces deux hommes éminents. Deux écoles, ou plutôt deux parties, s'élevèrent alors en France, qui durent leur origine à ces discussions ; et depuis cette époque les faits qui se rattachent aux problèmes les plus élevés

---

[12] L'ouvrage de référence sur le sujet est celui de Toby Appel, op. cit. Bernard Balan, si catégorique quant à l'importance majeure de Cuvier, ne conteste nullement, au niveau historique, l'esprit de compromis et les tentatives de synthèse entre morphologistes et fonctionnalistes, prenant comme exemple le français Dugès et l'anglais Richard Owen.

[13] Cf. Phillip Sloane, op.cit.

[14] Richard Owen, *On the Nature of Limbs*, Londres, Van Voorst, 1849.

[15] Voir Michael Ruse, « WilliamWhewell and the argument from design », *Monist* 60, 1977 ; « The Scientific Methodology of William Whewell », *Centaurus* 20, 1976. Ruse insiste sur le déplacement d'accent, entre les années 30 et les années 50, des causes finales et de la volonté directe de Dieu à l'idée de lois générales de la nature. C'est dans ce contexte qu'il conviendra d'interpréter les transformations de la pensée de Darwin dans ses carnets de notes.

de l'anatomie n'ont été envisagés, en quelque sorte, qu'à travers l'esprit de parti. Pendant de longues années, les travaux et les méditations habituelles qui ont occupé ma vie, ont été consacrés à la recherche de vérités fondamentales recelées dans le désordre au milieu duquel la disparition des plus grandes lumières de l'école parisienne avaient jeté la philosophie de l'anatomie.[16]

Dans *The Politics of Evolution*, Adrian Desmond a montré à quel point les théories de Geoffroy-Saint-Hilaire étaient populaires dans la communauté biomédicale britannique, et convenaient à une idéologie « radicale », hostile à la théologie naturelle de l'Église Anglicane, et favorable à l'idée de lois générales de la nature ou causes secondes. De jeunes naturalistes britanniques comme William Carpenter, ou Martin Barry prenaient également très au sérieux les théories de Geoffroy-Saint-Hilaire. Mais la plupart des naturalistes de la nouvelle génération tentaient surtout de concilier l'unité de plan – les lois d'organisation – et l'adaptation des moyens aux fins[17].

C'est dans ce cadre que l'embryologie prit son importance, comme médiation possible entre téléologie fonctionnaliste et morphologie. Elle constitua une nouvelle branche des sciences de la nature, et se développa surtout dans les années 1820 en Allemagne[18]. Deux versions théoriques de l'embryologie pouvaient exister. L'une se contentait d'insister sur une correspondance générale entre les lois de développement de l'embryon et celle des séries animales sur terre, suggérant l'idée de loi de développement unique dans la nature, liant embryologie, anatomie comparée, et

---

[16] Owen, *On the Archetype and Homologies of the Vertebrate Skeleton*, rapport à la British Association for the Advancement of Science, 1846.

[17] Le compromis pouvait, en fait, se résoudre assez aisément en distinguant deux niveaux, l'un où prédominait l'homologie, l'autre où s'exerçaient les lois d'adaptation fonctionnelle. Par exemple, accepter à un certain niveau les embranchements et la discontinuité de Cuvier, et considérer la recherche des homologies comme une méthode valable à un niveau inférieur. On additionnait ainsi une partie de théorie à l'autre, sans vraiment effectuer de synthèse.

[18] En France, les travaux d'Etienne Serres et ceux de Geoffroy-Saint-Hilaire sur la tératologie ne sont pas à négliger, pas plus que ceux, bien plus anciens, de John Hunter en Grande Bretagne, dont l'œuvre commençait à être publiée. Mais l'observation systématique de la différenciation histologique et morphologique, la découverte des feuillets, les fentes branchiales par exemple, sont dues surtout aux savants allemands.

paléontologie : l'on pouvait alors rechercher dans l'embryologie la clé de la classification. L'autre allait jusqu'à considérer que le développement de l'embryon (ontogenèse) était rigoureusement similaire au développement et la succession des espèces sur terre (phylogenèse). L'ontogenèse récapitulait la phylogenèse, l'embryon des espèces supérieures passait par toutes les étapes des formes adultes d'animaux inférieurs dans l'échelle de l'organisation avant d'atteindre sa forme finale. Cette théorie, formulée par Serres en France et Meckel en Allemagne, fut par la suite reprise après Darwin par Ernst Haeckel sous une forme évolutionniste, qu'il appela « lois de récapitulation »[19].

En 1827, Karl-Ernst Von Baer réfutait la « loi de Meckel-Serres » : l'embryon des formes supérieures ne passait pas par toutes les étapes des formes inférieures adultes, mais le développement allait d'une homogénéité indifférenciée à une hétérogénéité différenciée, du général au spécial[20] : aucun animal supérieur ne répétait les étapes des animaux inférieurs. Les théories du développement constituaient à cet égard l'une des conditions de pensée – tout aussi importante sinon plus que la discontinuité des embranchements des êtres vivants – de l'historicité dans l'histoire de la vie. Richard Owen et le jeune physiologiste William Carpenter s'efforcèrent d'incorporer l'embryologie dans l'anatomie comparée. En cette même année 1837, le jeune médecin Martin Barry, dans deux articles[21], affirmait ouvertement que la clé de l'unité de type recherchée par Geoffroy-Saint-Hilaire se trouvait dans l'étude du développement, et présentait en Grande Bretagne les thèses de Von Baer, qui furent fort commentées durant ces années[22]. William Carpenter parlait d'« unité de composition » en s'appuyant sur les lois de Von Baer[23].

---

[19] Cf. D. Becquemont, article « Développement », in *Dictionnaire d'histoire et de philosophie des sciences,* D. Lecourt (éd.), Paris, PUF, 1999.

[20] Réflexion qui allait être l'origine des théories évolutionnistes de Spencer. Voir D. Becquemont, *Le cas Spencer*, Paris, PUF, 1998.

[21] *Edinburgh Philosophical Journal*, 2, 1836-7.

[22] On s'est souvent demandé si Darwin croyait à la théorie de la récapitulation, ou bien penchait pour les théories de Von Baer, et les carnets de notes demeurent assez ambigus sur le sujet, encore que les réticences de Müller et d'Owen aient poussé Darwin vers un rejet de la théorie de la récapitulation au sens strict. Un extrait de son manuscrit de 1844, sept années plus tard, ne laisse pas de doute sur le sujet : « On a souvent affirmé que les animaux supérieurs de chaque classe passent par l'état d'un animal inférieur, par exemple que le mammifère parmi les vertébrés passe par l'état de poisson ; mais Müller réfute cette assertion, et affirme que le jeune mammifère n'est à aucun moment un poisson, tout

Richard Owen, évoquant les années 1830, résumait ainsi ce que l'on peut considérer comme les problème théoriques majeurs de ces années :

– Unité de plan ou but final dirigeant les conditions du développement organique ?
– Série des espèces, ininterrompues, ou brisées par intervalles ?
– Extinction, cataclysmique ou régulée ?
– Développement par épigenèse ou évolution[24]
– Vie première par miracle ou loi secondaire ?[25]

Ces notes de Richard Owen résument le champ théorique dans lequel se développait la pensée de la nouvelle génération de naturalistes des années 1830. La première question résumait l'opposition entre « cuviérisme » et « geoffroyisme », la seconde posait la question de la discontinuité, la troisième envisageait l'extinction des espèces à l'intérieur du cadre de la géologie, la quatrième s'ouvrait au problème de l'embryologie, du développement et de la « génération » sans cependant faire ouvertement allusion au rapport entre paléontologie et embryologie, la cinquième celle de la « création » des espèces par intervention divine directe ou par l'intermédiaire de causes secondes. Owen ne dit pas si ces causes secondes sont ordonnées par la divinité ou sont des « lois de nature », mais on ne peut que supposer qu'il envisage la première hypothèse, et certainement pas dans un sens transformiste. Tel était le programme théorique qui gouvernait les recherches les plus avancées des sciences de la nature en ces années. Seule l'étude de la distribution géographique –qui sera un des points forts de Darwin – manque au pro-

---

comme Owen affirme que la méduse embryonnaire n'est à aucun moment un polype, mais que mammifère et poisson, méduse et polype, passent par le même stade, le mammifère et la méduse n'étant que développés et modifiés davantage. », Charles Darwin, *Ebauche de l'Origine des Espèces*, introduction et notes de D. Becquemont, Presses Universitaires de Lille, 1992, pp. 161-2.

[23] William Carpenter, « On the Unity of Function in Organized Beings », *Edinburgh New Philosophical Journal*, 23, 1837, et *Principles of general and comparative physiology*, Londres, Churchill, 1839.

[24] En 1865, six ans après la parution de *L'Origine des espèces*, Richard Owen – qui n'admettra jamais la théorie darwinienne – parle encore d' « évolution » pour désigner la théorie « préformationniste » du développement de l'embryon opposée à la théorie épigénétique.

[25] Texte écrit en 1855, cité par Toby Appel, op. cit., p. 226.

gramme. On pourra ajouter que l'ensemble de ces problèmes était nécessaire à l'introduction de l'historicité dans les sciences de la vie, et pas seulement l'anatomie comparée selon Cuvier. Nécessaire, non en tant que « protoévolutionnisme », mais en tant que fissures de plus en plus apparentes dans un socle épistémologique d'espèces fixes, variant autour d'un point d'équilibre, ou même progressant vers l'essence même de l'espèce.

L'idée de transformation ou d'évolution est absente de ce programme. Elle n'apparaissait pas comme une piste de recherche sérieuse pour la communauté scientifique. Darwin allait rencontrer tous ces problèmes en redonnant vie à un point de vue considéré comme dépassé. Avec, comme point de départ, les théories de son grand père Erasmus Darwin, que personne ne prenait plus au sérieux depuis longtemps.

Dans ses carnets de notes de 1837-8, alors qu'il remplissait par des « faits » et des « groupes de faits » les espaces que son programme initial avait délimités, de nouveaux problèmes et de nouvelles difficultés surgissaient dans la recherche d'une théorie possible de l'évolution des espèces chez Darwin[26]. En effet les variations étaient, selon sa théorie, à la fois manifestation occasionnelle d'une force héréditaire et réponse à des changements du milieu directement adaptative. Qu'en était-il alors des grandes mutations? Un albinos pouvait être considéré comme un monstre, mais en même temps ce pouvait être une forme d'adaptation ; une plante naine dans une zone alpine était une forme d'adaptation, alors qu'une plante naine par semence n'était qu'un monstre[27].

La théorie de base, dès le début des carnets de notes de Darwin consacrés à l'évolution, postulait qu'il était possible de penser dans un même espace de représentation force héréditaire et adaptation des êtres vivants aux changements du milieu, adaptation discernable grâce à la paléontologie et dans la distribution géographique. Cet espace de représentation se projetait sous forme d'un arbre, mais les faits découverts dans sa quête en rendaient la construction de plus en plus incertaine. Les faits d'héré-

---

[26] Ces carnets de notes ont été publiés en 1987: *Charles Darwin's Notebook, 1836-1844*, British Museum (Natural History), Cambridge University Press. Les carnets de notes traitant de l'évolution des espèces vont du carnet B au carnet E. Les réflexions de Darwin sur l'adaptation fonctionnelle et la morphologie se trouvent surtout dans les carnets B et C (1837-8).
[27] C 84-5.

dité rendaient compte des faits de structure, la distribution géographique des faits d'adaptation. Mais, entre les deux, subsistait une sorte de décalage, voire une incommensurabilité. Bien sûr la formation de chaque espèce était due à « l'adaptation + les structures héréditaires », mais « ce dernier est de loin le principal élément »[28]. Le tronc de l'arbre (force héréditaire se reflétant dans la structure) ne se raccordait pas à ses branches (dues à l'adaptation fonctionnelle).

A cause de ce décalage, l'adaptation n'était jamais parfaite : « C'est un point de grand intérêt de prouver que chaque animal n'est pas parfaitement adapté à chaque région »[29]. Les effets de la loi de transmission héréditaire étaient tels que chaque région, voire chaque continent, conservait une trace de la ressemblance de parenté : l'adaptation fonctionnelle des espèces à leur milieu ne donnait pas la clé de la classification : « la structure n'est pas la simple adaptation »[30]. Elle était la manifestation d'une force héréditaire, et rendait compte par exemple de la persistance des « organes vestigiels » ou « abortifs » qui n'étaient d'aucune utilité (tétons de l'homme, ailes rudimentaires), mais devaient être considérés comme la persistance d'une structure et jouaient un rôle majeur dans la classification. Les théories de Geoffroy-Saint-Hilaire l'emportaient définitivement sur celles de Cuvier.

Ces considérations conduisirent Darwin vers de nouvelles réflexions, et le poussèrent à prendre parti d'une manière assez précise entre deux grands courants des sciences de la nature. Darwin n'hésita pas longtemps en effet dans son choix théorique. Il lut Cuvier et Geoffroy-Saint-Hilaire : « La théorie de Cuvier des conditions d'existence est censée rendre compte des ressemblances » affirmait-il avec quelque scepticisme[31]. Très vite il rejeta les vues de ce dernier :

> Que signifie l'expression utilisée par Cuvier quand il dit que tous les animaux (...) n'ont pas été créés selon le même plan? (...) Je n'arrive pas à voir quelles sont ses idées sur la propagation.[32]

---

[28] B 225.
[29] B 107.
[30] B 69.
[31] B 111.
[32] B 114.

Il était bien plus raisonnable de supposer, avec Geoffroy-Saint-Hilaire, que « Dieu donne les lois et laisse tous suivre les conséquences »[33].

Tous les animaux avaient été créés sur le même plan, et il existait dans le règne animal une unité de composition organique. L'être originel se modifiait et se diversifiait. Il suffisait alors de considérer que cette diversification envisagée par Geoffroy Saint-Hilaire se produisait par « propagation héréditaire », et Darwin d'ajouter que Geoffroy-Saint-Hilaire « ne dit pas 'propagation' », mais doit l'avoir pensé : « Evidemment (suggère) considère la génération comme le procédé raccourci par lequel l'homme (chaque animal) passe de l'état de ver à l'état d'homme »[34].

Les lois d'affinité, interprétées comme lois de la succession héréditaire, fournissaient en effet la clé de la ressemblance ; les formes se diversifiaient ensuite à partir d'un tronc commun sous l'effet de l'adaptation fonctionnelle et des lois d'analogie. Les lois de composition organique, les faits de structure relevant de lois d'affinité, étaient plus importants que l'adaptation fonctionnelle et les lois d'analogie. La structure pouvait être considérée comme le critère de l'espèce[35]. Pour illustrer la prépondérance des lois d'affinité sur des lois d'analogie, Darwin prenait l'exemple suivant : deux habitants des tropiques sont reliés entre eux à la fois par affinité (structure proche et parenté commune) et analogie. Un habitant des tropiques et un habitant des zones tempérées ne sont reliés que par l'affinité, c'est-à-dire en fait par la parenté[36].

En fin de compte, Darwin allait jusqu'à soutenir que l'adaptation fonctionnelle rendait surtout compte de la formation des groupes aberrants[37]. L'adaptation des êtres vivants à leur milieu était loin d'être parfaite, donc le critère de la fonction était insuffisant pour classer les êtres vivants ; il était nécessaire de prendre en compte le critère de l'affinité. De plus, les caractères acquis par adaptation fonctionnelle étaient, chez un être vivant, les derniers acquis dans l'ordre temporel[38] et en même

---

[33] B 114.
[34] B 111.
[35] B 243.
[36] B 198.
[37] C 61.
[38] C 202.

temps les plus variables[39]. L'analogie établissait des relations entre un être vivant et quelque chose d'extérieur à lui (les conditions d'existence), alors que l'affinité prenait en compte « la somme des relations »[40].

Les données de la paléontologie permettaient également d'aller plus avant dans la reconstitution généalogique de la classification. L'extinction simultanée des chevaux, des éléphants et des mastodontes en Amérique du Sud le confirmait dans sa certitude que la théorie de Lyell sur les êtres vivants n'était pas la bonne. La découverte en Inde d'un singe fossile[41] renforçait sa conviction qu'avec de nouvelles découvertes de fossiles, l'on parviendrait un jour à retrouver le centre de production de mammifères et à retracer leurs trajets de dispersion :

> Je peux alors demander si la série n'est pas plus parfaite qu'auparavant avec la découverte de mammifères fossiles, et c'est tout ce que l'on peut espérer – C'est une réponse à Cuvier.[42]

L'existence d'un animal comme l'ornithorynque, mammifère possédant certains caractères des poissons, interdisait d'affirmer péremptoirement qu'il ne pouvait exister d'ancêtre commun aux mammifères et aux poissons. Le type, ou archétype, de chaque forme, tel qu'il était envisagé par l'école morphologique de Geoffroy-Saint-Hilaire devait donc être, non pas une forme idéal-typique, mais, dans une perspective transformiste, « celui qui s'est écarté le moins de la forme ancestrale »[43].

Malgré les encouragements qu'il s'adressa dès 1838, le premier résumé de ses thèses, effectué quelques années plus tard (en 1842 puis en 1844) ne fut jamais publié de son vivant, et vingt-deux années devaient s'écouler entre l'effort de la découverte et son exposition dans *L'Origine des espèces*. Ces réflexions sur la théorie allaient plus loin dans le maté-

---

[39] David Kohn, dans son commentaire des carnets de notes, va jusqu'à soutenir que pour Darwin l'adaptation est imparfaite car elle est le reste héréditaire d'actes anciens d'adaptation directe, et que Darwin ne concevra l'idée d'une adaptation différentielle que bien plus tard.

[40] C 202.

[41] B 94.

[42] B 88-9. Cuvier, pour prouver que les espèces n'évoluaient pas, avançait l'absence de formes transitionnelles entre le palaeotherium, le megalonyx, le mastodonte, et les espèces actuelles.

[43] B 88-9.

rialisme métaphysique qu'aucun de ses textes publiés de son vivant; elles étaient à cette époque plus proches des thèses de Carus[44], d'un certain romantisme allemand, voire des thèses contemporaines de Geoffroy Saint-Hilaire sur le principe calorique du vivant et les lois de la matière organique, que des thèses darwiniennes des années 1856-1880:

> Il y a un seul esprit vivant qui prévaut dans ce monde (sujet à certaines conditions de la matière organique et principalement de la chaleur), qui assume une multitude de formes selon des lois subordonnées. Il y a un principe pensant intimement allié à la matière organique (...) qui se modifie en formes innombrables, étroitement allié en degré et en substance aux formes innombrables des êtres vivants. Nous voyons ainsi l'unité dans le principe pensant et actif dans les diverses nuances de séparations entre les individus ainsi pourvus, et la communauté d'esprit, même dans la tendance aux émotions délicates entre les races et les habitudes récurrentes chez les animaux.[45]

Les réflexions de Darwin, de l'été 1837 à ce début d'été 1838, l'avaient entraîné bien au delà de son projet initial de recherche sur les lois de la vie organique. De nombreux commentateurs ont affirmé que les thèses exprimées au tout début du carnet B soutinrent la recherche de Darwin jusqu'à sa lecture de Malthus. Ceci est probablement exact si l'on ne considère que le cadre général de sa théorie : Darwin était toujours à la recherche de « lois de génération », sources de variations, dont il tentait d'appréhender les effets par l'observation de la distribution géographique et de la paléontologie. La médiation entre ces deux domaines hétérogènes, il la voyait toujours dans un arbre dont le tronc et les branches principales refléteraient les lois d'hérédité, et les plus excentrées l'adaptation à de nouvelles conditions de vie. Mais ses observations s'étaient élargies à tous les domaines des sciences de la nature ; la correspondance entre le développement de l'embryon et celui des espèces, par exemple, pouvait fournir une nouvelle médiation entre la modifica-

---

[44] Au printemps 1838, Darwin lut au moins un texte de Carl Gustav Carus traduit en anglais dans *Scientific memoirs*, 1837, I, « The kingdom of nature, their life and affinity ». Carus s'affirmait disciple de Goethe, et voyait dans la nature une unité dynamique de matière et d'esprit.
[45] C 211. Cet extrait ressemble à un résumé des thèses de C.G. Carus.

tion des organes reproducteurs et la modification des espèces dans le temps.

L'idée initiale que la « cause finale de la vie » était l'adaptation à un monde changeant à partir de « lois fixes d'hérédité » demeurait sans doute le fondement de la recherche darwinienne. Mais à l'intérieur de ce cadre théorique s'étaient développées de nouvelles médiations. Dès les premiers mois de 1838, Darwin avait conçu l'idée d'une action indirecte des conditions de vie sur les êtres vivants par l'intermédiaire de modifications des organes reproducteurs. Sa thèse initiale d'une durée de vie limitée des espèces, sans être à proprement parler explicitement rejetée, s'estompait, et certains faits, au contraire, semblaient parler contre elle.

Une autre partie du cadre théorique dans lequel Darwin avait initialement condensé ses premières thèses s'était fortement modifié. Darwin était insensiblement passé de l'idée que la reproduction sexuée était le moteur de l'évolution à la thèse d'une évolution des organismes, à partir d'un hermaphroditisme originel. Considérant, par exemple, le mode de reproduction des daphnies, Darwin se demandait : « il serait curieux de savoir si une variété peut se transmettre plus facilement chez celles qui sont nées sans coït qu'avec »[46], pour conclure qu'en fin de compte « la génération peut être considérée comme un condensateur ». La reproduction sexuée était un accélérateur des variations, mais la différence avec la reproduction non sexuée n'était plus qu'une différence de degré. L'idée d'un fœtus bisexuel était

> (…) une merveilleuse relation qui existait dans toute la nature… Cela fait de l'hermaphroditisme un pas de plus dans l'échelle. Série – chez les plantes nous avons un pas entre les plantes monoïques et les plantes dioïques, chez les animaux il peut être difficile d'imaginer comment les sexes ont été séparés.[47]

Cet élargissement du cadre initial de la recherche, cependant, ne constitue nullement la seule différence entre les premières interrogations schématiques du printemps 1837 et l'ensemble touffu et contradictoire de réflexions auquel il était parvenu en ce début d'été 1838. Parti de la nécessité de trouver des preuves et des faits établissant des correspon-

---

[46] C 162.
[47] C 167.

dances entre les lois d'hérédité et les formes d'adaptation aux circonstances dans le temps et dans l'espace, il espérait au départ trouver des médiations directes qui lui eussent permis de construire cet arbre de vie esquissé dès ses premières pages de notes.

Mais ce projet fut vite rejeté à l'arrière plan : le schéma généalogique de classification des espèces ressemblait tout autant à un corail ou à l'arbre généalogique d'une famille humaine qu'à un arbre naturel. Il était malaisé, voire impossible, de penser dans le même espace de représentation la structure reproduite, depuis la forme embryonnaire jusqu'à la forme pleinement développée, selon les lois d'hérédité (le tronc et les grosses branches de l'arbre), et l'adaptation fonctionnelle qui aurait dû rendre compte de la ramification en branches plus fines.

Son champ de recherche, alors, s'élargit : l'embryologie pouvait donner des correspondances entre le développement de l'individu et le schéma généalogique d'un phylum, mais les notes de Darwin à ce sujet ne sont pas très nombreuses. La distribution géographique – domaine d'étude privilégié dans ces deux premiers carnets – permettait de se rendre compte du fait que la simple adaptation fonctionnelle ne pouvait expliquer à elle seule la classification ; la paléontologie amplifiait plus qu'elle n'expliquait le mystère de l'extinction. Les modifications d'un « monde changeant », suscitaient peut-être, par l'intermédiaire des lois d'hérédité, des variations adaptatives, mais Darwin avait acquis la certitude que la structure interne des organismes, fruits de la transmission héréditaire, précédait l'adaptation dans l'ordre des causalités.

Darwin admettait que l'ensemble de la théorie à construire pouvait se résumer en « hérédité + adaptation » mais d'autre part il tendait à penser que les deux termes ne pouvaient être représentés simultanément dans la même topique. D'une part la structure primait sur la fonction : l'action de l'hérédité n'était pas l'effet d'une cause extérieure qui eût agi sur elle directement ; d'autre part les transformations du milieu étaient sans doute une cause des transformations des espèces, mais elles n'en étaient pas la cause première, fondamentale ; celle-ci était à rechercher dans l'action des lois de transmission héréditaire lorsqu'elles étaient en rupture d'harmonie avec leur milieu. Ces lois de transmission héréditaire qui rendaient compte de la structure des êtres vivants, par exemple du fait que des êtres de structure fort différente existaient en diverses parties du globe sous des conditions semblables, Darwin les recherchait toujours, accumulant des exemples et des faits de ressemblance et de dissemblance, esquissant déjà une théorie qui, plus de trente ans plus tard, allait devenir l'hypothèse de la pangenèse.

Mais le souhait de penser dans un même espace de représentation hérédité et adaptation, et de construire à leur intersection même un arbre généalogique de vie s'avérait de plus en plus difficile : bien sûr la structure l'emportait sur la fonction, mais la causalité mise en jeu dans l'un ou l'autre domaine n'était pas du même ordre. Darwin ne parvenait pas à penser dans un même espace les lois d'hérédité, qui fournissaient le tronc et les branches principales, et les phénomènes d'adaptation, qui devaient fournir les bifurcations des branches les plus petites. Les médiations entre les deux domaines (ou espaces) étaient de plus en plus aléatoires.

Deux solutions pouvaient logiquement s'offrir à Darwin : dissocier les deux domaines, et les considérer comme deux niveaux séparés, ou bien trouver un nouveau médiateur qui tentât d'unifier dans le même topos hérédité-structure et adaptation-fonction. La première solution, il l'envisagea à plusieurs reprises, sans s'y attarder longtemps. La seconde lui parut, au contraire, une méthode féconde. A partir d'avril-mai 1838, il pensa la trouver dans l'idée que les instincts héréditaires primaient sur la structure. La lecture de Malthus, à la fin de cet été, allait par la suite bouleverser ce schéma.

Chapitre 16

The Baillières: the Franco-British book trade and the transit of knowledge

Josep Simon[*]

Introduction

The study of international relations and the use of international comparative history are fruitful approaches allowing us to tackle what, in recent decades, scholars from various traditions have identified as one of the major problems afflicting the history of science: the loss of a « big picture » (Jacob 1999; Secord 2004; Kohler 2005). Three decades ago, Maurice Crosland and Crosbie Smith produced a rare and largely laudable example of an attempt to bridge national boundaries by analysing the « influence » of the « transmission » of the French *physique* into British natural philosophy, in the context of the emergence of physics as a discipline in mid-nineteenth-century Britain (Crosland and Smith 1978). Their valuable analysis has, nevertheless, significant limitations related to their conceptualisation of « transmission » and of « discipline » and, concomitantly, their selection of historical actors.

Recently, James Secord has suggested – as an approach aimed at solving the aforementioned problems – that the study of the « transit of knowledge » should be given a central position in the history of science,

[*] The work leading to this paper was possible thanks to a University of Leeds PhD scholarship. I thank Jon Topham for useful comments on a draft of this paper.

Echanges entre savants français et britanniques depuis le XVIIᵉ siècle.
Robert Fox et Bernard Joly (éd.).

by conceiving science itself as a form of communication (Secord 2004). Therefore, Secord's proposal gives a central role to a process that has traditionally been considered secondary. Hence, it is sympathetic to the enlargement of the traditional set of actors considered in Crosland and Smith's paper, to embrace all those having a central role in communicating science. As I argue in this paper, booksellers are the most relevant historical figures in this context.[1]

Crosland and Smith's selection of actors is constrained by their focus on scientific elites. But, in addition, their paper displays a partial and limited picture of the Franco-British map of scientific knowledge. In nineteenth-century Europe, perhaps the major events contributing to the configuration of scientific disciplines were their introduction as propaedeutic subjects in the medical curriculum and their presence in the rapidly developing secondary school curriculum (Olesko 1991; Stichweh 1992; Simon 2008). This was especially important and happened early in France. It is outstandingly epitomized by the work of the Baillières, a French family of medical and scientific international booksellers.

Crosland and Smith's paper is particularly important in pinpointing the level of British interest in French science, manifested in the interest in science books produced in France. In fact, this interest was reciprocal. It extended to the study of systems of education and the place of science in them (Anderson 1973; Anon. 1868), and it was part of a wider phenomenon of mutual communication between the two countries (Gerbod 1991).

French booksellers in this period played a fundamental role in the international book trade, and the study of their agency is essential to an understanding of Franco-British scientific communication. Their international expansion was both a reflection of nineteenth-century patterns of migration and of French cultural influence; it was also a commercial strategy to sustain national businesses. The Baillières were arguably the most important international medical and scientific publishers and booksellers operating in mid-nineteenth-century Britain.

Hippolyte Baillière – the head of their London branch – trained in Paris, had an important role in communicating the French map of knowledge into Britain, through the publication in English of works defined by the French medical and scientific reading and teaching context. At the same time, his firm contributed to modifying the scientific map of knowledge in a distinctive British way, through the publication of books by British authors in fields such as industrial chemistry and imperial botany.

---

[1] In harmony with Jon Topham's historiographical proposal (Topham 2000).

In both cases, Baillière introduced French techniques into Britain, especially in relation to illustrations. The English Baillière also contributed to the communication of British science to France and Germany, through its association with the French Baillières and with German booksellers in the publication and distribution in France and Germany of works by British authors. In addition, the Baillières' international network, and in particular their Franco-British axis, had an important role in favouring communication between French and British men of science, through their own communication network.

In the first part of this paper, I briefly describe the configuration of Jean-Baptiste and Germer Baillière's publishing houses in Paris, and their decisive role in the development of medicine and science in France. I analyse the reasons and ways of the Baillières' international expansion, and I characterize the establishment of the Baillières' London branch and its professional and social status. In the second part, I focus in the study of the transit of scientific knowledge between Britain and France through a comparative analysis of the English and French Baillières' publishing lists, and of the mechanisms involved in their mutual exchanges. In this context, I study Hippolyte Baillière's contribution to the communication and configuration of the French map of knowledge and of French book techniques, and to the configuration and communication of the British scientific map of knowledge. Finally, I consider the role of the Baillières' network in the communication between British and French men of science.

These are the first results of a case-study that aims at contributing to build a more accurate and richer historiographical frame, avoiding artificial disciplinary and national boundaries, and introducing new historical actors, in order to work towards a « big picture » in history of science.

The Baillières and the international book trade in science and medicine

During the late eighteenth and early nineteenth centuries, some English booksellers corresponded with Continental booksellers and imported foreign books on a regular basis (Topham 1998; Zachs 1998). However, their trade was of the retail type, struggling to compete with foreign specialized wholesalers. Britain was the main customer – after Belgium – for French books, in a period when the international book trade acquired a new dimension in production, circulation, speed, and geographical expansion (Barber 1994; Barbier 1981). French international booksellers had a prominent role in this market and they typically structured their businesses by establishing branches in at least three leading metropolises of the book trade: Paris, London, and Leipzig. Their businesses were often family-based, and their members had an international training, acquiring expertise by travelling and working in different countries.

For booksellers, a main reason to establish a foreign branch was to find new markets for remainders, in order to avoid overproduction, the most usual reason leading to bankruptcy (Martin and Martin 1985). In addition, they aimed to fight against piracy, a practice not forbidden by international treaties until mid-century (Feather 1994). In this context, in 1826 – a year of crisis for the French and British book trade – the firm J.-B. Baillière opened a branch in London (Régnier 2005; Norrie 1982; Brown 1982), eight years after inaugurating its bookshop in Paris. Its English catalogues contained in addition to his own publications, a selection of the major French books and journals in medicine and science produced since the late eighteenth century, as well as works in German, Italian, and Latin (Baillière 1828).

Having entered the book trade as an apprentice in Paris, Jean-Baptiste Baillière rose rapidly to a prominent position in the French trade and in financial and social circles: publisher of the Académie de médecine (1827), vice-president of the Cercle de la librairie (1847), member of the Conseil d'escompte de la Banque de France (1850) and – after his participation in the London Great Exhibition – the Légion d'honneur (1852) (Régnier 2005, 2006). In 1885, at his funeral service, his professional colleagues stated that: "This name will eternally last, because the books he published between 1818 and 1885 mark the progress of the medical and natural sciences during the two thirds of our century" (Régnier 2006: 116).

Jean-Baptiste and his brother Germer had a major role as medical and scientific booksellers, in a period in which Paris witnessed major international developments in hospital and laboratory medicine, especially through the development of pathological anatomy and experimental physiology,[2] and in science, through the constitution of chemistry and physics as independent disciplines. Their publishing lists generously rep-

---

[2] In the following, my framing of Baillière's publishing list in the context of French medicine is based on Ackerknecht, E. H. (1967). *Medicine in the Paris Hospital, 1794-1848.* Baltimore: The Johns Hopkins University Press.

resented the French tradition of hospital medicine and surgery,[3] and the major clinicians of their time, known as "the eclectics" for their combination of the use of observation, physical diagnosis, and numerical analysis, with chemical and physical experimentation and microscopy.[4] They also published the leading French microscopists,[5] and they acknowledged the role that the sciences had to play in medicine, by publishing a considerable number of works in chemistry[6] and by leading authors in experimental physiology.[7] Their authors in medical physics were in charge of the teaching of this accessory science at the Faculty of Medicine, and their physics textbooks targeted the secondary school market and the *baccalauréat-ès-sciences*. The establishment of this examination as a compulsory requirement for medical students from the 1820s drove the textbook market for decades. However, competition in the production of chemistry and physics secondary school textbooks was fierce, and other Parisian publishers had a more important role in this market. The medical map of knowledge in nineteenth-century France also comprised polemical subjects such as homeopathy and mesmerism, in which Jean Baptiste and Germer also made a major contribution.[8]

The French Baillières were able to play an especially influential role in the configuration of French medicine since they were specialized readers with an excellent knowledge of medicine, who selected authors, who advised them on medical literature, and, in many cases, suggested specific book projects to them, and in general, by their supervision of their work (Deleuze 2006). Moreover, J.-B. Baillière was involved in the production of monumental reference works involving the coordination of a large number of authors, by publishing numerous medical and scientific dictionaries and annual compilations, of which he was a leading French and international promoter. He also made an essential contribution to de-

---

[3] As represented by the works of Xavier Bichat and Jean Cruveilhier, and Guillaume Dupuytren.

[4] Gabriel Andral, Pierre-Charles-Alexandre Louis, Pierre-François-Olive Rayer, Jean-Baptiste Bouillaud, Pierre-Adolphe Piorry, and Armand Trousseau were Baillière's authors.

[5] Henri Dutrochet, Alfred Donné, Charles Robin, Natalis Guillot, and Casimir-Joseph Davaine.

[6] By leading figures such as Mateu Orfila, Apollinaire Bouchardat ,and Joseph-Bienaimé Caventou.

[7] Pierre Flourens, Claude Bernard, Paul Bert, and Charles-Edouard Brown-Séquard.

[8] The former published the complete works of Samuel Hahnemann, and the latter led the revival of mesmerism by publishing the works of renowned magnetisers such as J.-P.-F. Deleuze, Baron J. Dupotet de Sennevoy, C. Lafontaine and A. Teste.

fining the form of his publications, being especially renowned for the unrivalled quality and quantity of illustrations in his books (Ackerknecht 1967: 117, 70; Régnier 2005: 2, 4).

Although his training and professional experience took place in Paris and it is not known if he did any travelling, he had an expert knowledge of international medicine, as reflected in his list, that included translations of works by Italian, Portuguese, Spanish, Spanish American, British, and especially German authors. J.-B. Baillière could exploit the cosmopolitan character of Paris, an international centre for the book trade and the teaching and learning of medicine and science, especially during the first half of the century. A large concentration of foreign booksellers, teachers, and students constituting a dynamic economy of scientific production and consumption, in which British students and German booksellers had a prominent position (Ackerknecht 1967: 191-96; Caron 1991; Desmond 1989; Kratz 1992). In addition, Jean-Baptiste was especially active in the establishment of a network of international correspondents and of a family-based business network that, by the 1860s, had established bookshops and publishing houses in London, Madrid, New York, and Melbourne.

J.-B. Baillière's London branch was led by his brother Hippolyte, who had joined Jean-Baptiste's bookshop and trained in Paris. H. Baillière started to publish in London under his own name in 1839 putting together during the following decades a substantial English publishing list. In this year, according to Jon Topham's preliminary survey,[9] the Baillières' London branch could already be considered the tenth or eleventh largest London scientific publisher in terms of the number of books published (Topham 2000: 585). Their list was the fourth in « medicine and surgery» , only after Longman and Samuel Highley, and close to John Churchill. In 1844, Charles Darwin, advising the Swiss geologist Adolf von Morlot on publication opportunities in England, mentioned H. Baillière as one of the major possibilities, qualifying him as "one of the most spirited of scientific publishers" (Burkhardt and Smith 1988: v. 4, 51-2).

Like his brother Jean-Baptiste in Paris, Hippolyte sought patronage from medical and scientific institutions, being appointed bookseller to the Royal college of surgeons and the Medico-chirurgical society, selling books to the British museum and the Royal society (Mollier 1988), and publishing the journals of the Chemical society, the Botanical society of

---

[9] For the period 1837-8. My preliminary survey of the *Publisher's Catalogue*, only available until 1840, shows a similar pattern.

Edinburgh, the Liverpool and Manchester photographic society, and the Manchester literary and philosophical society. Many of his authors were recruited though his relation with these institutions.

Between 1839 and 1869, H. Baillière published around three hundred works, at a mean rate of nine works per year, the highest expansion of the firm's list occurring in the 1840s, with more than twenty works in certain years. Two thirds of H. Baillière's publications belonged to the field of "Medicine, Surgery, &c.", slightly more than a tenth to "Chemistry, Natural Philosophy, Astronomy, &c." and a tenth to "Geology, Botany, &c". Within medicine, "Mesmerism, Animal Magnetism, Somnambulism, Spiritism, &c." and "Homeopathy" had a significant presence, constituting more than a tenth of the medical references and half this rate, respectively.[10]

From 1830, Baillière's bookshop was located in Regent Street, one of London's most exclusive areas. His shop was used by French, German, and English gentlemen, to advertise their teaching services, and by medical doctors, to advertise their professional services and books.[11] In the 1840s, tickets were sold for mesmeric *soirées* conducted by French mesmerisers in nearby premises.[12] In the 1850s, tickets for French satirical theatre plays performed in the same premises were also available.[13] In addition, a significant number of London's medical and scientific societies met in Regent Street or in nearby areas.[14] It was certainly a good place to find the "medical and scientific gentlemen" alluded to by J.-B.Baillière in his early English catalogues (Baillière 1828: 4). Charles Darwin and Henry Fox Talbot visited H. Baillière's shop looking for French, English, and German scientific literature, and other English men of science visited the shop for the same purpose (Burkhardt and Smith 1988: v. 4, 100, 107, 313; 1989: v. 5, 135, 296; Baillière 1853).

---

[10] I use the taxonomical categories of H. Baillière's catalogues and of nineteenth-century book-trade publications such as the *Publisher's Circular.*
[11] *The Times*, 3 September 1836, p. 1; 8 September 1836, p. 1; 19 September, 1836, p. 1; 23 August 1836, p. 1; 16 June 1840, p. 2; 19 September 1842, p. 3; 20 November 1845, p. 10; 29 February 1843, p. 1, and 23 April 1851, p. 3.
[12] *The Times*, 26 July 1841, p. 1; 30 August 1841, p. 1; 19 March 1863, p. 18, and 12 September 1866, p. 1.
[13] *The Times*, 12 May 1858, p. 1.
[14] The Horticultural society, the Royal microscopical society, the Zoological society, the Medical society of London, the Chemical society, the London mathematical society, the Society of antiquaries, the Zoological society, the Royal astronomical society, the Royal photographic society, and the Royal society of arts all met near Baillière's shop.

Hippolyte lived and worked in this area, and participated in scientific meetings held in the vicinity of his residence. His involvement with the English photographic community is shown by his presence at meetings of the Microscopical society and by his loan of photographs from his collection to the important photographic exhibition organized by the Society of arts after the Great Exhibition (Anon. 1852). In his shop, he sold not only books and tickets but also French surgical instruments,[15] and several of the instrument-makers involved in the same social events as him inserted advertisements in his books. Thus, in this social context Hippolyte Baillière met scientific and medical authors, instrument makers, and scientific audiences, recruited authors, and negotiated advertisement policies. His role was double, as a promoter of British medicine and science, and as an expert in Continental, and especially French medical and scientific culture.

Hippolyte Baillière and the international communication and appropriation of science

Hippolyte Baillière's agency in the international communication of science was developed in four different ways. First, as an international bookseller in London he provided his customers with a regular supply of books published in France, as well as in other countries such as Germany. Secondly, he performed the appropriation of the French map of medical and scientific knowledge, and of French book trade techniques into the English context. Thirdly, through distribution and translation, he introduced in Britain the work of significant French and German authors in medicine and science, and vice versa. Fourthly, as a member of an international communication network, he served as a conduit between British men of science and their peers in France and other countries.

The early English catalogues of J.-B. Baillière were already encyclopaedic compilations of the major works in medicine and science produced in the Continent since the late eighteenth century. The works in physics by French men of science alluded to by Crosland and Smith were made available by the Baillière's network, expanded to medicine and the other sciences in France and in other countries. According to J.-B. Baillière, these were a selection of the "most interesting" works

---

[15] H Baillière's catalogue inserted in Waterhouse, G. R. (1846-48). *A Natural History of the Mammalia*. London, Paris and Leipzig: Hippolyte Baillière, J.-B. Baillière, and T.-O. Weigel.

determined by *his* choice. At the same time, he compromised to provide with rapidity any book required by his customers (Baillière 1828: 4).

With the subsequent international expansion of the family's firm, the availability of Spanish, Spanish American, American, and Australian works was potentially strengthened. The Baillières' international network offered a safe way of communication of unprecedented speed. A parcel of books was received weekly from Paris in the London branch, and vice versa.[16] Decades earlier, international booksellers were only receiving monthly consignments.[17] The familial structure of the Baillières' network and relative independence assigned to the branches provided it with a stability that other international booksellers did not have.[18]

When H. Baillière started to publish in London under his own name, he could exploit, in addition to his own experience, the experience, support, and authors' stable of his brothers Jean-Baptiste and Germer. This had important consequences in the development of his own business. In fact, the orientation of the London publishing business was partially fashioned in the 1830s, by its first English publications under the label "J.-B. Baillière". This included translations of works by authors in the French Baillière's list, by émigrés established in London or Paris, and by British authors. The subjects covered were mainly anatomy, homeopathy, and chemistry. For example, in 1835, Baillière published in London two important works on pathological and physiological anatomy: a translation of a work by Pierre-François-Olive Rayer,[19] whose second edition was then available in Baillière's French catalogue, and Robert Grant's *Outlines of Comparative Anatomy*. The latter, was considered, in the *Medico-Chirurgical Review*, to be a landmark in the history of anatomy and physiology in Britain, leading the introduction of philosophical anatomy and the ejection of vitalism, considered to have already happened long before in the Continent (Desmond 1989: 197-98). Grant, the first holder of a professorship of comparative anatomy in Britain, dominated this field in the early 1830s. Since he was also a well-known *francophile* (Desmond 2004), he was a perfect match for Baillière's agency in the introduction of French pathological anatomy and physiology through the

---

[16] As expressed in the correspondence of men of science who used this network for their correspondence. See below.
[17] As expressed in the numerous catalogues of the international booksellers Bossange and Treuttel & Würtz.
[18] This was the reason for Treuttel & Würtz's loss of their London branch (Barber 1994b).
[19] Rayer, P.-F.-O. (1835). *A Theoretical and Practical Treatise on the Diseases of the Skin*. London: J. B. Baillière.

translation of works of his French publishing list, and his recruitment of British authors.

Baillière's other works in anatomy were two atlases, by a French and a German author respectively.[20] The well-known quality and quantity of J.-B. Baillière's illustrations were also acknowledged by English reviewers, who commented on its superiority and the inability of English publishers to produce illustrated works of the same quality and at the same cost (Anon. 1861; Anon. 1874). Thus, Baillière introduced in Britain new concepts and techniques in the layout of books, based in his experience in Paris.

Another characteristic of J.-B. Baillière's work as a publisher was the preparation of monumental dictionaries and annual scientific compilations. This pattern was also followed in the publication in 1837-9 of three volumes of a *British Annual, and Epitome of the Progress of Science*, edited by Robert Dundas Thomson, nephew of the chemist Thomas Thomson. The previous year, the former had edited the *Records of General Science*, assisted by his uncle, founder of the London *Annals of Philosophy*, no longer published since 1826 (Morrell 1972: 31). Hence, Baillière and the Thomsons found a common interest in working together in the configuration of a Franco-British pattern of annual science compilations.

One of the last works to be published in London with the label J.-B. Baillière was in fact a book by Thomas Thomson.[21] Baillière had promoted in Paris the publication of chemistry as one of the auxiliary sciences to medicine. There he had published the work of French authors, and of German chemists of the class of Liebig.[22] From London, he could exploit the empathizing context of the Scottish medical faculties, where chemistry was an important subject, and in Glasgow – as in Giessen – new generations of chemists were trained under Thomson's supervision (Morrell 1976). Like all the Baillières' books, the title-page of this work

---

[20] Lebaudy, J. D. (1835). *The Anatomy of the Regions interested in the Surgical Operations performed upon the Human Body ...in a Series of Plates, the Size of Life ...* London: J.-B. Bailliere; Weber, M. I. (1836). *Anatomical Atlas of the Human Body in Natural Size.* London-Dusseldorf: H. Baillière.

[21] Thomson, T. (1838). *Chemistry of Organic Bodies. Vegetables.* London, Paris, Leipzig, Edinburgh, Glasgow, Dublin: J.-B. Baillière, J. A. W. Weigel; MacLachlan & Stewart-Carfrae & Son, Robert Stuart & Co., Hodges & Smith; Fannin & Co.

[22] Liebig, J. von and Raspail, F.-V. (1838). *Manuel pour l'analyse des substances organiques. Suivi de l'examen critique des procédés et des résultats de l'analyse des corps organisés par F. V. Raspail.* Paris : J.-B. Baillière.

included the names and addresses of all the Baillière branches. But this was in addition a joint publication involving Weigel, a Leipzig book-seller, and booksellers in Edinburgh, Glasgow, and Dublin. Joint ventures involving the last three cities were usual for London large publishing firms as a way of securing a wide distribution. By contrast, joint ventures linking British, French, and German publishers were rather infrequent. Hence, close relations with the German book trade,[23] allowed the Baillières not only to contribute to the communication of English science to France but also to its communication to the German states.

J.-B. Baillière's early London list was also rich in books on homeo-pathy. Only a few years earlier, he had started to develop his French list in this field, including French authors and translations from the German. In the 1830s, Baillière's English list on homeopathy included works by Harris Dunsford and Paul Francis Curie, two leading British practitioners in this field (Rankin 1988: 48).

From 1839, the development of H. Baillière's catalogue followed in many ways the pattern established by the early work of the J.-B. Baillière London branch. Hippolyte developed the publication of homeopathy as one of the specialities of his publishing business, producing sixty works in this field. He started by publishing British authors,[24] and as he detected interest in the subject, he enriched his list with authors from his brothers' stable. In Paris, the Baillière's homeopathic list developed in parallel, and more than a quarter of Hippolyte's homeopathy list was made up of works originally published by his brothers. Most significant was the pub-lication in London of the major works of Samuel Hahnemann, the founding father of homeopathy. The English editions were only delayed by one or two years in relation to the French publication, and most probably, they were not direct translations from the German, but from the French.

The number of works by foreign authors in H. Baillière's general list shows that French works constituted the most important part of the translations (more than a tenth), although the proportion of German works was also significant (around a fifth). In the two cases the number

---

[23] In addition to his acquaintance with German booksellers established in the Paris trade and his probable first-hand experience of the Leipzig book fair, in 1855, J.-B. Baillière sent his elder son to Leipzig as an apprentice in the shop of his German associate Weigel (Régnier 2005: 7).

[24] This included authors who had become homeopaths for different reasons and who had various professional and political profiles, such as John Epps, Robert Ellis Dudgeon, Edward Hamilton, and William Henderson.

originating in Hippolyte brothers' catalogues was high. For French trans-lations, a third of the works belonged to their lists, while for German the proportion was one fifth. As for the case of homeopathy, the incorpo-ration of foreign works in H. Baillière's list happened in general once a trend was already established through the publication of works by English authors. However, the introduction of foreign works from the catalogues of J.-B. and G. Baillière, or from other Parisian booksellers, was crucial in boosting the production and consolidation of particular areas in H. Baillière's list.

A similar pattern applies to mesmerism, which like homeopathy was a speciality in H. Baillière's catalogue. But the dependence of H. Baillière on the Paris side of the business was slightly less marked in this case. Hippolyte captured and significantly promoted the widespread excitement concerning mesmerism in London in the 1840s. Its revival had been led in the 1830s by its acceptance by the French Académie de médecine through the efforts of two veteran mesmerisers: Joseph-Philippe-François Deleuze and Baron Jean Dupotet de Sennevoy (Winter 1998: 42).[25] The travels of French mesmerisers such as Dupotet to London in the late 1830s were essential for the revival of this practice in England. As al-ready mentioned, tickets for mesmeric sessions of the kind given by Dupotet were sold in Baillière's shop. Subsequently, he transferred from fashionable rooms in Hanover Square to the medical world of London hospitals, through his collaboration with John Elliotson, a well-estab-lished figure within the London medical community, who held the pro-fessorship of the principles and practice of medicine at University Col-lege (Winter 1998: 42-8; Gauld 2004; Waller 1857-63).

Hippolyte Baillière's list of mesmeric works was inaugurated in 1842 with two short books by English authors.[26] The following year, Elliotson contributed to his list with a work on this trend. His contribution was ac-companied by translations of two works by well-known French mesmer-ists, Joseph-Philippe-François Deleuze and Alphonse Teste, who – like Dupotet – were part of G. Baillière's stable. Teste also had one of his

---

[25] Winter erroneously gives the name "Charles" to these two mesmerisers, and does not acknowledge Deleuze's important role in academic debates on this subject in the 1820s.
[26] Engledue, W. C. and Elliotson, J. (1842). *Cerebral Physiology and Materialism, with the Result of the Application of Animal Magnetism to the Cerebral Organs ...; with a Letter from Dr. Elliotson on Mesmeric Phrenology and Materialism*. London: H. Baillière; Topham, Sir W. and Ward, W. S. (1842). *Account of a Case of Successful Amputation of the Thigh during the Mesmeric State, without the Knowledge of the Patient....* London: H. Baillière.

treatises published by J.-B. Baillière, to which a translation of Topham and Ward's report (previously published by H. Baillière) was appended. Although this was the only mesmeric work of H. Baillière to be incorporated into the list of his brothers, this showed that English mesmerism – seen through the eyes of Hippolyte's production – was strong and more independent than English homeopathy. In fact, only a sixth of his publications in mesmerism were translations of works available through G. Baillière's list. In spite of Elliotson's fall in disgrace, represented by his resignation of his academic position in the late 1830s (Winter 1998: 95-108), H. Baillière's promotion of mesmerism in Britain lasted until his death in 1867. In this time he developed a rich list of works in this area and published the *Zoist*, the main mesmeric journal, edited by Elliotson.

Mesmerism and homeopathy were two significant areas of specialization in the publishing list of Hippolyte Baillière. However, the bulk of his production embraced medicine and surgery, with important contributions to pathological anatomy, physiology and surgery, and to comparative and microscopical anatomy. After publishing the work of Robert Grant, Baillière continued to promote the communication of comparative anatomy through his publication of the work of Richard Owen[27] – leading figure in this field in Britain – and the translation of works by German authors.

His house was also active in the rise of experimental medicine through publication in experimental physiology and physiological chemistry. Baillière's contribution to the former is represented by works by Marshall Hall, its major promoter in Britain (Manuel 2004),[28] and Charles-Edouard Brown-Séquard,[29] one of its French leading figures, who edited a journal in this field for J.-B. Baillière. The publication of Hall's work was followed by Baillière's presentation in Britain of physiological chemistry according to Jean-Baptiste Dumas and Jean-Baptiste Boussingault,[30] and to Justus von Liebig.[31] Hall was also – together with John Queckett and

---

[27] Owen, R. (1840-45). *Odontography*. London, Paris, and Leipzig: H. Baillière, J.-B. Baillière, and T. O. Weigel.

[28] Hall, M. (1842). *On the Mutual Relations between Anatomy, Physiology, Pathology. and Therapeutics, and the Practice of Medicine*. London: H. Baillière.

[29] Brown-Séquard, C.-E. (1853). *Experimental Researches applied to Physiology and Pathology*. London and New York: H. Baillière.

[30] Dumas, J.-B. and Boussingault, J.-B. (1844). *The Chemical and Physiological Balance of Organic Nature...* London: H. Baillière.

[31] Liebig, J. von (1846). *Chemistry and Physics in relation to Physiology and Pathology*. London: H. Baillière.

Arthur Hill Hassall – a leading figure in the promotion in England of the use of the microscope in medicine and science (Bracegirdle 2004; Price 2004). The major works in this field by Queckett and Hassall were published by H. Baillière.[32]

Hippolyte encouraged the development of chemistry, physics, and natural history, preliminary sciences for medical education. In chemistry, he continued to publish the work of Thomas Thomson, and incorporated that of his former student Thomas Graham, now professor of chemistry at University College, and founder of the Chemical society of London (Stanley 2004). The journal of the Chemical society was published by Baillière, who used it to recruit many of his authors in chemistry. In this context, he engaged in the preparation of an encyclopaedic work in chemistry based on the work of the German chemist Friedrich Ludwig Knapp.[33] Like his brother Jean-Baptiste, he had to deal with a large number of editors and translators for the composition of this work. A German work was in this case the base for Baillière's contribution to the scientific map of knowledge in a distinctive British way, represented by this reference work in industrial chemistry.

Physics had a limited but significant space in the Baillières' list. Jean-Baptiste and Germer published several physics textbooks for medical and secondary school students. But they did not extensively develop in this direction, as there were many competitors in this market. In England, Hippolyte was sharp in soon detecting the lack of elementary treatises in physics[34] and the potential market of scientific secondary education (Newton 1983). In 1847, he published Johann Müller's *Principles of Physics and Meteorology*, a translation of a German work, being a short version of a translation of a textbook by Claude-Servais-Mathias Pouillet's (Lind 1992: 235, 381). The second physics textbook published by Baillière was a translation of Adolphe Ganot's *Traité élémentaire de physique expérimentale et appliquée*. This work originated at the crossroads of French medical and secondary school education, a context well

---

[32] J. Quekett, J. (1848). *A practical treatise on the use of the microscope*. London: H. Baillière, and (1852). *Lectures on histology* ... London: H. Baillière; Hassall, A. H. (1850). *The Microscopic Anatomy of the Human Body in Health and Disease*. London, Edinburgh, Paris, Leipzig: Baillière, Highley, Sutherland & Knox, T. O. Weigel.

[33] Ronalds, E., Richardson, T., Watts, H. and Knapp, Friedrich L. (1855). *Chemical Technology. or, Chemistry in its Applications to the Arts and Manufactures*. London and New York: H. Baillière.

[34] Often pinpointed by book reviewers. See for example Anon. (1851). "Elementary works on physical science". *The North American Review* 72, pp. 358-98.

known to Hippolyte and his brothers. Ten years later, the book's French readership had decisively expanded to the secondary school market. The translation of the work was assigned by Baillière to Edmund Atkinson, an active Fellow of the Chemical society who began a successful career as physics teacher in parallel with the English and international success of Ganot's textbook (Simon 2006). Its English edition was commonly praised for the quality of its illustrations (Anon. 1862; Anon. 1863).

This book was part of a *Library of Illustrated Standard Scientific Works,* together with treatises such as those by Müller, Graham, Knapp, and Queckett. Through the *Library,* H. Baillière introduced into Britain the skill in illustration that distinguished his brother's publications. Like Jean-Baptiste, in addition to the important presence of illustrations in all his publications, he produced a large number of illustrated atlases in anatomy, surgery, botany and geology.[35] Most of these originated in his brother's catalogue.

However, all his works on natural history were written by British men of science like William Jackson Hooker who was the leading figure of his list in this field, with a series of treatises and his *London Journal of Botany.* By the 1840s, as the first full-time director of the royal gardens at Kew, Hooker was the most powerful British botanist, and he already had much experience in botanical illustration (Fitzgerald 2004). Hence, he surely appreciated the benefits of his association with the Baillières. On the other hand, H. Baillière contributed thus to the scientific map of knowledge in a British distinctive way, by producing important works defining Imperial Botany.

H. Baillière's publications always displayed the names of all the Baillières' branches. In addition, many of his books were published in association with Weigel, from Leipzig. Thus, he contributed to promoting the work of British men of science such as Thomson, Graham, Hassall, Hall, Elliotson, Owen, Waterhouse, and Prichard, not only in France, but also in Germany.

---

[35] Examples are Moreau, F. J. (1842). *Icones obstetricae. A Series of Sixty Plates illustrative of the Art and Science of Midwifery.* London: H. Bailliere; Moxon, C. (1841). *Illustrations of the Characteristic Fossils of British Strata.* London: H. Bailliere; Cruveilhier, J.; Bonamy, C. L. and Beau E. (1844). *Atlas Illustrative of the Anatomy of the Human Body.* London: Bailliere; Hooker, Sir W. J. (1842-48). *Icones plantarum, or Figures, with Brief Descriptive Characters and Remarks, of New or Rare Plants, selected from the Author's Herbarium.* London: Bailliere; Béraud, B. J. (1867). *Atlas of Surgical & Topographical Anatomy.* London: Baillière.

Furthermore, due to the high cost and irregularity of ordinary postal consignments, the Baillières and their communication network were trusted by many leading men of science as mediators in their scholarly correspondence with foreign peers. Their network was used in this way, in correspondence between Michael Faraday and André-Marie Ampère, Charles-Nicholas-Alexandre Haldat du Lys, Antoine-César Becquerel in France and Arthur-Auguste de la Rive in Geneva, between Jean-Baptiste Biot and Henry Fox Talbot, and between Charles Darwin and Henri Milne-Edwards, Joseph-Augustin-Hubert de Bosquet, Hugh Algernon Weddell, and Alcide-Charles-Victor d'Orbigny in France, Benjamin D. Walsh in America, and Christian Gottfried Ehrenberg in Berlin (James 1991-99; Schaaf [2007]; Burkhardt 1988-89).

Conclusions

The establishment of the Baillières' Franco-British network acted upon the making of science and medicine in six different ways. First, it contributed to the fashioning of disciplines such as homeopathy, mesmerism, pathological anatomy and physiology, microscopical anatomy, experimental physiology, and – only incipiently – physics, around groups of medical and scientific practitioners in interaction with international booksellers such as the Baillières.

The importing of French books in these subjects critically contributed to the consolidation and shaping of already existing practices in England. Hippolyte Baillière's dependence on the support and cooperation of his brothers in Paris was important. This suggests a dependence of British science and medicine on the practice of these subjects in France. However, it is clear that certain areas of the Baillières' publishing practice such as mesmerism and chemistry developed in parallel in England and France. Furthermore, it is understandable that the English Baillière exploited his French support, based on his brothers' longer experience, in order to boost a younger business.

Moreover, H. Baillière rapidly developed a rich stable of British authors producing works of international class. But, its consolidation did not produce a significant response from the French side of the business. The French Baillières rarely exploited the possibility of importing into France authors from their brother's stable, although there were a few significant exceptions. For Jean-Baptiste and Germer, Hippolyte's standing in London was beneficial in opening new markets, and in raising the prestige of their publishing houses and productions. In certain cases, it helped to strengthen their contacts with British authors.

Secondly, H. Baillière contributed through the family network and through his own initiative to the communication of French and German medical and scientific works to Britain, and vice versa.

Thirdly, the Baillières introduced new techniques in Britain, especially in scientific illustration. This certainly had an effect in shaping the practices of the English book trade and, it could have had pedagogical consequences as well.

Fourthly, Hippolyte Baillière performed the appropriation into Britain of the French map of knowledge in which he had been educated and in which his brothers worked. This map considered the sciences as propaedeutic subjects to medical studies.

Fifthly, in spite of offering similarities, the British context displayed an important community of chemists with industrial interests, a significant string of botanical work related to the networks of the British Empire, and an incipient development of physics in the context of secondary education. These contributed to defining the particularities of H. Baillière's publishing list in comparison to that of his brothers, and his contribution to the map of knowledge, this time in a distinctive British way.

Finally, Hippolyte's Franco-British mediation and appropriation was possible thanks to the collaboration of authors and translators who, in many cases, had – like Hippolyte – experienced an international education. Moreover, the production and circulation of British and French science were a work of cooperation between publishers, translators, authors, booksellers, and – last but not least – readers.

References

Ackerknecht, Erwin H. (1967). *Medicine in the Paris hospital, 1794-1848*. Baltimore: The John Hopkins Press.

Anderson, Robert D. (1973). "French Views of the English Public Schools: Some Nineteenth-Century Episodes". *History of Education* 2 159-171.

Anon. (1851). "Elementary works on physical science". *The North American Review* 72, pp. 358-98

Anon. (1852). "Photography and the microscope". *Notes and Queries* 4 December, p. 541.

Anon. (1861). "The French book trade". *Bookseller* 26 October, p. 576.

Anon. (1862). *Popular Science Review* 1, p. 377.

Anon. (1863). "Ganot's Elementary Treatise on Physics". *The Lancet* 81, p. 444.

Anon. (1868). " [Review of Matthew Arnold's *Report on the System of Education for the Middle and Upper Classes in France, Italy, Germany, and Switzerland*, and *Schools and Universities on the Continent*, and of MM

Demogeot and Montucci's *Rapport sur l'enseignement secondaire en Angleterre et en Écosse, Adressé à S. R. le Ministre de l'Instruction Publique*]". *The Quarterly Review* 125, p. 473.

Anon. (1874). "Ganot's Physics". *Popular Science Review* 13, p. 415.

Baillière, Hippolyte (1853). "Hippolyte Baillière to William Henry Fox Talbot". 17 December 1853, Document 06884. In L. J. Schaaf (ed.), *The Correspondence of Henry Fox Talbot* (http://www.foxtalbot.arts.gla.ac.uk) [Accessed 25 February 2007].

Baillière, Jean-Baptiste (1828) *A Catalogue of Books in Medicine, Surgery, Anatomy, Physiology, Natural History, Botany, Chemistry, Pharmacy, &c., &c., &c., ...* Paris: J.-B. Baillière (juillet 1828).

Barber, Gilles ed. (1994). *Studies in the Booktrade of the European Enlightenment*. London: The Pindar Press.

——— (1994b). "Treuttel and Würtz: Some Aspects of the Importation of Books from France c. 1825". In Barber, G. *Studies in the Booktrade of the European Enlightenment*. London: The Pindar Press, pp. 345-352.

Barbier, Fréderic (1981). "Le commerce international de la librairie française au XIXe siècle" *Revue d'histoire moderne et contemporaine* 27, pp. 94-117.

Bracegirdle, B. (2004). "Quekett, John Thomas (1815–1861)". *Oxford Dictionary of National Biography*. Oxford: Oxford University Press.

Brown, P. A. H. (1982). *London Publisher's and Printers, c. 1800-1870*. London: British Library.

Burckhardt, F. and Smith, S., eds. (1985-2005). *The correspondence of Charles Darwin*. Cambridge: Cambridge University Press.

Caron, Jean-Claude (1991). *Générations romantiques, les étudiants de Paris et le Quartier latin, 1814-1851*. Paris: A. Colin.

Crosland, Maurice and Smith, Crosbie (1978). "The Transmission of Physics from France to Britain: 1800-1840". *Historical Studies in the Physical Sciences* 9, pp. 1-61.

Deleuze, Jean (2006). "Jean-Baptiste Baillière et ses auteurs. Les grands principes d'une politique éditoriale". In Gourevitch, D. and Vincent, J.-F., eds. *J.-B. Baillière et fils, éditeurs de médecine*. Paris: BIUM, De Boccard Édition-Diffusion, pp. 63-79.

Desmond, Adrian (1989). *The Politics of Evolution. Morphology, and Reform in Radical London*. Chicago: The University of Chicago Press.

——— (2004). "Grant, Robert Edmond (1793–1874) ". *Oxford Dictionary of National Biography*. Oxford: Oxford University Press.

Feather, John (1994). *Publishing, Piracy and Politics. An Historical Study of Copyright in Britain*. London: Mansell.

Fitzgerald, S. (2004). "Hooker, Sir William Jackson (1785–1865)". *Oxford Dictionary of National Biography*. Oxford: Oxford University Press.

Gauld, A. (2004). "Elliotson, John (1791–1868)". *Oxford Dictionary of National Biography*. Oxford: Oxford University Press.

Gerbod, Paul (1991). *Voyages au pays des mangeurs de grenouilles. La France vue par les Britanniques du XVIIe siècle à nos jours*. Paris: Albin Michel.

Gourevitch, Danielle and Vincent, Jean- Francois, eds. (2006). *J.- B. Baillière et fils, éditeurs de médecine*. Paris: Bibliothèque Interuniversitaire de Médecine et d'Odontologie, De Boccard Édition-Diffusion.

Jacob, Margareth C. (1999). "Science Studies after Social Construction: The Turn toward the Comparative and the Global". In Bonnell, V. E. and Hunt, L., eds. *Beyond the cultural turn: new directions in the study of society and culture*. Berkeley and Los Angeles: University of California Press, pp. 95-120.

James, Frank A. J. L. (1991-1999). *The correspondence of Michael Faraday*. London: Institution of Electrical Engineers.

Kohler, Robert (2005). "A Generalist's Vision". *Isis* 96, pp. 224-29.

Kratz, Isabelle (1992). "Libraires et Éditeurs Allemands installés à Paris, 1840-1914". *Revue de synthèse* janvier-juin (1-2): 99-108.

Lind, Gunter (1992). *Physik im Lehrbuch, 1700-1850. Zur Geschichte der Physik und ihrer Didaktik in Deutschland*. Berlin: Springer-Verlag.

Manuel, D. E. (2004). "Hall, Marshall (1790–1857)". *Oxford Dictionary of National Biography*. Oxford: Oxford University Press.

Martin, Odile and Martin, Henri-Jean (1985). "Le monde des éditeurs". In Martin, H.-J., ed. *Histoire de l'édition française*. Paris: Promodis, pp. 159-215.

Mollier, Jean Yves (1988). *L'argent et les lettres : histoire du capitalisme d'édition, 1880-1920*. Paris: Fayard.

Morrell, Jack B. (1972). "The Chemists Breeders: The Research Schools of Justus Liebig and Thomas Thomson". *Ambix* XIX 1-46.

Newton, D. P. (1983). "A French Influence on nineteenth and twentieth-century physics teaching in English secondary schools". *History of Education* 3 (12): 191-201.

Norrie, Ian (1982). "Part Two: 1870-1970". In Mumby, F. A. N. ed. *Publishing and Bookselling*. London: Jonathan Cape.

Olesko, Kathryn (1991). *Physics as a Calling: Discipline and Practice in the Königsberg Seminar for Physics*. Ithaca and London: Cornell University Press.

Price, J. H. (2004). "Hassall, Arthur Hill (1817–1894)". *Oxford Dictionary of National Biography*. Oxford: Oxford University Press.

Rankin, Glynis (1988). "Professional Organisation and the Development of Medical Knowledge: Two Interpretations of Homeopathy". In Cooter, R., ed. *Studies in the History of Alternative Medicine*. London: Macmillan Press, pp. 46-62.

Régnier, Christian (2005). "Jean Baptiste Baillière (1797-1885)". *Medicographia* (27): 1-10.

——— (2006). "Jean-Baptiste Baillière, témoin et acteur de l'influence internationale de la médecine française". In Gourevitch, D. and Vincent, J.-F. eds.

J.-B. Baillière et fils, éditeurs de médecine. Paris: BIUM, De Boccard Édition-Diffusion, pp. 115-138.

Secord, James A. (2004). "Knowledge in Transit". *Isis* 4 (95): 654-672.

Simon, Josep (2006). "La famille Baillière et l'introduction du *Traité de Physique* de Ganot en Angleterre". In Gourevitch, D. and Vincent, J.-F., eds. *J.-B. Baillière et fils, éditeurs de médecine.* Paris: Bibliothèque Inter-universitaire de Médecine et d'Odontologie, De Boccard Édition-Diffusion, pp. 193-204.

——— 2008). "The Franco-British Communication and Appropriation of Ganot's Physique (1851-1881)". In Simon, Josep and Herran, Néstor. *Beyond Borders: Fresh Perspectives in History of Science.* Newcastle-upon-Tyne: Cambridge Scholars Publishing.

Stanley, M. (2004). "Graham, Thomas (1805–1869)". *Oxford Dictionary of National Biography.* Oxford: Oxford University Press.

Stichweh, Rudolf (1992). *Zur Entstehung des modernen Systems wissenschaftlicher Disziplinen: Physik in Deutschland.* Frankfurt: Suhrkamp.

Topham, Jonathan R. (1998). "Two Centuries of Cambridge Publishing and Bookselling: A Brief History of Deighton, Bell and Co., 1778-1998, with a Checklist of the Archive". *Transactions of the Cambridge Bibliographical Society* 11 (3), pp. 350-403.

——— (2000). "Scientific Publishing and the Reading of Science in Nineteenth-Century Britain: A Historiographical Survey and Guide to Sources". *Studies in History and Philosophy of Science* 31 (4), pp. 559-612.

Waller, J. F. (1857-63). *The Imperial Dictionary of Universal Biography.* London: W. Mackenzie.

Winter, Alison (1998). *Mesmerized. Powers of Mind in Victorian Britain.* Chicago & London: The University of Chicago Press.

Zachs, William (1998). *The First John Murray and the Late Eighteenth-Century London Book Trade. With a Checklist of his Publications.* Oxford: Oxford University Press.

Quatrième section

Le XXe siècle

Chapitre 17

Les relations scientifiques franco-britanniques dans les années 1930 et 1940

PATRICK PETITJEAN

Dans les années 1930, des sociabilités originales se construisent entre scientifiques français et britanniques, enracinées dans les relations professionnelles, mais allant très au-delà du domaine académique traditionnel.

La crise économique des années 1930 s'accompagne d'une crise de la science, tenue en partie pour responsable du chômage ou incapable d'y faire face ; on parle même de moratoire sur la recherche. Elle se traduit aussi par l'insuffisance des moyens financiers qui lui sont consacrés et par des difficultés matérielles importantes pour les scientifiques. Ces mêmes années, la montée des fascismes – et particulièrement la victoire des Nazis de 1933 en Allemagne – provoque en réaction des mouvements d'aide aux scientifiques fuyant le nazisme, une défense de la science contre l'idéologie nazie, et la participation des scientifiques aux mouvements contre la guerre et le fascisme. La fascination pour l'URSS s'exprime tant sur le terrain social (elle apparaît indemne de la crise de 1929) que pour le soutien public apporté à la science.

Ce contexte pousse à un axe franco-britannique dans tous les domaines, de la science à la politique. Il entraîne une convergence des engagements des scientifiques dans l'espace public, en France comme au

Echanges entre savants français et britanniques depuis le XVIIᵉ siècle.
Robert Fox et Bernard Joly (éd.).
Copyright © 2010.

Royaume-Uni, au point que Joliot-Curie parlera en 1946 de « science franco-britannique. »[1]

Dans l'un comme l'autre pays, une sorte de « front populaire scientifique »,[2] des radicaux aux réformistes, regroupe une partie importante des communautés scientifiques, malgré des modes différents d'engagement dans les affaires publiques. En témoignent ainsi l'impact différent du deuxième congrès international d'histoire des sciences (ICHS, Londres,1931) ou la non-traduction en français du livre de Bernal *The Social Function of Science*[3].

Il y a emmêlement des différents domaines, sans que puissent être séparées relations académiques, politiques, institutionnelles... et personnelles. La politique n'est jamais loin dans les relations professionnelles, et inversement.

Ces relations débouchent au début de la guerre sur la Société franco-anglaise des sciences, constituée en mai 1940 et réactivée dès septembre 1944, sur la mission scientifique française à Londres en 1944-45, et sur la Fédération mondiale des travailleurs scientifiques (FMTS) en 1946.

A – Les années 1930

Biologistes et physiciens forment le noyau des scientifiques impliqués dans ces sociabilités, comme Joseph Needham et Louis Rapkine,[4] Patrick M. S. Blackett, John D. Bernal, Frédéric Joliot-Curie et Pierre Biquard, auxquels s'ajoute le journaliste scientifique James G. Crowther. La station marine de Roscoff, le laboratoire Cavendish à Cambridge,[5] puis les laboratoires de physique à Londres où migrent

---

[1] Frédéric Joliot-Curie, « La Science franco-britannique et la guerre », *Dialogues*, n° 1 (juillet 1946), pp. 29-33. Les scientifiques britanniques qu'il identifie dans cette science franco-britannique sont Bernal, Blackett, Darlington, Dirac, Hill, Waddington et Zuckerman.

[2] Gary Werskey, *The Visible College. A Collective Biography of British Scientists and Socialists of the 1930s*. Free Association Books, London, 1988.

[3] John D. Bernal, *The Social Function of Science*, Routledge, London, 1939. L'introduction seule fut traduite directement par Paul Langevin et publiée dans les *Cahiers Rationalistes*, n° 75 (1939), pp. 114-134.

[4] Sur Rapkine, voir Diane Dosso, *Louis Rapkine (1904-1948) et la mobilisation scientifique de la France libre*, thèse de doctorat (spécialité : Epistémologie et histoire des sciences et des institutions scientifiques), Université Paris VII-Denis Diderot, décembre 1998, 675 p.

[5] Crowther et Biquard se rencontrent pour la première fois au Cavendish, lors d'une séance du club de Kapitza : James G. Crowther, *Fifty Years with Science*, Barrie and Jenkins, London, 1970, p. 184. Sur le club de Kapitza : J. W. Boag, P. E. Rubinin &

Bernal et Blackett dans les années 1930, les laboratoires de Langevin et de Joliot-Curie à Paris, sont les principaux lieux où se nouent ces sociabilités.

La physique et la biologie sont aussi deux disciplines où les échanges internationaux sont en plein essor dans les années 1930, que ce soit dans des congrès internationaux ou des séjours croisés dans les laboratoires.

Tout le groupe franco-britannique, biologistes comme physiciens, se retrouve à l'automne 1937 au congrès scientifique international qui se tient pour célébrer l'ouverture du Palais de la découverte à Paris.

1 – Du 2e ICHS au Mouvement pour les relations sociales de la science (MSRS) au Royaume-Uni

Le 2e ICHS[6] en 1931 est un événement majeur pour les historiens français et britanniques. Il est l'occasion pour nombre de jeunes scientifiques britanniques de faire la liaison entre leur engagement social et leur profession et favorise l'émergence du MSRS au Royaume-Uni.[7] En France, les retombées du congrès sont moins sociales que politiques et philosophiques, avec la prédominance des débats sur le marxisme et les sciences.

Sous ce vocable MSRS sont regroupées diverses formes d'engagement des scientifiques britanniques dans l'espace public. La plus importante est la *Division for Social and International Relations of Science* (DSIRS) constituée en 1938 au sein de la *British Association for the Advancement of Science* (BAAS), la principale organisation représentative de la communauté scientifique.

L'*Association of Scientific Workers* (AScW), est le deuxième pilier de ce mouvement. Elle connaît un important développement dans la deuxième moitié des années 1930, en raison de la crise de financement de la recherche au Royaume-Uni. Elle regroupe alors plusieurs milliers d'adhérents. L'AScW rejoint le congrès des syndicats britanniques

---

D. Shoenberg (éds.), *Kapitza in Cambridge and Moscow.*, North-Holland, Amsterdam, 1990, pp. 40-45.

[6] Une délégation soviétique participe au congrès, avec Boukharine à sa tête. Ce congrès marque la première affirmation de thèses marxistes dans un congrès d'histoire des sciences. Une session « spéciale » dut être ajoutée aux quatre sessions officielles pour entendre (partiellement) les Russes. Leurs contributions ont été publiées dans Nicholas Bukharin et al., : *Science at the Crossroads*. London, 1931. Réédition : Frank Cass and Co, London, 1971, avec une préface de Joseph Needham.

[7] Werskey (1988), *op. cit.*

(TUC) au début des années 1940, et atteint 16000 adhérents au sortir de la guerre.

Le Conseil international des unions scientifiques (ICSU) dont le siège est à Londres, s'intéresse dès son assemblée générale de 1934 aux menaces de guerre et aux dangers du fascisme. La fraternité des savants est mise en avant comme un modèle et un moyen pour aider l'humanité à résoudre ses problèmes. Un « Comité pour les relations sociales de la science » est constitué en 1937.

Les autres piliers de ce mouvement sont divers comités pour l'accueil des scientifiques réfugiés, pour la solidarité avec les victimes du fascisme et avec les Républicains espagnols, et différents mouvements pacifistes, dont le *Cambridge Scientists' Anti-War Group* (CSAWG). Ce mouvement peut s'exprimer régulièrement dans *Nature*, dont l'éditeur, Richard Gregory, devient le président de la DSIRS à sa création en 1938.

2 – Les différences françaises

En France par contre, il n'y a aucun mouvement pour jouer un rôle fédérateur équivalent à celui de la DSIRS-BAAS, aucun mouvement même qui porte le débat public sur la fonction sociale de la science. L'Association française pour l'avancement des sciences a une influence réduite dans les années 1930, et s'intéresse peu à cette question.

Le syndicalisme des travailleurs scientifiques n'existe pas encore en France. Un mouvement, Jeune science, est bien constitué en 1936 par de jeunes scientifiques, dont certains sont au PCF, et connaît un développement rapide. Mais il est sans lendemain jusqu'à la Libération, où une Association des travailleurs scientifiques (ATS) est fondée, sans trouver une place équivalente à celle de l'AScW : elle se limite au champ universitaire – alors que l'AScW syndique les scientifiques du « privé » aussi – et est concurrencée par le syndicalisme des cadres et des professeurs d'université. L'ATS a pour objectifs :

> Assurer la Raison intellectuelle et la communauté de pensée entre ses membres, établir des relations fructueuses entre ceux-ci et leurs collègues étrangers, prendre part aux délibérations gouvernementales concernant la recherche, et enfin lancer de vigoureux SOS lorsque, comme c'est le cas présent, les travailleurs scientifiques se sentent en détresse.[8]

---

[8] Léon Bertin, *Les Lettres Françaises*, 26 février 1948.

L'enjeu de la science est moins le bien-être de l'humanité que la « Raison ».

Lors du 2ᵉ ICHS lui-même, la participation française avait été limitée : Jacques Brunet, Henri Behr et Hélène Metzger, comme historiens des sciences. C'est peu au regard des historiens et scientifiques britanniques en grand nombre à ce congrès. Et les interventions de la délégation soviétique et les discussions provoquées n'ont pratiquement pas eu d'échos sur le moment en France.

3 – A la lumière du marxisme

Il faut attendre les conférences « A la lumière du marxisme », organisées en 1933/34 par la commission scientifique du Cercle de la Russie neuve,[9] pour que les thèses marxistes en histoire des sciences viennent dans le débat public. Parmi les conférenciers, on relève les noms du mathématicien Paul Labérenne, de l'astrophysicien Henri Mineur, du physicien Paul Langevin, du biologiste Marcel Prenant, du psychologue Henri Wallon, du sociologue Georges Friedmann, etc. Ces conférences sont publiées,[10] ainsi qu'une partie de la deuxième série (1936-39). A la même époque Marcel Prenant publie *Biologie et marxisme*, livre dans lequel il se réfère aux travaux des biologistes russes présentés à Londres en 1931.

La référence au développement de la science en URSS est omniprésente : le marxisme est un outil pratique autant que théorique. La dialectique de la nature et le matérialisme historique appliqués aux sciences sont au cœur des discussions. Contrairement à ce qui se passe dans les années 1950, l'opposition entre « science bourgeoise » et « science prolétarienne » n'est pas mise en avant.

A la fin des années 1930, sont fondées trois revues, en écho du congrès de 1931, sur des thèmes proches. *Science and Society* (1936) aux Etats-Unis est une revue marxiste plurielle, ouverte au non-marxistes. *Modern Quaterly* (1938) au Royaume-Uni est une revue du Parti communiste britannique à destination des intellectuels, tournée en partie vers les relations sociales de la science, avec comme objectif la défense de la science contre la montée du fascisme et pour le progrès des civilisations.

---

[9] Paul Labérenne, « le Cercle de la Russie neuve (1928-1936) et l'association pour l'étude de la culture soviétique (1936-1939) », *La Pensée*, n° 205 (juin 1979), pp. 12-25.

[10] Henri Wallon et al., *A la lumière du marxisme*, Paris, 1936. Marcel Prenant, *Biologie et Marxisme*, Editions sociales internationales, Paris, 1935.

La Pensée, revue du rationalisme moderne, est lancée en 1939 après que Georges Cogniot ait été chercher l'autorisation en mars 1939 à Moscou auprès de Dimitrov.[11] Outre sa subordination plus étroite au PCF, *La Pensée* se distingue des deux autres revues par sa référence au « rationalisme moderne » et donc à la tradition positiviste française. Elle se situe davantage dans un champ purement intellectuel. Il y a une forte proximité avec l'Union rationaliste, fondée en 1931, où nombre des scientifiques marxistes (ou proches du marxisme) ont des responsabilités, dont Langevin, puis Joliot.

Les différences n'empêchent pas les relations entre les trois revues. Haldane, Needham, Bernal et Hogben sont au comité de rédaction de *Science and Society* et y publient régulièrement des articles. Haldane, Needham, Bernal et Levy sont au comité de rédaction de *The Modern Quarterly*, laquelle sollicite Frédéric Joliot pour participer régulièrement à la revue. Enfin, Haldane est au sommaire du premier numéro de *La Pensée*. Needham et Bernal y publient fréquemment après-guerre.

4 – Contre la guerre et le fascisme

En dépit de toutes ces différences, l'engagement social et politique des scientifiques dans la deuxième moitié des années 1930 est un phénomène massif des deux côtés de la Manche, source de nombreux échanges.

Il existe un continuum d'engagements, entre la science et la politique, au sein des réseaux qui se constituent. Les échanges professionnels sont toujours présents, souvent à l'origine d'une mise en relations, mais les réseaux ne sont pas une simple extension des coopérations scientifiques. Certains thèmes d'engagement procèdent directement de la qualité de « scientifiques » : la popularisation de la science, sa défense contre les déformations, la lutte pour son financement et son organisation, le syndicalisme scientifique, l'histoire marxiste des sciences… D'autres relèvent davantage de l'engagement commun des intellectuels : le pacifisme, l'antifascisme, l'aide aux réfugiés… et la fascination pour l'URSS. Mais les rebonds d'un domaine à l'autre sont permanents, de la science à la politique et inversement.

En France et au Royaume-Uni, c'est un mouvement en profondeur de la communauté scientifique, même si sa fraction la plus engagée reste

---

[11] Georges Cogniot partage la responsabilité de la revue avec Paul Langevin. Georges Cogniot, *Parti pris*, Tome I, Éditions sociales, Paris, 1976, p. 441.

minoritaire. La majorité des physiciens britanniques penchent à gauche.[12] Prix Nobel, académiciens participent autant que les scientifiques « de base », davantage sans doute au Royaume-Uni. L'intérêt des scientifiques pour les affaires publiques s'exprime en particulier par la formation de clubs, plus ou moins formalisés, où se discutent, souvent avec des hommes politiques, les conséquences de la science et les réformes à entreprendre. Ainsi, le club de Kapitza à Cambridge, les *Tots and Quots* à Londres, le « groupe de l'Arcouest » ou le cercle de la rue Tournon en France.[13]

La prise de pouvoir par Hitler en 1933 achève de pousser les scientifiques vers l'engagement politique, en rendant présente la menace politique et militaire, et en ajoutant de nouveaux motifs : la solidarité avec leurs collègues et la défense de la science. Cet engagement est à rebours des traditions académiques qui refusaient de mélanger science et politique. En 1933 encore, A.V. Hill rappelait que les scientifiques devaient se garder de toute politique.[14] Mais « quand la maison brûle, il n'y a plus le temps de cultiver son jardin » reconnaît Jean Perrin.[15] De nombreuses initiatives voient donc le jour en 1933 et 1934 parmi les intellectuels et les scientifiques.

Dès mai 1933 la solidarité s'organise avec les universitaires victimes des Nazis, tant en France (Comité d'aide aux savants étrangers travaillant en France, animé par Rapkine) qu'au Royaume Uni (*Society for the Protection of Science and Learning*). Après le début de la guerre (septembre 1939), la solidarité s'intensifie avec Laugier et Rapkine en France, la Fondation Rockefeller aux Etats-Unis, Crowther et la *Royal Society* au Royaume-Uni. Rapkine part à Londres en mission officielle dès avril 1940, Laugier le rejoint en juin. Ils poursuivront l'exfiltration des savants

---

[12] Mary-Jo Nye, *Blackett. Physics, War and Politics in the Twentieth Century*, Harvard University Press, Harvard, 2004, p. 31

[13] Kapitza : voir supra. *Tots and Quots* : voir infra. Arcouest : lieu de villégiature de la famille Curie autour de laquelle se constitue un réseau familial, professionnel et politique avec Langevin, Perrin, Urbain, Seignobos, Lapicque, Joliot, Auger, etc. Cercle de la rue Tournon : dîner mensuel, à la fin des années 1930, autour de Paul Rivet, Caroline Vacher et Henri Laugier ; Langevin, Perrin, Hadamard, Mauss, Rapkine, Valéry, Blum et Bonnet y participent.

[14] Werskey (1988), *op. cit.*, p. 154. Le discours est postérieur à la victoire du nazisme. A.V. Hill est président de la *Royal Society* entre 1935 et 1945.

[15] Discours au Rassemblement Universel pour la Paix, Londres 1938. Cité par Nye (2004), *op. cit.*, p. 31

menacés par l'occupation nazie depuis New York où ils se rendent en août 1940.

C'est aussi en 1933 que, devant les risques de guerre liés à l'arrivée d'Hitler au pouvoir, des scientifiques développent des activités pacifistes à Cambridge : expositions, conférences. Le CSAWG est fondé en juin 1934. Ses animateurs se réfèrent au tout récent Comité de vigilance des intellectuels antifascistes (CVIA) et prennent modèle sur l'action de Langevin en France pendant la guerre de 1914-18.[16] Après Munich en 1938, convaincu de l'inéluctabilité de la guerre, le CSAWG fait prédominer l'antifascisme sur le pacifisme traditionnel, et encourage, avec l'AScW, la mobilisation massive des scientifiques progressistes dans l'effort de guerre contre les Nazis.

En réaction aux émeutes de février 1934, le CVIA se constitue en France en avril, sous la triple présidence de Langevin, Rivet et Alain, conjuguant la lutte contre la guerre et la lutte contre le fascisme, considéré comme un danger aussi interne à la société française.[17] Le premier contact entre Bernal et Langevin sur ces sujets a lieu en 1934 à Paris. Le CVIA entre en crise dès 1936, avec un conflit entre pacifistes et antifascistes. Langevin, les communistes et leurs proches (dont Prenant et Joliot) quittent le CVIA en juin 1936. Le « Comité mondial de lutte contre la guerre et le fascisme », présidé par Langevin depuis octobre 1935, devient le cadre des mobilisations contre le fascisme et pour le soutien à l'Espagne républicaine.

Dès mai 1934 Langevin est contacté par les signataires du manifeste *Liberty and Democratic Leadership*, contre toutes les dictatures, lancé en décembre 1933, et signé par plus de cent cinquante intellectuels (dont Julian Huxley, Virginia Woolf, Aldous Huxley, Gowland Hopkins, Rutherford). Une autre tentative a lieu en octobre1934 avec la constitution d'un *Academic Freedom Committee* à partir de cas de répression universitaire à Londres et Leeds. Ce comité élargit son champ d'action à la lutte antifasciste, et organise une conférence internationale à Oxford en août 1935,[18] où le CVIA est représenté.

---

[16] Selon Bernal dans son discours lors du Memorial Langevin, Londres, mai 1947. Voir aussi Bernal, « Langevin et l'Angleterre », *La Pensée*, n° 12, mai-juin 1947, p. 18.

[17] Sur le CVIA, voir Nicole Racine, « Le Comité de Vigilance des Intellectuels Antifascistes, 1934-1939. Antifascisme et pacifisme », *Le Mouvement social*, n° 101 (octobre-novembre 1977).

[18] Cogniot (1976), *op. cit.*, pp. 226-228

Après une conférence internationale pour la défense de la culture, de la liberté et de la paix qui se tient en janvier 1936 à Paris, une nouvelle association se constitue, la *Society for Intellectual Liberty*, avec Bernal, C. P. Snow, Virginia et Leonard Woolf, Aldous Huxley, Blackett, etc. Elle participe aux conférences internationales, organise séminaires et meetings, et travaille pour l'asile des scientifiques persécutés avec les comités spécialisés. Elle est particulièrement active dans le soutien aux Républicains espagnols.

Les voyages entre Londres et Paris se multiplient à partir de 1936, particulièrement après le déclenchement de la guerre civile en Espagne. En septembre, à Paris, le Comité de Langevin organise une conférence pour la solidarité avec l'Espagne, où Bernal est co-président. En novembre 1936, une délégation du Comité, avec Langevin, se rend à Londres, pour essayer de convaincre le Gouvernement britannique d'intervenir en Espagne.

Selon Eric Burhop, l'idée d'une organisation internationale de scientifiques opposés à la guerre, et plus largement pour défendre la science et son utilisation sociale, est née lors de ces réunions à Paris en 1936 entre Britanniques et Français.[19]

5 – Autres engagements

La participation d'Irène Curie, puis de Jean Perrin, au Gouvernement du Front populaire, et la relance de la recherche qu'il entraîne, suscite l'intérêt des scientifiques britanniques confrontés à d'importantes difficultés matérielles. Crowther vient en avril 1937 à Paris pour faire un reportage sur le renouveau de la science en France, où il vante les mérites de la jeune génération de scientifiques français. Les campagnes de l'AScW aboutissent à la création en 1933 du *Parliamentary Science Committee*, qui soumet en 1937 un mémorandum, largement inspiré de Bernal, sur le financement public de la recherche et la création d'un conseil national de scientifiques pour le gérer. L'intervention directe des

---

[19] Eric H. S. Burhop, « Scientists and Public Affairs », M. Goldsmith & A. MacKay, *The Science of Science*, London, Souvenir Press, London, 1964, p. 34 : « I recall particularly one such meeting when some British scientists, from Cambridge and London, went urgently to Paris to meet Langevin, Frédéric and Irène Joliot-Curie and other French scientists to discuss these matters. In these discussions, the idea germinated of an international organization of scientists to press for the proper organization of science to constructive ends and against obscurantist and Fascist trends ».

scientifiques dans les institutions politiques est une caractéristique commune de ces mouvements.

La diffusion des connaissances est une autre exigence commune. Il ne s'agit pas seulement d'un « devoir abstrait », mais d'un engagement social « vers le peuple » : articles dans la presse ouvrière, livres de vulgarisation dans des collections socialistes, participation à la création d'universités ouvrières, formation pour les syndicats, cours dans les universités populaires, etc. Les services radios, en pleine expansion, servent aussi de relais pour la popularisation de la science, mais aussi pour les débats sur sa fonction sociale. La création du Palais de la découverte en 1937 par Jean Perrin et son groupe, et celle, contemporaine, du Musée de l'Homme par Paul Rivet, sont des initiatives marquantes pour la diffusion des connaissances.

Scientifiques britanniques et français partagent enfin une même fascination pour l'URSS. Certains sont sans doute directement attirés politiquement et s'engagent dans des sociétés pour les relations culturelles ou pour l'amitié avec l'URSS. Mais la fascination est beaucoup plus large, et concerne le développement de la recherche et de ses applications en URSS. L'effort financier de l'État soviétique semble sans commune mesure avec la situation en France et au Royaume-Uni. De nombreux scientifiques font dans les années 1930 le voyage en URSS.

Au retour, cela donne lieu à des conférences et à une abondante littérature des deux côtés de la Manche.[20] Les voyages se font plus rares quand les premières informations commencent à filtrer sur les procès, les exécutions et les disparitions parmi les scientifiques russes. De son côté, l'URSS connaît une montée du nationalisme et une méfiance envers les scientifiques étrangers, soupçonnés d'être des espions potentiels. Elle se ferme aux échanges.

En arrière fond de tous ces engagements, il y a une croyance partagée sur la nature particulière de la science. Elle est « neutre », source de valeurs par son éthique et son exigence intellectuelle, et peut conduire à de bonnes utilisations. L'héritage positiviste apparaît alors pleinement : les scientifiques sont les mieux placés pour assurer une « bonne gouvernance », scientifique, de la société, en assurant entre autres le plein développement des potentialités de la science. C'est ce qui fonde les propo-

---

[20] Par exemple, Julian Huxley, *A Scientist Among the Soviets*, Harper and Brothers Publishers, New York and London, 1933. La planification est ce qui intéresse le plus Huxley.

sitions de services qu'ils font au début de la guerre, comme par la suite, même si, finalement, ils n'auront que rarement le poids qu'ils revendiquent : le gouvernement par les scientifiques, un rêve radical d'une partie du *visible college*, ne s'est pas réalisé.

Plus encore, la nature de la science ferait des scientifiques les plus conscients de la nécessité de dépasser les nationalismes et de développer une coopération internationale, qui est indispensable pour la démocratie et la paix. Leur engagement social et politique n'est pas seulement celui d'un citoyen ordinaire, mais vient de leur condition de scientifique. Cette représentation de la science et de la responsabilité sociale des scientifiques perdurera longtemps après guerre, malgré Hiroshima.

B – Les années de guerre, 1939-45

A l'approche de la guerre, la mobilisation des scientifiques s'intensifie des deux côtés de la Manche, et plusieurs missions officielles sont organisées pour tenter de rattraper le temps perdu et mettre sur pied des coopérations scientifiques.

Crowther est le pivot des relations scientifiques franco-britanniques à partir de son voyage en France d'avril 1937. En 1940, il est le principal fondateur de la Société anglo-française des sciences.[21] Il est aussi depuis la fin des années 1930 secrétaire du Comité des sciences du *British Council*.[22] A ce titre, il est directement impliqué dans l'accueil des savants réfugiés étrangers.[23] Il pilote aussi l'envoi de Joseph Needham en Chine entre 1942 et 1945 pour le Comité sino-britannique de coopération scientifique. Il met en place en 1943 une *Society for the Visiting Scientists*, dont il est le secrétaire, assisté de Louis Rapkine à partir de septembre 1943. Il devient le premier secrétaire général de la Fédération mondiale des travailleurs scientifiques (FMTS) en 1946, poste auquel Biquard lui succède en 1955.

---

[21] Désignée comme la Société par la suite.

[22] Organisme qui s'occupe des relations culturelles et scientifiques à l'étranger, pour le compte du gouvernement anglais, sous la supervision (pour les sciences) de la *Royal Society*.

[23] C'est toujours à ce titre que, à partir de 1943, il participe à la commission « sciences » (et en assure le secrétariat) de la Conférence des ministres de l'éducation des pays alliés, chargée de préparer la future Unesco.

1 – La Société anglo-française des sciences

Le *Tots and Quots* est un club de jeunes scientifiques,[24] créé en 1931 à l'initiative de Solly Zuckerman, longtemps en veilleuse, et reconstitué en novembre 1939 après le début de la guerre. Il rassemble, autour d'un repas mensuel, scientifiques progressistes ou libéraux pour le développement de la science et sa prise en compte dans la politique gouvernementale. Il joue un rôle particulièrement actif dans la mobilisation de la science pour la guerre et dans la coopération franco-anglaise. Parmi les participants réguliers, on trouve Bernal, Levy, Blackett, Crowther, Huxley, Waddington et Haldane.

Présents à Londres pour une mission officielle en février 1940, Laugier, Auger et Langevin rencontrent les membres du club. La coopération scientifique franco-britannique est le thème du quatrième repas, le 23 février. Lors du repas suivant, le 23 mars, décision est prise d'envoyer Crowther en France pour discuter de la formation d'un groupe de liaison entre scientifiques français et britanniques, destiné à développer la coopération pour l'effort de guerre.

La visite se fait du 8 au 13 avril. Joliot et Auger définissent la nature et les objectifs de la Société, et en rédigent la charte. Langevin, Laugier (alors directeur du CNRS) et Perrin participent aussi aux discussions. La branche française de la Société est constituée le 25 avril. Joliot est président, Auger et Rapkine (déjà à Londres) sont co-secrétaires.

Une seconde visite a lieu du 21 avril au 4 mai, avec Bernal et Zuckerman, pour s'enquérir de l'état de préparation scientifique des militaires français. Ils rencontrent Laugier et Longchambon au CNRS, Mayer et Millot qui travaillent sur la médecine de guerre, des responsables scientifiques (Perrin, Langevin, Joliot), Dautry (ministre de la guerre). Ils visitent le laboratoire balistique de Bellevue, assiste à des tests d'explosifs sur la ligne Maginot (à Modane) et à leurs effets sur les lapins, puis à Bourges. A son retour, Zuckerman, qui est zoologiste, reprend ces expériences avec des explosifs sur des lapins et des oiseaux.

Le compte rendu de ces voyages est fait le 1er mai lors du sixième repas du *Tots and Quots*, en présence de Rapkine. La création de la branche française de la Société est entérinée, et la branche britannique est constituée deux jours après : Dirac est président, Zuckerman vice-prési-

---

[24] Sur ce club et la fondation de la Société, voir Crowther (1970), *op. cit.*, pp. 210-222 et Solly Zuckerman, *From Apes to Warlords. An Autobiography, 1904-1946*, Collins, London, 1988, pp. 108-118 et 393-402.

dent, et Crowther secrétaire général. Blackett, Cockroft, Bernal, Darlington et Waddington sont au comité exécutif. Après la chute de Paris (14 juin), des scientifiques rejoignent Londres, où Rapkine se trouve déjà. Le 23 juin, le comité exécutif de la Société se réunit à Londres en présence de Longchambon, Laugier, Halban et Rapkine.

Le 10 juillet, Bernal et Laugier introduisent une discussion sur la situation des scientifiques français lors du huitième repas du *Tots and Quots*, en présence de Rapkine et Longchambon. Il est fait état des difficultés à faire sortir de France les scientifiques, et il est décidé de recourir aux fondations américaines.

La défaite française, puis la bataille navale franco-britannique de Mers el-Kébir (3 juillet) marque la fin provisoire de cette coopération scientifique. La Société cesse d'exister, à peine née, sans avoir rien pu faire. La plupart des scientifiques français en exil choisiront les Amériques, notamment Auger, Laugier, Rapkine, Perrin.

2 – Le MSRS à Londres pendant la guerre

Le *Tots and Quots* continue à se réunir pendant la guerre. Lors des repas d'août et septembre 1940, Huxley et Haldane introduisent des discussions sur l'utilisation de la science sur le long terme pour la reconstruction après la guerre. Les aspects scientifiques de la reconstruction sont de nouveaux discutés en septembre 1941. Le MSRS est lui aussi très actif. Plusieurs initiatives publiques sont prises par la DSIRS-BAAS ou par l'AScW sur la fonction de la science pendant et après la guerre.

Dès septembre 1941, la DSIRS-BAAS organise une conférence « la science et l'ordre mondial ». Il s'agit déjà de débattre ce que la science peut apporter pour un monde meilleur. Crowther, Needham, Huxley, Levy, Hogben, Haldane, Gregory, etc. sont présents, ainsi que les ambassadeurs russe, chinois, américain, et un représentant de la France Libre. Einstein fait parvenir un message. A la fin de la conférence, une déclaration de « principes scientifiques » pour un monde démocratique est adoptée.

A la suite, quatre autres conférences sont organisées : « la reconstruction de l'agriculture après-guerre » (mars 1942), « les ressources minérales et la charte atlantique » (juillet 1942), « la science et le citoyen : la compréhension de la science par le grand public » (mars 1943), « la recherche scientifique et la planification industrielle » (janvier 1945).

Tout en coopérant avec la BAAS, l'AScW organise sa propre série de conférences, avec un contenu politique plus marqué, notamment « la planification de la science dans la guerre et dans la paix » en janvier 1943. A la suite de cette conférence, le Conseil de l'AScW, en mai 1943, considère nécessaire de mettre sur pied une organisation internationale de scientifiques.

3 – La mission scientifique française à Londres

Dès la libération de Paris, les scientifiques français convergent vers Londres, Joliot le premier, dès le début de septembre 1944. A l'approche du débarquement, Rapkine s'était engagé depuis plusieurs mois dans une tentative de regrouper en Grande-Bretagne, près de la France, la plupart des scientifiques français en exil dans les Amériques. Ce projet se réalise finalement en septembre 1944. Une « mission scientifique française » est alors officiellement constituée, entre septembre 1944 et novembre 1945. Plus d'une centaine de scientifiques, venant de France ou de l'exil, seront accueillis, pour des périodes plus ou moins longues, dans des laboratoires ou des administrations britanniques pour se remettre à niveau des progrès scientifiques. On y trouve la plupart des noms qui ont reconstruit la science en France après guerre, en particulier tous ceux qui avaient été impliqués dans les relations franco-britanniques avant-guerre. Des centaines de rapports ont été produits.

La mission scientifique a servi de support à la reconstitution de la Société anglo-française des sciences. Un comité exécutif conjoint se réunit à deux reprises en septembre 1944 pour définir comment répondre aux besoins de reconstruction scientifique en France. Blackett, Bernal, Crowther, Zuckerman, Auger, Perrin et Rapkine sont présents. Il est décidé de faire des tables analytiques des revues scientifiques, de rechercher du matériel nécessaire à la réhabilitation des laboratoires et d'organiser des conférences scientifiques franco-britanniques.

La première a effectivement lieu en janvier 1945 à Londres sur la physique du solide, avec plusieurs dizaines de participants. Le conseil exécutif de la Société décide le même mois de tenir une nouvelle conférence sur les rayons cosmiques et, sur proposition de Needham présent à Londres avant de retourner en Chine, plusieurs conférences sur la biologie. Malheureusement, en février 1945, le *British Council* refuse de soutenir financièrement la Société, arguant qu'il faut revenir aux relations normales à travers l'ICSU. La conférence sur les rayons cosmiques fut effectivement organisée par Mott à Bristol, mais au titre de l'université, en septembre 1945. Au retour de la conférence de Bristol, Joliot et Blackett donnent une conférence à Londres sur les implications sociales de la bombe atomique. Quelques conférences sont organisées à Paris fin 1945, avec Dirac et Crowther. Mais, avec la fin de la mission scientifique, la Société disparaît, pour renaître en grande partie dans la FMTS quelques mois plus tard.

4 – La Fédération Mondiale des Travailleurs Scientifiques

Peu avant la fin de la guerre, en février 1945, l'AScW organise une conférence « la science pour la paix », avec la participation de scientifiques des pays récemment libérés, dont Mathieu pour la France. Une déclaration finale est adoptée qui appelle au développement de la coopération scientifique internationale. Pour l'AscW, cette conférence marque le début de constitution d'une internationale scientifique. Bernal est chargé de préparer un texte de base pour cette future organisation, qu'il fait circuler, et qui doit être soumis à la rencontre de Moscou en juin 1945, pour le 220e anniversaire de l'Académie de Saint-Pétersbourg.[25] Mais les Soviétiques refusent cette perspective, comme ils refusent celle de l'Unesco, malgré la présence de Joliot et Needham à Moscou.

Malgré tout, l'AScW, avec l'appui de l'ATS, organise en février 1946 une nouvelle conférence, « la science et le bien-être de l'humanité », avec trois thèmes : les conséquences des récents développements scientifiques – les responsabilités des scientifiques dans les sociétés modernes – l'organisation nationale et internationale de la science. Cette conférence, à laquelle la BAAS a refusé de participer, est un grand succès : plus de six cents participants, des représentants de la France, de la Chine et des Etats-Unis. Burgers représente le CIUS. Les Russes sont absents. Les conséquences de la bombe atomique y sont discutées, après un rapport de Blackett, et Joliot, absent, fait lire son intervention par Bonet-Maury. Mathieu et Proca représentent l'ATS. Huxley fait la promotion de l'Unesco, dont il vient d'être nommé directeur général.

La constitution de la FMTS y est décidée. Ce ne sera pas un syndicat international, juste un mouvement « science et société », dont le premier champ d'intervention concerne les politiques scientifiques. Mathieu, au nom de l'ATS, a insisté en ce sens : le développement des ATS est une conséquence de la place de la science et des scientifiques dans la société.

---

[25] Plus d'une centaine de scientifiques occidentaux participent à cette réunion, dont Joliot, Auger, F. Perrin, Borel, Needham, Huxley, Shapley, etc. Bernal, Blackett, Mott et Dirac se sont vus interdire le voyage par le gouvernement britannique.

L'enjeu porte sur la manière de diriger la recherche vers des buts pacifiques et pour le bien-être pour tous.

La conférence constitutive de la FMTS se tient en juillet 1946 à Londres. Blackett, alors président de l'AScW, dirige les travaux. Une dizaine d'associations sont présentes, plus une demi-douzaine d'observateurs, dont la Fédération des scientifiques américains (la FAS, qui n'adhérera jamais à la FMTS). Bonet-Maury représente l'ATS, Needham l'Unesco (il en présente les objectifs et propose un statut d'association pour la FMTS), Burgers l'ICSU.[26]

Une charte est adoptée qui précise les principaux objectifs de la Fédération. Le premier est de

> travailler pour l'utilisation la plus complète de la science dans la promotion de la paix et du bien-être de l'humanité, et particulièrement s'assurer que la science est appliquée pour aider à résoudre les problèmes les plus urgents de l'époque.

Le second est de

> « promouvoir la coopération internationale en science et technologie, en particulier en collaboration étroite avec l'Unesco. »

En septième point, on trouve « améliorer la situation professionnelle et sociale des scientifiques ». Le huitième et dernier point est « encourager les scientifiques à prendre part aux affaires publiques ». Joliot est élu président, Bernal vice-président, et Crowther secrétaire général.

La question des relations entre la FMTS et l'Unesco est abondamment discutée, nombre de délégués trouvant les recoupements très nombreux. Plus tard, Joliot comme Needham insisteront sur le caractère complémentaire des deux organismes, l'Unesco, intergouvernementale, ayant besoin d'une mouvement de scientifiques « de base », pour l'aider à faire bouger les gouvernements. Mais les relations deviendront conflictuelles avec la guerre froide, et il y aura rupture en 1950.

On peut dire que la FMTS est un produit direct des relations scientifiques et politiques franco-britanniques construites dans les années 1930. Lors de la première Assemblée générale de la FMTS (Prague, octobre 1948), l'AScW britannique et l'ATS française représentent, selon les

---

[26] Brochure de présentation de la FMTS, 1947. Archives de la FMTS (Archives départementales de Seine-Saint-Denis, Bobigny)

chiffres officiels, près de 80% des 24 000 adhérents du mouvement. Il faut l'adhésion des syndicats russes et d'Europe de l'Est au début des années 1950 pour que la FMTS perde son caractère d'une « amicale de physiciens britanniques et français », comme elle a parfois été définie.

Conclusion : La fin des utopies avec la guerre froide

Alors que le « I » (pour internationale) de la fonction sociale et internationale de la science était souvent invoqué de manière abstraite, et ne correspondait guère à un engagement dans des institutions internationales, la guerre conduit les scientifiques à prolonger leur action en temps de paix, en prenant des responsabilités internationales importantes, en complément des responsabilités nationales qu'ils voulaient aussi développer.

Fin 1946, les protagonistes de notre histoire participent tous au pouvoir politique. Laugier, après avoir été directeur des relations scientifiques et culturelles au Ministère des Affaires étrangères, est secrétaire général adjoint de l'ONU, en charge du conseil économique et social (ECOSOC). Bernal, Blackett et Zuckerman ont été conseillers du Gouvernement britannique. Huxley et Needham sont à la tête de l'Unesco. Auger est directeur de l'enseignement supérieur au Ministère de l'éducation nationale, et représente la France au Conseil exécutif de l'Unesco. Rapkine apporte une contribution essentielle à la reconstruction du CNRS en France, grâce à ses liens avec la fondation Rockefeller. Joliot a été directeur du CNRS, puis a créé le CEA avec l'aide d'Auger, F. Perrin et I. Curie. Joliot, Blackett, Auger participent à la commission des Nations Unies pour l'Énergie atomique, mise en place en janvier 1946.

Malgré tout, ces postes restent loin du cœur du pouvoir politique, loin de l'utopie d'un gouvernement éclairé par les scientifiques. Très loin aussi de l'utopie scientiste de Bernal. Au sortir de la guerre en effet, le rôle joué par la science le fait dériver loin du marxisme classique : « la science seule permet de créer dans l'humanité la conscience de son unité en tant que communauté laborieuse. »[27]

L'idée générale des scientifiques progressistes, qui ont participé au pouvoir pendant la guerre et se voient comme coresponsables de la victoire contre le nazisme grâce à la recherche opérationnelle, est de prolonger en temps de paix les recettes qui ont fait le succès de la science dans

---

[27] John D. Bernal , « La Science et le sort des hommes », *La Pensée*, n° 5 (octobre-décembre 1945), pp. 129-132. Traduction de Langevin, p. 132

la guerre. Needham en fait la base de son action dans la section des sciences exactes et naturelles de l'Unesco.

Sur le rôle plus général de la science, Joliot, Bernal et Blackett reviennent sans arrêt sur cette même idée. Selon Joliot,

> en Grande Bretagne, le rôle de la science était extraordinaire. Pour la première fois, un pays en guerre avait compris tout le parti qu'on pouvait en tirer (…). Toutes les activités de la nation, en temps de guerre, furent analysées. Grâce à Blackett, à Zuckerman, la méthodologie scientifique triompha. (…) La science était partout.[28]

« Ce qui a été fait pour la guerre pourrait l'être également bien pour la paix » écrit Bernal, qui ajoute :

> La science doit veiller à ce que ses découvertes soient efficacement et rationnellement utilisées. Cela a été compris tout d'abord en Union soviétique.[29]

Blackett ne dit pas autre chose :

> Nous tirerons sûrement de ces développements du temps de guerre des enseignements qui pourraient nous amener à aborder avec intelligence certains problèmes du temps de paix.[30]

Cette utopie meurt quand arrive la guerre froide, en même temps qu'une autre utopie, celle de prolonger l'alliance anti-fasciste entre les pays occidentaux et l'URSS pour construire un autre monde, et dont le front populaire scientifique était une expression.

Or, les premières fissures entre radicaux et réformistes apparaissent dès 1943 quand la BAAS et l'AScW divergent sur les initiatives à prendre et n'arrivent plus à organiser ensemble des conférences. Cela coïncide avec le début de l'audience du mouvement de Polanyi et Baker, la *Society for Freedom in Science*.[31] *Nature* effectue son tournant contre la planification de la science mi-43.

---

[28] Joliot-Curie (1946), *op. cit.*, p. 32.

[29] Bernal (1945), *op. cit.*, p. 131

[30] Dans la revue de la BAAS. Cité par Bauer dans son avant-propos, Patrick M. S. Blackett, *Les Conséquences politiques et militaires de l'énergie atomique*, Albin Michel, Paris, 1949, pp. viii-ix. Traduit de l'anglais par l'ATS. Préface d'Edmond Bauer.

[31] William McGucken, « On Freedom and Planning of Science. The Society for Freedom in Science, 1940-46 », *Minerva*, vol. XVI, n° 1 (Spring 1978), pp. 42-72, p. 65

Avec l'exacerbation de la guerre froide, la fin des années 1940 verra la rupture complète des alliances entre scientifiques radicaux et réformistes. La conférence de Wroclaw des intellectuels pour la paix, en août 1948 symbolise cette rupture. Prenant, Irène Curie, Wallon, Bernal et Huxley y étaient. Les intellectuels occidentaux sont insultés, Sartre traité de hyène, et Huxley quitte la conférence avant la fin.

Les mouvements pour les relations sociales de la science ne réapparaîtront qu'à la fin des années 1960, et la coopération scientifique franco-britannique reprendra les chemins institutionnels, plus classiques.

Chapitre 18

Edgar Douglas Adrian et la neurophysiologie en France autour de la Seconde Guerre mondiale

JEAN-GAËL BARBARA ET CLAUDE DEBRU

A la mémoire du Professeur Charles Marx
de la Faculté de Médecine de Strasbourg

Edgar Douglas Adrian représente l'une des plus grandes figures de la neurophysiologie internationale de la première moitié du XXe siècle[1]. Il est un élève du physiologiste de Cambridge Keith Lucas (1879–1916) qui instaure une nouvelle union entre l'étude du vivant et l'ingénierie par l'invention d'appareils de physiologie musculaire et nerveuse et la direction de la Scientific Instrument Company. Adrian poursuit les visées théoriques et technologiques de son maître décédé lors d'un accident d'avion pendant la Première Guerre mondiale. Reprenant en charge en 1919 le laboratoire de Lucas, Adrian développe l'amplification électronique des signaux nerveux par l'utilisation de diodes utilisées alors en T.S.F. C'est par une démarche parallèle au développement de l'oscillographie dans la physiologie américaine par Herbert Spencer Gasser

---

[1] J.G. Barbara. Thèse d'épistémologie et histoire des sciences. *La constitution d'un objet biologique au XXe siècle. Enquête épistémologique et historique des modes d'objectivation du neurone.* Paris, Université Denis Diderot, Paris VII.

Echanges entre savants français et britanniques depuis le XVIIe siècle.
Robert Fox et Bernard Joly (éd.).

(1888–1963) qu'Adrian parvient à démontrer la nature tout–ou–rien des impulsions des fibres nerveuses isolées. Par ce résultat, Adrian élargit les conceptions de son maître sur la nature élémentaire de l'excitation que Lucas a démontrée sur le muscle. Cette nouvelle physiologie nerveuse élémentaire rend possible le vœu de Lucas de rendre compte de l'activité des centres nerveux, du cerveau en particulier, par des propriétés de fibres nerveuses individuelles. C'est dans le cadre général de ce projet qu'Adrian découvre le codage des informations sensorielles dans les corpuscules du tact par la fréquence des potentiels d'action acheminés jusqu'aux centres de la moelle épinière le long des nerfs sensitifs. Cette aventure scientifique exceptionnelle qui aboutit à l'attribution du Prix Nobel de physiologie ou médecine en 1932 pour l'ensemble des travaux d'Adrian est commentée dans sa conférence Nobel intitulée « The Activity of the Nerve Fibres ».

Les relations entre Adrian et la neurophysiologie française sont complexes et diverses ainsi que nous le découvrirons ici, mais elles se nouent à la fin des années 1930 par une collaboration scientifique entre un jeune chercheur français, âgé de trente–six ans, venant d'achever sa thèse[2], et un collaborateur d'Adrian, Bryan Harold Cabot Matthews (1906–1986).

Alfred Fessard (1900–1982) est l'un des représentants les plus éminents de la neurophysiologie française d'après-guerre. Il est un électrophysiologiste appartenant aussi bien au domaine de la microphysiologie – l'étude des nerfs[3], des fibres nerveuses isolées et des organes de la sensation[4] – qu'à celui concernant l'étude du cerveau – notamment l'électroencéphalographie[5]. Après son séjour au Royaume-Uni en 1938, Fessard installe l'année suivante un laboratoire d'électrophysiologie dans l'ancien Institut Marey, au Parc des Princes. Cette histoire singulière est l'occasion de décrire les relations franco-britanniques liées à cet Institut depuis la fin du XIXe siècle jusqu'à la carrière de Fessard.

C'est à l'occasion du quatrième Congrès international de physiologie, qui se tient alors à Cambridge en 1898, qu'Etienne-Jules Marey (1830–1904) est chargé de créer une commission internationale pour l'unifi-

---

[2] A. Fessard. *Propriétés rythmiques de la matière vivante*. Hermann, Paris, 1936.
[3] Ibid.
[4] A. Fessard. *Les organes des sens*. Hermann, Paris, 1937.
[5] G. Durup, A. Fessard. « L'électro-encéphalogramme de l'homme ». *Année Psychologique*, 1935, 36, 1-35.

cation des instruments graphiques utilisés en physiologie[6]. Marey fait construire un pavillon grâce au soutien du gouvernement, de la ville de Paris et de la Royal Society (Londres) pour héberger les réunions de cette commission ainsi que quelques instruments.

Après le décès de Marey en 1904, Louis Lapicque (1866–1952) devient le président de l'association qui gère cet institut. Il est alors le neurophysiologiste français le plus en vue, bien que sa théorie basée sur un indice d'excitabilité des nerfs – la chronaxie – soit fortement attaquée outre–Manche[7]. Lapicque n'en a pas moins d'excellentes relations avec des chercheurs britanniques de premier plan, comme Henry Hallett Dale (1875–1968) – Prix Nobel de physiologie ou médecine en 1936 – Edgar Adrian, ou encore Archibald Vivian Hill (1886–1977) – Prix Nobel de physiologie ou médecine en 1922. Louis Lapicque, qui épouse Marcelle de Heredia, devient célèbre pour ses réceptions parisiennes très prisées, mais il s'isole scientifiquement lorsqu'il étend son concept de chronaxie par une grande théorie du fonctionnement cérébral. Celle-ci est basée sur l'isochronisme – l'identité des excitabilités de deux éléments du système nerveux comme condition nécessaire du passage de l'excitation de l'un à l'autre – et sera bientôt rejetée de toute part. Dans les années 1970, William Rushton (1901–1980) de l'école de Cambridge s'exprime ainsi : « [L'isochronisme] n'a jamais été accepté à Cambridge. » Dans son ouvrage intitulé *L'excitabilité en fonction du temps*[8], paru en 1926, Lapicque attaque les résultats de Keith Lucas en le qualifiant d'« ingénieur converti à la physiologie ». Dans les années 1930, en grand admirateur de Lucas, Rushton est déterminé à s'attaquer aux théories de Lapicque. Rushton écrit :

> Lapicque était un adversaire redoutable, napoléonien dans la mobilité de ses positions d'attaque [...] Je ne l'ai rencontré qu'une seule fois. C'était en 1932 au Congrès international de physiologie à Rome [...] Lapicque était charmant. Il me demanda d'opposer des objections à son papier sur la chronaxie et

---

[6] J.G. Barbara. « L'Institut Marey, 1947-1978 ». *La Lettre de la Société des Neurosciences*, 27, 3-5. L'appel de Marey est relaté dans un mémoire des *Comptes Rendus des Séances de l'Académie des Sciences*, 1898, 127, 375-381.

[7] J. Harvey. « L'autre côté du miroir : French neurophysiology and English interpretations ». J.C. Dupont. « Autour d'une controverse sur l'excitabilité : Louis Lapicque et l'Ecole de Cambridge », in Cl. Debru (éd.). *Les sciences biologiques et médicales en France 1920-1950.* CNRS Editions, Paris,1994.

[8] L. Lapicque. *L'excitabilité en fonction du temps.* Presses universitaires de France, Paris, 1926.

il me dit que nous aurions un ou deux coups de boxe, sans knock–out, jugés sur les points ; « et vous », dit il, se tournant vers Gasser, et les autres, « vous serez les juges. »

En 1937, lorsque la polémique est à son comble, Hill invite Lapicque à traverser la Manche dans son yacht pour discuter les résultats de Rushton, mais aucun accord n'est trouvé[9].

Cette polémique contredit ce qu'on a pu dire parfois, à savoir qu'aucun scientifique français n'a pu combattre l'école de Cambridge. Lapicque est vindicatif. Mais sa théorie n'en est pas moins totalement oubliée par la suite. Avant la Seconde Guerre mondiale, Lapicque demeure un mandarin parisien et un mondain dont les relations scientifiques avec le Royaume-Uni ne sont pas constructives, à l'instar de celles qu'instaure bientôt son élève Alexandre Monnier en Sorbonne.

A la même époque, Alfred Fessard s'établit à la croisée de quatre écoles de physiologie : l'école de Lapicque en Sorbonne, l'école du psychiatre Edouard Toulouse (1865–1947) à l'Hôpital Henri Rousselle, l'école de psychophysique d'Henri Piéron (1881–1964) au Collège de France, et l'école d'Adrian à Cambridge. Chacune a ses compétences spécifiques. Adrian a pu dire de Lapicque que « ses expériences ingénieuses et ses expositions perçantes étaient un modèle du genre et ne seraient pas vite oubliées. » Fessard se forme à la psychologie expérimentale chez Toulouse, à la physiologie nerveuse chez Lapicque, et à la psychophysique chez Piéron. En 1927, ce dernier permet à Fessard d'acquérir un oscillographe de Dubois construit par la maison Charles Beaudouin à Paris, grâce à des fonds de la Fondation Singer–Polignac. En adoptant l'oscillographie, Fessard reconnaît l'influence de l'école de Gasser en Amérique – très appréciée de Louis Lapicque qui regrette que l'oscillographie ne se développe pas en France par manque d'un appui financier plus soutenu – et l'école d'Adrian. Alors que Gasser étudie des activités nerveuses répétées dans le temps qui sont révélées par leurs superpositions dans leur dimension temporelle de l'ordre de la milliseconde, Adrian étudie des activités de fibres nerveuses, isolées par dissection, mesurées par un électromètre capillaire dont le signal unique, amplifié par une diode, est enregistré par une caméra. Cette révolution électronique et oscillographique est un facteur important dans le rapprochement des physiologies française et britannique. Mais il faut des années pour que Fessard puisse enfin collaborer avec le laboratoire

---

[9] J. Harvey ; J.C. Dupont, op. cit.

d'Adrian et refonder une neurophysiologie française tournée vers la science étrangère, après l'ère lapicquienne[10].

Alors que Fessard délaisse l'électromètre de Lippmann pour l'oscillographe de Dubois et celui de Dufour, Brian Matthews, du laboratoire d'Adrian, construit un nouveau système d'enregistrement basé sur un petit oscillographe à cadre mobile, relié à une caméra, qui reste compétitif jusqu'aux développements de l'électronique après la Seconde Guerre mondiale. Au cours des années 1930, Fessard utilise l'oscillographie pour questionner la théorie de l'isochronisme sur la torpille. Mais il se place également dans le cadre des conceptions théoriques d'Adrian en adoptant une microphysiologie associée à la dissection d'une unité électrique de torpille afin d'en comprendre les mécanismes élémentaires[11]. Cette orientation est déjà apparente dans la revue qu'il écrit en 1931 sur les rythmes nerveux et les oscillations de relaxation[12]. Les expériences de Fessard sont réalisées sur l'homme, les poissons, les ganglions d'insectes, et ses résultats sont toujours comparés à ceux d'Adrian. Les enregistrements oscillographiques de fragments de tissus excitables concernent l'isolement d'activités unitaires par la dissection, la dissociation temporelle en distinguant les latences, et les phénomènes de synchronisation spatiotemporelle. Tandis que les premières expériences sont destinées à confirmer les conceptions de Lapicque, Fessard met alors l'accent sur les événements unitaires en adoptant un style de recherche créé par Adrian à Cambridge.

Entre 1934 et 1936, Fessard s'implique également dans l'électro-encéphalographie, après qu'Adrian ait publié dans la revue *Brain* son article sur le rythme cérébral alpha[13], initialement découvert par Hans Berger (1873–1941). Nous ne savons pas très bien dans quelles conditions Fessard a pu être le premier à adopter l'électro-encéphalographie en France. Il devait certainement être informé de la littérature allemande, mais il cite toujours les résultats d'Adrian sur les ondes cérébrales.

En 1937, Fessard se tourne vers le domaine des récepteurs de la peau, des organes des sens et des muscles. Il s'agit du domaine initial d'Adrian.

---

[10] J.G. Barbara. « Les heures sombres de la neurophysiologie à Paris (1909-1939) ». *Lettre des Neurosciences*, 2005, 29, 3-4.

[11] A. Fessard, D. Auger. « Isochronisme des potentiels d'action du nerf électrique de Torpille et de son effecteur ». *Comptes Rendus de l'Académie des Sciences*, 1932, 194, 392-394.

[12] A. Fessard. « Les rythmes nerveux et les oscillations de relaxation ». *Année Psychologique*, 1931, 32, 49-117.

[13] E.D. Adrian, B.H.C. Matthews. « The Berger rhythm: potential changes from the occipital lobes in man ». *Brain*, 1934, 57, 355-385.

En se remémorant cette période, Fessard écrit dans les années 1960 : « Je réalisai alors une étude microphysiologique dans l'esprit de l'école de Cambridge sur les messages sensitifs qui proviennent des récepteurs d'étirement des muscles. » Fessard obtient une bourse de la Fondation Rockefeller pour passer six mois en Angleterre, à Plymouth, au laboratoire de la Marine Biological Association, pour travailler avec le zoologiste Sand. Deux années plus tard, ce dernier découvre par l'oscillographie la fonction des ampoules du requin dans la perception de changements locaux de température de l'ordre de 0,1°C. Fessard et Sand contribuent à une étude classique en enregistrant des réponses de récepteurs de tension de la nageoire pelvienne de la raie en utilisant l'oscillographe de Matthews. Ce travail est publié dans le *Journal of Experimental Biology* en 1937[14].

Lorsqu'il rentre en France au Collège de France, Fessard poursuit son travail expérimental avec un oscillographe de Dubois en adoptant un système expérimental en tous points équivalent à celui de Matthews. La leçon britannique peut être exploitée en France. Mais bientôt, Fessard retourne en Angleterre pour collaborer avec le neurophysiologiste Francis Echlin. Ensemble, ils montrent que la stimulation à haute fréquence des récepteurs d'étirement d'un muscle peut synchroniser les décharges musculaires[15]. Ce travail est probablement soumis depuis la France dans le *Journal of Physiology*, ce qui est extrêmement rare pour cette période.

D'un laboratoire à un autre, Fessard est à son aise avec cette technique microphysiologique britannique qu'il acquiert sur différentes préparations et une instrumentation de pointe qui dépasse, sous l'impulsion d'Adrian, les frontières des équipes de recherche. En 1939, une nouvelle bourse de la Fondation Rockefeller est attribuée à Fessard. Elle lui permet de passer à nouveau quatre mois en Angleterre pour travailler cette fois directement dans le département de physiologie de Cambridge, sous la direction de Brian Matthews. Fessard réussit à enregistrer des potentiels unitaires de racines dorsales de moelle épinière qu'il dénomme « synaptic potentials », une terminologie encore actuelle ! Il semble bien que c'est la première fois que ce terme est utilisé en neurophysiologie.

---

[14] A. Fessard, A. Sand. « Stretch Receptors in the Muscles of Fishes ». *Journal of Experiental Biology*, 1937 14, 383-404.
[15] A. Fessard, F. Echlin. « Synchronized impulse discharges from receptors in the deep tissues in response to a vibrating stimulus ». *Journal of Physiology*, 1938, 93, 312–334.

Cette même année – 1939 – Fessard met en place une collaboration internationale à la station de biologie marine d'Arcachon avec deux chercheurs juifs allemands fuyant l'Allemagne nazie, Wilhelm Siegmund Feldberg (1900–1993) et David Nachmansohn (1899–1983). Ensemble, ils démontrent la nature cholinergique de la transmission dans le lobe électrique de la torpille, en faveur de la théorie chimique de la neuro-transmission que Lapicque accepte alors timidement dans certaines structures nerveuses comme les ganglions. Cet épisode est un acte français d'ouverture internationale que Fessard met en place après ses séjours au Royaume-Uni.

Pendant la guerre, Fessard est mobilisé avec le laboratoire Piéron près de Bordeaux. A son retour à l'Institut Marey, dans lequel il a établi son école et un petit laboratoire d'électrophysiologie, Fessard accueille sa future épouse Denise Albe–Fessard – après le décès de sa première épouse Annette Baron – puis Pierre Buser, Jean Scherrer et Ladislav Tauc. C'est en 1947 que le CNRS fait de cette jeune équipe un Centre d'électrophysiologie qui perdure jusqu'en 1978 et dont l'importance dans le renouveau de la neurophysiologie française doit être rappelée[16].

L'histoire d'Alfred Fessard témoigne de l'importance capitale de ses relations avec le Royaume-Uni, et l'école d'Adrian en particulier. Dés ses débuts, Fessard comprend que la microphysiologie britannique est une alternative obligée et une réelle échappatoire à l'impasse de l'école de Lapicque. Cette physiologie lui apparaît surtout comme l'avenir de la neurophysiologie qui s'internationalise à grande vitesse. C'est dans ce contexte de relations franco-britanniques favorables que Fessard crée sa propre école en adoptant certaines coutumes du département de physio-logie de Cambridge comme le thé de cinq heures, célèbre à l'Institut Marey. En 1964, Fessard et son épouse sont invités à un colloque en l'honneur d'Adrian qui se tient à Cambridge et dont la photographie montre Fessard aux côtés de John Eccles, électrophysiologiste australien, Prix Nobel en 1963. La dimension véritablement internationale de la carrière de Fessard a montré la voie à son école entière dont les jeunes membres sont allés parfaire leur formation principalement en Amérique. Cet article indique combien les relations avec la neurophysiologie britan-nique ont été capitales dans ces évolutions autour de la Seconde Guerre mondiale.

---

[16] Voir J.G. Barbara. « L'Institut Marey, 1947-1978 ». *La Lettre de la Société des Neurosciences*, 27, 3-5.

Colloque en l'honneur d'Edgar Adrian, 16 au 20 mars 1964, Cambridge. Photographie : collection Jean Fessard.

Adrian avait d'autres contacts en France. En plus de Fessard et son épouse Denise Albe–Fessard, deux autres Français participèrent à cette réunion en son honneur à Cambridge, qui eut lieu du 16 au 20 mars 1964 : Yves Laporte (1920–) et Paul Dell (1915–1976). Adrian avait également d'autres correspondants en France et dans le monde francophone : les Cordier à Lyon, Gayet, les Monnier à Paris, Henri Frédéricq à Liège, Camille Soula à Toulouse, Antoine Rémond à Paris. Alexandre Monnier (1904–1986) et Andrée Monnier, amis de Lapicque, étaient aussi des correspondants réguliers d'Adrian, dans un contexte de grande socialité. Les Monnier appartenaient à la grande bourgeoisie française et étaient tout à fait à l'aise avec des aristocrates britanniques comme Lord Adrian. Au début de sa carrière, Monnier avait apporté quelques innovations techniques intéressantes. Parti aux Etats–Unis en 1930–1931, avec une bourse de la Fondation Rockefeller, il travailla à Saint Louis dans le laboratoire d'Herbert Gasser. Il devint professeur de physiologie à la Sorbonne en 1951. Monnier travaillait sur l'électrophysiologie des membranes, en utilisant des modèles biochimiques, mais ses recherches n'eurent pas de réel aboutissement. Adrian, qui eut après la Seconde Guerre mondiale une vie sociale et de politique scientifique intense, particulièrement lorsqu'il fut président de la Royal Society, effectuait de fréquents déplacements en Europe continentale et fut invité par le couple Monnier. Adrian, qui a cherché à développer l'électroencéphalographie en Grande Bretagne après l'avoir ignorée quelque temps, fut en contact avec Antoine Rémond, l'un de ceux qui, avec Henri Gastaut à Marseille, furent en France après la guerre les premiers adeptes de cette technique. Antoine Rémond, à la Salpêtrière, fut aussi un correspondant de Grey Walter à Bristol. Gastaut et Rémond participèrent en 1947 à une réunion à Londres, destinée à coordonner les recherches en électroencéphalographie. Environ dix ans plus tard, vers 1958, lorsque fut lancée l'International Brain Research Organisation (IBRO) à l'initiative de Fessard et Gastaut, avec un large consensus international, il y eut une correspondance entre Fessard, Gastaut, et Adrian, qui déclina mais proposa des noms pour constituer un groupe représentatif de la communauté des neurophysiologistes. Adrian ne s'impliqua pas beaucoup dans l'IBRO mais prit part en mars 1968 à Paris à un symposium de l'UNESCO sur le thème « Brain Research and Human Behavior » où il donna la Conférence terminale. Il y mentionna l'introduction de la chlorpromazine en psychiatrie par Jean Delay.

Après la Seconde Guerre mondiale, l'intense vie sociale qui accompagna le développement de la neurophysiologie fut caractérisée par l'organisation de nombreux congrès internationaux dont certains ont fait date. C'est ainsi qu'un symposium fut organisé en 1970 à l'Auberge du Mont Tremblant à Montréal en l'honneur d'Herbert Jasper. Le titre en était « Forty Years' Progress in Neurophysiology ». Herbert Jasper, qui avait étudié à Paris avec Louis Lapicque avant la Seconde Guerre mondiale, avait publié avec Monnier et soutenu sa thèse en physiologie à Paris en 1935. Il devint Secrétaire général de l'IBRO en 1961. Au symposium du Mont Tremblant, l'adresse inaugurale fut donnée par Adrian, plusieurs sessions furent présidées par des Français, Fessard et Dell, Parmi les orateurs se trouvaient Robert Naquet, Henri Gastaut, Denise Albe-Fessard, Antoine Rémond, qui fut le président de la Fédération internationale des sociétés d'EEG et de neurophysiologie clinique en 1968 et 1969, Robert Naquet en étant secrétaire. Le réseau international de la neurophysiologie avait été bien établi et fonctionnait bien depuis de nombreuses années à cette époque, les acteurs majeurs étant en Grande-Bretagne, aux Etats-Unis et au Canada, les Français y tenant une place certaine.

Parmi les autres contacts d'Adrian en France, se trouvaient des physiologistes de Lyon et de Strasbourg, les deux cités scientifiques les plus importantes en France après Paris. Daniel Cordier, Professeur de physiologie à la Faculté des sciences de Lyon, passa la Seconde Guerre mondiale à Cambridge entre 1940 et 1945. La destruction de la correspondance et des manuscrits de Cordier (dont nous a fait part Christian Bange, l'un des successeurs de Cordier) ne nous permet pas d'avoir plus de détails, mais le nom de Cordier est mentionné par Adrian. Cordier, vétérinaire de formation, était intéressé par la respiration, les gaz du sang et le métabolisme, et entretint à Cambridge des relations avec Joseph Barcroft et d'autres physiologistes intéressés par la physiologie comparée. Il avait aussi des relations avec Adrian, mais apparemment de nature plus sociale. Cordier se rendait aux réunions journalières de Trinity College où Barcroft et Adrian étaient installés. Le successeur de Cordier dans la chaire de physiologie de Lyon fut Henry Cardot. La chaire de Cardot portait le titre de Physiologie générale et comparée. Cardot fut également directeur du Laboratoire de biologie marine de Tamaris, rattaché à l'université de Lyon. Cardot décéda en 1942. Le physiologiste de Strasbourg Emile Terroine, installé à Lyon, maintint alors une activité en physiologie et reprit la chaire à la fin de 1945 ou au début de 1946. Plus directement impliquée dans l'électrophysiologie, Angélique Arvanitaki, installée à Lyon, pendant et après la guerre, comme chercheur au CNRS à la Faculté des sciences, avec peu de relations avec Cordier, apporta des contributions scientifiques fondamentales connues et appréciées d'Adrian. Cardot (dans le rapport sur un article soumis pour publication au *Journal de physiologie et de pathologie générale* à une date inconnue, rapport dont le manuscrit nous a été communiqué par Christian Bange), a écrit :

> L'œuvre scientifique de Mademoiselle Arvanitaki ne peut pas être appréciée par le seul examen de la publication ci-jointe. Etant la première à démontrer l'existence de processus sous-jacents à la genèse de l'influx nerveux, la première aussi à saisir la pleine portée de ce fait particulier du point de vue de la physiologie générale, à en tirer profit pour en démontrer l'intervention dans le passage de l'influx à travers les synapses pour interpréter ces fonctionnements rythmiques, nerveux et musculaires, et pour aborder enfin de façon pénétrante la physiologie du système nerveux central, but de ses recherches actuelles, Melle Arvanitaki a réalisé une réelle découverte qui marque une étape importante dans le progrès de la physiologie

nerveuse. Je ne crois pas me tromper et connais du reste l'opinion flatteuse, à l'égard de ses travaux, de certains de mes collègues spécialisés dans les recherches neurophysiologiques, notamment les Prof. H.S. Gasser, directeur de l'Institut Rockefeller à New York, et E.D. Adrian, Prix Nobel à Cambridge.

La Faculté de médecine de Strasbourg est une institution de grand prestige où se sont succédé, pendant des siècles, de grandes figures de la recherche médicale. Après la guerre, l'Institut de physiologie de la Faculté fut dirigé par un scientifique éminent, Charles Kayser. L'un de ses élèves, le physiologiste Charles Marx, passa plus d'une année, envoyé par Kayser, à Cambridge, pour travailler sous la direction de Bryan Matthews, collaborateur bien connu d'Adrian. Marx a séjourné à Cambridge aux côtés d'un autre jeune chercheur français, Édouard Coraboeuf (1926-1998), envoyé par Lapicque et travaillant sur la physiologie cardiaque à l'aide d'électrodes formées de micropipettes. Coraboeuf était inspiré par les travaux d'Alan Hodgkin. Quant à Charles Marx, il avait obtenu une bourse du Medical Research Council pour recevoir une formation d'électrophysiologiste. Il travailla sur les grenouilles, non sur les mammifères, n'ayant pas la licence nécessaire pour le faire et s'intéressa à la décharge des motoneurones en raison du fait qu'il avait observé à Strasbourg un cas d'intoxication par le mercure qui s'était traduit chez le patient par la synchronisation de la décharge des motoneurones, observée dans le contexte de l'électromyographie clinique. Ce phénomène pouvait être un moyen d'accès aux mécanismes de la dépolarisation membranaire. Travaillant sur les motoneurones de la grenouille, il les stimulait par un courant électrique continu qui produisait des séquences de décharges discontinues. C'était l'époque où la physiologie en France cherchait à s'affranchir des idées de Lapicque. Angélique Arvanitaki à Lyon travaillait selon des lignes similaires. Marx publia une note à la suite de son séjour à Cambridge. A son retour, il séjourna pendant un an à Bruxelles comme assistant de Frédéric Bremer avant de rentrer à Strasbourg où il fit carrière comme professeur de neurophysiologie à la Faculté de médecine. On lui doit en particulier un chapitre très important et classique sur la physiologie du neurone et son histoire dans le *Traité de physiologie* de Charles Kayser. Charles Marx, décédé en 2007, a également beaucoup soutenu l'histoire des sciences et de la médecine à la Faculté de Strasbourg.

A partir d'un petit nombre de témoignages, il est possible d'avancer les conclusions suivantes. Les relations entre physiologistes britanniques et français autour de la Seconde Guerre mondiale dépendirent de plusieurs facteurs. Les scientifiques français étaient pour la plupart de vrais anglophiles qui surent tirer parti de façon plus ou moins réussie de leurs collaborations scientifiques avec les laboratoires britanniques. Lapicque, avec sa manière controversée de concevoir et de pratiquer la physiologie, a surtout suscité une vive polémique avec l'école de Cambridge et des dommages collatéraux. A.V. Hill a déclaré que Lapicque avait ruiné la physiologie française pour une génération. Cependant les idées de Lapicque perdirent de leur crédit auprès des jeunes scientifiques français après la guerre. Les carrières de Fessard et d'autres physiologistes, débutées avant la Seconde Guerre mondiale, montrent combien un autre type de relations avec le Royaume-Uni a été salvateur. Les chercheurs de la génération suivante furent cependant beaucoup moins nombreux à aller se former en Angleterre et préférèrent les Etats-Unis. Il y avait peut–être à cela des raisons scientifiques. L'Angleterre, célèbre pour l'électrophysiologie, domaine assez faible en France, ainsi que pour la pharmacologie, domaine que nous n'avons pas pu considérer ici, était moins bien placée dans les études fonctionnelles anatomo-cliniques des centres nerveux. Au milieu des années cinquante, le lieu le plus attractif aux Etats-Unis était le Brain Research Institute à Los Angeles, dirigé par Horace Magoun, vraisemblablement en raison de la découverte du système réticulaire activateur ascendant par Moruzzi et Magoun en 1949, qui marqua toute la discussion neurophysiologique des années cinquante. Cependant, certaines relations franco–britanniques furent maintenues dans le sillage des travaux d'Hodgkin et Huxley, Prix Nobel de 1963, dans le domaine d'étude des perméabilités membranaires. Mais nous pouvons conclure que les relations franco–britanniques en physiologie furent particulièrement importantes et décisives juste avant et après la Seconde Guerre mondiale en raison d'un contexte anglophile favorable, de l'importance scientifique des écoles britanniques et de la nécessité pour la neurophysiologie française de se tourner vers des collaborations internationales.

Remerciements

Nous souhaitons remercier Jean Fessard pour la photographie reproduite, Christian Bange pour les nombreux renseignements mentionnés et Chantal Barbara pour la relecture.

Chapitre 19

Les relations franco-britanniques et l'industrie pharmaceutique : une perspective internationale sur l'histoire de Rhône-Poulenc

VIVIANE QUIRKE

Introduction

L'historiographie sur l'industrie pharmaceutique tend à souffrir d'une vision à la fois partielle et partiale, surtout lorsqu'elle émane des Etats-Unis, et qu'elle concerne la France[1]. Dans ce papier, j'essaierai de corriger cette vision, en contrastant ce que j'ai appris de l'histoire de Rhône-Poulenc au cours de mes recherches sur une partie (depuis lors détruite hélas) des archives du groupe français, avec ce qu'en ont dit les deux auteurs américains Lacy Thomas et Alfred Chandler. Dans un article intitulé

---

[1] Les travaux du britannique Michael Robson présentent une vision mieux équilibrée. Par exemple M. Robson, « The French pharmaceutical industry, 1919-39 », in J. Liebenau, G.J. Higby, and E.C. Stroud (éd.), *Pill peddlers: essays on the history of the pharmaceutical industry*, American Institute of the History of Pharmacy, Madison, WI, 1990, pp. 107-22 ; idem, « The pharmaceutical industry in Britain and France, 1919-1939 », thèse de doctorat, London School of Economics, 1993. Voir aussi S. Chauveau, *L'Invention pharmaceutique: la pharmacie française entre l'Etat et la société au XXe siècle*, Institut d'édition Sanofi-Synthélabo, Paris, 1999.

Echanges entre savants français et britanniques depuis le XVIIe siècle.
Robert Fox et Bernard Joly (éd.).

« Implicit industrial policy : the triumph of Britain and the failure of France in global pharmaceuticals », Thomas s'est servi de Rhône-Poulenc comme emblème de l'échec français dans le domaine pharmaceutique[2]. Son argument a été récemment repris par le gourou de l'histoire de l'entreprise, Alfred Chandler, dans son livre : *Shaping the industrial century : the remarkable story of the evolution of the modern chemical and pharmaceutical industries*, non seulement en ce qui concerne l'industrie du médicament, mais le secteur de la chimie en général[3]. Et pourtant, selon la perspective d'une autre partie du monde anglo-saxon, c'est à dire de l'autre côté de la Manche, l'histoire de Rhône-Poulenc est loin d'être un échec.

Au contraire, par ses relations étroites avec la firme britannique May & Baker, devenue sa filiale au moment de la fusion du groupe en 1928, Rhône-Poulenc a participé au développement de la chimiothérapie et à la création d'une industrie scientifique moderne en Grande Bretagne. A travers ces relations, j'espère donc combler certains oublis et corriger les méconnaissances qui en découlent, mais qui du fait de la présence industrielle américaine et de la prépondérance de la langue anglaise dans le monde, en sont venus à influencer l'historiographie. Je suivrai cette histoire en décrivant dans un premier temps les relations établies avant la seconde Guerre Mondiale, ensuite la coupure qu'a représenté le conflit, lorsque, à cause de l'Occupation, les relations entre Rhône-Poulenc et May & Baker se sont relâchées, au point de ne plus jamais être tout à fait les mêmes. Pour finir, je décrirai les échanges intenses qui ont suivi la Libération. Je terminerai sur la façon divergente dont l'industrie française et britannique ont vécu la période de l'après-guerre, jusque dans les années soixante-dix environ, lorsque de part et d'autre de la Manche le grand groupe français a su maintenir sa capacité innovante en dépit des difficultés du secteur.

Lacy Thomas et Alfred Chandler

Dans son article « Implicit industrial policy » Lacy Thomas a opposé le sort de l'industrie pharmaceutique française et britannique dans la deuxième moitié du XXe siècle, montrant comment les mesures prises par

---

[2] L.G. Thomas, « Implicit industrial policy: the triumph of Britain and the failure of France in global pharmaceuticals », *Industrial and Corporate Change*, 3 (1994), pp. 451-89.

[3] A.D. Chandler, *Shaping the industrial century: the remarkable story of the evolution of the modern chemical and pharmaceutical industries*, MIT Press, Cambridge, MA, 2005.

les gouvernements français sous Vichy et dans l'après-guerre ont handicapé le secteur du médicament en France, alors que la politique libérale de leurs homologues outre-Manche a au contraire armé l'industrie britannique pour la globalisation du secteur en stimulant la compétition et l'innovation :

> Shielded from the full competitive force of US and Swiss firms at home, French firms failed to adopt appropriate skills at innovation, marketing and global investment. Put differently, France won the battle of its domestic market at the cost of the global war[4].

A cela, se sont ajoutées la fragmentation du secteur et la prépondérance des laboratoires d'Etat en France, tandis que la Grande-Bretagne a bénéficié d'un véritable système d'innovation, mis en place dès la première Guerre Mondiale.

A.D. Chandler, dans son livre déjà cité, a repris cet argument, l'élargissant à travers l'histoire de Rhône-Poulenc au secteur de la chimie en général :

> The contrast between the British and French pharmaceutical industries is striking [...] Missing out on the therapeutic revolution created by the war, the French companies failed to become competitive in commercializing innovative drugs. As a result, the French government decided to play an increasingly significant role in shaping the structure of the industry and its competitive capabilities [...] as a result, the French industry was not, and had little prospect of becoming a major factor in the international markets[5].

Mettant l'accent sur le bilan négatif de la seconde Guerre Mondiale, Chandler a décrit comment l'Etat français a dû intervenir afin de protéger une industrie peu innovante contre ses rivaux, et comment cela a eu des conséquences néfastes pour la compétitivité du secteur à l'échelle internationale. Cette analyse s'accorde mal avec les résultats de mes recherches, effectuées dans les archives du groupe, et dont je me sers dans ce qui suit, ainsi que des ouvrages de Pierre Cayez sur Rhône-Poulenc et de Judy Slinn sur May & Baker[6].

---

[4] Thomas, « Implicit industrial policy », p. 482.

[5] Chandler, *Shaping the industrial century*, pp. 255-7.

[6] Ces recherches furent effectuées à l'occasion de ma thèse de doctorat. V. Quirke, « Experiments in collaboration: the changing relationship between scientists and pharmaceutical companies in Britain and France, 1935-1965 », thèse de doctorat, Université d'Oxford, 2000. Je remercie le Dr Claude Caillard, directeur de recherche à Rhône-

Rhône-Poulenc et May & Baker avant la seconde Guerre Mondiale : une évolution convergente

Poulenc Frères, créée en 1881, devenue les Etablissements Poulenc Frères en 1900 (voir figure 1)[7], est l'une des premières firmes pharmaceutiques françaises à entreprendre des activités de recherche, et à surveiller les développements outre-Rhin dans le domaine de l'application de la chimie organique de synthèse à l'industrie du médicament. En Grande Bretagne la situation est semblable. Burroughs Wellcome, la seule entreprise pharmaceutique britannique à avoir des laboratoires de recherche au début du XXe siècle, possède deux laboratoires principaux : un laboratoire de chimie, et un autre de physiologie. Y travaillent des chercheurs de haut niveau, dont certains deviendront membres de la Royal Society, ou comme Henry Dale obtiendront le prix Nobel. Pendant la Grande Guerre, un bon nombre d'entre eux seront attirés soit vers l'Institut national de la recherche médicale, le NIMR, tel Harold King, l'inventeur des diamidines contre le kala-azar (une trypanosomiase proche de la maladie du sommeil), soit par d'autres compagnies pharmaceutiques, tel Arthur Ewins, qui deviendra chimiste en chef à May & Baker en 1917, avant de devenir leur directeur de recherche.

A propos de May & Baker, une entreprise créée en 1834, et spécialisée dans la fabrication et commercialisation des produits pharmaceutiques, comparée à Poulenc et à Burroughs Wellcome elle soufre d'un retard dans le domaine de la chimie organique, qu'elle compense par l'achat de brevets[8]. Grâce à ses contacts de plus en plus étroits avec Poulenc, puis Rhône-Poulenc, May & Baker réussira à combler ce retard, au point où elle deviendra membre d'un petit groupe d'entreprises, parmi lesquelles elle est prisée surtout pour ses compétences en chimiothérapie, et vers lesquelles le gouvernement britannique se tournera durant la seconde Guerre Mondiale pour développer les antipaludéens et la pénicilline[9].

Poulenc-Rorer, et l'équipe des archives du centre de recherches de Vitry, qui en 1994-95 m'ont permis de travailler sur les archives de la direction scientifique et m'ont assistée dans mes recherches sur l'histoire du groupe.

[7] Les figures se trouvent en fin d'article. Je remercie Sanofi-Aventis et l'Institut Pasteur pour la permission de les reproduire.

[8] P. Cayez, *Rhône-Poulenc, 1895-1975*, Armand Colin/Masson, Paris, 1988, p. 69.

[9] V. Quirke, *Collaboration in the pharmaceutical industry: changing relationships in Britain and France 1935-1965*, Routledge, London/New York, 2008, Ch. 3.

1) Premières étapes du rapprochement entre Poulenc et May & Baker

En 1896, Maurice Meslans, ami de l'un des fondateurs de Poulenc Frères, Camille Poulenc, et professeur de pharmacie à l'université de Nancy, installe le premier laboratoire et centre d'essais de la société à Ivry-sur-Seine. Il y emploie les deux pharmaciens Ernest Fourneau et Francis Billon. Quatre ans plus tard, Poulenc élargit sa gamme de médicaments et entreprend l'élaboration de produits organiques. Pour ce faire, l'exemple des recherches outre-Rhin est suivi de très près. Celui-ci mène Fourneau à la Stovaïne (un des premiers anesthésiques de synthèse) en 1904. La même année, les activités de production et de recherche sont transférées d'Ivry à Vitry-sur-Seine. En 1905, à l'occasion d'un accord sur le procédé de fabrication et le prix de vente des sels de lithium, s'effectue un premier rapprochement entre May & Baker et Poulenc[10].

Entre temps, la recherche de médicaments synthétiques se poursuit à Ivry, où en 1909 Francis Billon s'inspire du Salvarsan (médicament anti-syphilitique) inventé par Paul Ehrlich dans son institut à Francfort en collaboration avec Hoechst, et développe l'Arsénobenzol et le Néoarsénobenzol. En 1911, le départ de Fourneau pour l'Institut Pasteur, où il devient chef du Laboratoire de Chimie Thérapeutique (LCT), marque le début d'une nouvelle phase dans l'histoire de la recherche pharmaceutique en France (voir figure 2). En collaboration avec Poulenc, puis Rhône-Poulenc, dont il sera membre du conseil d'administration, Fourneau construit autour de lui une équipe qui comprendra Jacques Tréfouël, futur directeur de l'Institut Pasteur, ainsi que Daniel Bovet (Prix Nobel en 1957). Ensemble, ils développeront non seulement des médicaments importants, mais aussi des connaissances fondamentales sur leurs propriétés physiologiques.

La guerre de 14-18 provoque de part et d'autre de la Manche l'interruption des importations de produits et l'annulation des brevets allemands, et incite de nombreuses firmes françaises et britanniques à entreprendre des activités de recherche. C'est l'occasion d'un rapprochement plus étroit entre May & Baker et Poulenc, qui en 1915 signent un accord pour fabriquer et vendre l'Arsénobenzol et le Néoarsenobenzol (connus en Grande Bretagne sous le nom d'Arsenobenzolbillon et Neoarsenobenzolbillon d'après son inventeur). Selon Cayez, « May & Baker accéda

---

[10] Cayez, *Rhône-Poulenc*, p. 47.

de la sorte aux premières étapes de la chimiothérapie. »[11] Un an plus tard, cet accord est accompagné d'un échange d'actions et d'administrateurs, qui comptent parmi eux deux amis, le français George Roché, et l'anglais Richard Blenkinsop (voir figure 3).

La guerre terminée, Roché articule les avantages réciproques des liens grandissants ente les deux entreprises :

> Il n'est pas discutable qu'il y ait un intérêt primordial pour les Ets Poulenc Frères et May & Baker à ce qu'il s'établisse une pénétration plus intime et plus profonde de la première dans la deuxième. Il demeure entendu que l'affaire anglaise devrait conserver quoi qu'il arrive son caractère national. (...) Il faut que les Ets Poulenc Frères disposent à leur gré d'une maison anglaise pour l'exploitation du marché britannique[12].

2) De la fusion du groupe en 1928 à la seconde Guerre Mondiale

En 1928 a lieu la fusion entre Poulenc et la Société Chimique des Usines du Rhône (SCUR), qui donne naissance à Rhône-Poulenc. Les réticences du côté britannique – émanant surtout de la famille Blenkinsop, malgré l'amitié qui la lie à George Roché – sont petit à petit balayées, et May & Baker devient filiale à part entière du nouveau groupe[13]. La nouvelle usine May & Baker, construite à Dagenham en 1934, et en partie modelée sur celle de la SCUR à Saint-Fons près de Lyon, symbolise le rapprochement aussi bien entre les pratiques industrielles des deux côtés de la Manche, qu'entre les deux entreprises.

Puis, en 1935 se produit à Paris un évènement qui va transformer la recherche pharmaceutique. L'équipe de Fourneau, qui dans les années 20 et 30 a développé bon nombre de médicaments, tel le Stovarsol (contre la syphilis et la trypanosomiase), le Moranyl (contre la maladie du sommeil) et la Rhodoquine (contre le paludisme), fabriqués par Rhône-Poulenc et vendus par sa filiale pharmaceutique Spécia, découvre que la partie active du nouveau produit antibactérien de la firme allemande Bayer, le *Prontosil rubrum*, est en fait le groupe sulfamide incolore[14]. Cette découverte bouleverse l'idée, qui jusque là dominait la chimiothérapie, que l'activité bactéricide est liée aux propriétés colorantes des molécules. Qui plus est,

---

[11] Ibid., p. 70.
[12] Ibid., p. 89.
[13] Ibid., pp. 26-8.
[14] D. Bovet, *Une Chimie qui guérit: histoire de la découverte des sulfamides*, Payot, Paris, 1988.

le sulfamide est connu depuis longtemps, et ne peux pas être breveté. Il devient donc le point de départ de nombreuses recherches pour trouver un médicament plus efficace et brevetable, en Grande Bretagne comme en France.

En 1936, Spécia lance le Septoplix. Celui-ci est suivi en 1937 par le M&B 693 – la sulphapyridine, mieux connue en France sous le nom de Dagenan (d'après Dagenham), et devenue célèbre après avoir guéri Winston Churchill de la pneumonie à un des moments les plus critiques de la guerre[15]. La découverte du sulfamide blanc amène aussi le concurrent britannique de Rhône-Poulenc dans le domaine de la chimie, Imperial Chemical Industries (ICI), à entreprendre pour la première fois des recherches pharmaceutiques dans les laboratoires de la division des colorants[16].

Ainsi, vers la fin des années 30, May & Baker commence à faire preuve d'une capacité innovante qui rivalise avec celle de la maison mère. Cette capacité est encore plus frappante lorsque l'on considère le développement des diamidines, une nouvelle série synthétisée par l'ancien collègue de Ewins, Harold King, et développée en collaboration avec l'école de médecine tropicale de Liverpool. Ewins s'inspire de cette découverte pour développer la stilbamidine, et plus tard la pentamidine. La seconde Guerre Mondiale survient donc à un moment où May & Baker est mieux à même de profiter de son indépendance par rapport à Rhône-Poulenc. En fait, la coupure de la guerre représente un tournant important dans leurs relations, qui ne seront plus les mêmes par la suite[17].

La coupure de la seconde Guerre Mondiale

Anticipant les problèmes de communication provoqués par le conflit, en 1939 Rhône-Poulenc transmet à sa filiale britannique « toutes les indications nécessaires pour réaliser indépendamment les fabrications brevetées. »[18] Un an plus tard, le gouvernement de Vichy saisit les biens contrôlés par l'ennemi, dont les actions de May & Baker appartenant à Rhône-Poulenc. D'après les documents consultés, et selon l'histoire officielle de May & Baker, la perte de contact devient plus ou moins totale à

---

[15] J. Slinn, *A History of May & Baker, 1834-1984*, Hobsons Ltd., Cambridge, 1984.
[16] V. Quirke, « From evidence to market : Alfred Spinks's 1953 survey of new fields for pharmacological research, and the origins of ICI's cardiovascular programme », in V. Berridge and K. Loughlin (éd.), *Medicine, the market and the mass media: producing health in the twentieth century*, Routledge, London/New York, 2005, pp. 146-71.
[17] Ibid., p. 126.
[18] Cayez, *Rhône-Poulenc*, p. 147.

partir de ce moment-là. Les liens ne seront renoués qu'après la victoire en Europe en 1945[19]. Les versements unilatéraux imposés dès 1941 par Bayer à Spécia révèlent la situation précaire dans laquelle se trouve plongée Rhône-Poulenc, désormais sous le contrôle d'IG Farben. Celui-ci pèse surtout sur la branche pharmaceutique, et contraint le groupe français à dévoiler le fruit de ses recherches dans ce domaine. Les diamidines illustrent le dilemme que cela cause pour Rhône-Poulenc :

> Ces produits ont indubitablement un gros intérêt, mais comme ils sont nés en Angleterre, que les essais ont été jusqu'ici presque exclusivement effectués par des Anglais, en partie en liaison avec le Gouvernement, il nous paraîtrait indélicat et peu correct d'en parler dès maintenant à l'IG[20].

Selon mes sources, il est difficile de savoir si Rhône-Poulenc a tenu bon. Mais suivant les travaux de Guillaume Lachénal, il semblerait que la perte de contact avec May & Baker ait amené Spécia à développer leur propre version des diamidines, sous la forme d'un sel différent, pour usage dans les colonies françaises de l'ouest africain[21]. Dans l'ensemble, Rhône-Poulenc paraît avoir soigneusement choisi les informations à transmettre à l'IG : alors que c'est oui pour les antihistaminiques de synthèse, ce sera non pour la pénicilline.

1) L'épopée des antihistaminiques de synthèse[22]

En 1937 au LCT, Daniel Bovet et Anne-Marie Staub se lancent à la recherche de molécules capables de bloquer les effets de l'histamine. Ils en identifient deux, la 929 F et la 1571 F (le « F » étant pour Fourneau qui les a synthétisées), qui semblent avoir les propriétés requises. Cependant, toutes deux s'avèrent trop toxiques pour être utiles en clinique. Le projet passe donc aux chimistes de Rhône-Poulenc, qui fabriquent toute une série de dérivés, testés dans les laboratoires pharmacologiques du groupe par Bernard Halpern et son assistante France Walthert. La guerre interrompt leurs recherches, et après avoir été mobilisé, puis pris dans la

---

[19] Ibid., pp. 142-4.
[20] Rhône-Poulenc Santé (RPS) IG Farben: 18 April 1941.
[21] G. Lachenal, « Biomédecine et décolonisation au Cameroun, 1944-1994. Technologies, figures et institutions médicales à l'épreuve », thèse de doctorat, Université de Paris 7, 2006.
[22] Pour en savoir plus, lire : V. Quirke, « War and change in the pharmaceutical industry: a comparative study of Britain and France in the twentieth century », *Entreprises et Histoire*, 36 (2004), pp. 64-83, et autres contributions à ce numéro.

débâcle, Halpern, qui est diplômé en médecine, travaille pour un temps comme médecin de campagne en Ardèche. Mais peu après, contraint par les nouvelles lois de Vichy d'abandonner son poste parce qu'il est juif, qui plus est d'origine étrangère, il fait appel à Rhône-Poulenc, et se retrouve dans les laboratoires de la SCUR à Saint-Fons. Grâce à la présence d'instruments de recherche amenés de Vitry, et de Walthert, elle aussi partie de Paris pour la zone libre, il peut y poursuivre ses travaux sur les antihistaminiques. C'est ainsi qu'en 1942 il découvre la phenbenzamine (2339 RP, Antergan).

Deux évènements surviennent alors qui vont menacer la vie de Halpern et de sa famille. D'un part, selon l'accord signé avec l'IG en 1941, Rhône-Poulenc est contraint de révéler les progrès accomplis dans le domaine des antihistaminiques[23]. D'autre part, Halpern publie le résultats de ses recherches dans la revue belge des *Archives internationales de pharmacodynamie et thérapie*[24]. Cela a pour effet d'attirer l'attention des autorités allemandes, qui contrôlent dorénavant la zone sud de la France[25]. Poursuivi par la Gestapo, Halpern et sa famille parviennent avec l'aide de la Résistance à s'enfuir en Suisse.

Entre temps, Walthert a réintégré les laboratoires de Vitry, où Bovet la rejoint[26]. Ensemble, il reprennent les études sur les antihistaminiques. C'est ainsi qu'en 1944 ils développent le mépyramine maléate (2786 RP, Néo-Antergan). A la Libération, Halpern revient lui aussi à Paris, où il s'attaque à une nouvelles série de dérivés, les phénothiazines, synthétisées par le chimiste de Rhône-Poulenc Paul Charpentier. Ces travaux le conduisent à la prométhazine (3277 RP, commercialisée en 1948 sous le nom de Phénergan). Au cours de ces recherches, est fabriqué le 3276 RP, qui servira de base pour la chlorpromazine (4560 RP, Largactil, lancé en 1953)[27].

Contrairement à ce qu'a écrit Chandler, malgré les circonstances difficiles de l'Occupation, il y a donc innovation en France, particulièrement

---

[23] RPS IG Farben : 13 mars 1942.

[24] B.N. Halpern, « Les antihistaminiques de synthèse. Essais de chimiothérapie des états allergiques », *Archives internationales de pharmacodynamie et de thérapie*, 68 (1942), pp. 339-408.

[25] Voir L. Chevassus-au-Louis, *Savants sous l'Occupation : enquête sur la vie scientifique française entre 1940 et 1944*, Le Seuil, Paris, 2004, pp. 15-20.

[26] Quirke, *Collaboration in the pharmaceutical industry*, Ch. 4.

[27] S. Massat-Bourrat, « Des phénothiazines à la chlorpromazine : les destinées multiples d'un colorant sans couleur », thèse de doctorat, Université Louis Pasteur, Strasbourg, 2004.

dans le domaine pharmaceutique[28]. Qui plus est, grâce aux filiales de Rhône-Poulenc situées en pays neutres tel l'Espagne, et grâce à l'usine de la SCUR à la Plaine, située entre Genève et la frontière, les informations circulent de façon indirecte entre la France et l'Angleterre, y compris des rapports techniques sur la pénicilline. Plus tard, grâce aux réseaux de la Résistance, des échantillons de pénicilline parviendront à circuler eux aussi.

2) La pénicilline, de la Résistance à la Libération

En 1942, Rhône-Poulenc prend donc connaissance des premiers travaux anglais sur la pénicilline[29]. Mais ce n'est que l'année suivante, lorsqu'il apprend l'intérêt grandissant des allemands pour l'antibiotique, que le directeur de recherche du groupe, Raymond Paul, contacte le bactériologiste Federico Nitti à l'Institut Pasteur, dans le but de se joindre à ce qu'il appelle la « course à la pénicilline. »[30] Nitti est un bon choix, car ayant participé aux travaux sur les sulfamides il est bien connu de Rhône-Poulenc. En outre, étant communiste, il est sans doute mieux à même de rester discret auprès du gouvernement de Vichy et des autorités allemandes[31].

A partir d'un échantillon que l'écossais Alexander Fleming avait confié à la mycothèque de l'Institut, Nitti entreprend donc en secret la culture du champignon. En octobre 1943, il envoie cette culture à Vitry, pour qu'en soit extraite la substance antibactérienne. Dès la fin du mois, le groupe se charge de la culture ainsi que de l'extraction, progressant du demi-grand au grand au début de 1944. Les quantités produites sont faibles, mais permettent malgré tout d'effectuer des premiers essais cliniques à l'Hôpital Pasteur, puis sur une plus grande échelle à l'Hôpital Broussais[32]. La fin de la guerre en Europe encourage le groupe à accroître sa production, et le gouvernement provisoire lui demande de construire

---

[28] P. Cayez, « Négotier et survivre : la stratégie de Rhône-Poulenc pendant la seconde Guerre Mondiale », *Histoire, Economie et Société*, 4 (1993), pp. 479-91 ; voir aussi S. Chauveau, « L'Etat français et l'industrie pharmaceutique : modernisme, corporatisme et réquisitions », in O. Dard, J.-C. Daumas, et F. Marcot (éd.), *L'Occupation, l'Etat français et les entreprises*, A.D.H.E., Paris, 2000, pp. 347-60.
[29] Ceux-ci sont sans doute les articles du *Lancet* datant de 1940 et 1941. Quirke, *Collaboration in the pharmaceutical industry*, Ch. 3-4.
[30] RPS 186, Pénicilline I : 5 mai 1943.
[31] J. Bernard, *La pénicilline*, Corréa, Paris, 1947, pp. 32-3.
[32] RPS 186, I: Dr Cosar, « Débuts de la pénicilline à Vitry » (15 mai 1944).

une nouvelle usine afin de procurer de la pénicilline à la division du général Leclerc.

En attendant qu'elle n'ouvre, le gouvernement prévoit dans Paris un centre pour la culture en surface du champignon. Il se situera dans la rue Cabanel, et sera dirigé par des médecins militaires avec l'assistance technique de l'Institut Pasteur. Pour se mettre au fait des progrès réalisés pendant la guerre en Grande Bretagne aussi bien qu'aux Etats-Unis, en septembre est donc créée une « Mission de la Pénicilline » rattachée à la Mission Scientifique Française en Grande Bretagne[33]. Elle inclut des chercheurs du CNRS, de l'Institut Pasteur, ainsi que des officiers responsables du Centre Cabanel, et véhicule des informations non seulement scientifiques et techniques, mais aussi concernant l'organisation de la recherche de l'autre côté de la Manche[34]. En octobre a lieu un colloque international, l'« International Conference on the Penicillin Standard », auquel la France est le seul des pays occupés à participer, reconnaissant les travaux qui y ont été accomplis pendant la guerre, et symbolisant sa réinsertion dans le camp allié.

Avant même que la construction du Centre Cabanel ne soit achevée, l'usine de Rhône-Poulenc se met en marche, le 1er février 1945. La pénicilline qui y est fabriquée est donc extraite, non de bouillons de culture, mais de l'urine de soldats américains, que les français surnomment la « pipiline »[35]. A partir d'avril, celle-ci est remplacée par les cultures produites par le Centre Cabanel. En août, s'inspirant de l'industrie britannique, en train de changer sa méthode de production en faveur de la culture en profondeur, qui fut inventée aux Etats-Unis et dont les rendements sont bien supérieurs à la culture en surface qui jusque là domine l'industrie de la pénicilline en Grande Bretagne comme en France, Rhône-Poulenc demande au Ministre de la Santé Publique d'être libéré de ses obligations afin de pouvoir signer un contrat avec la firme américaine Merck[36].

Pour résumer le bilan de la guerre : elle a des conséquences positives sur la capacité innovante du groupe, mais aussi des effets négatifs,

---

[33] D.T. Zallen, « Le cycle Rapkine et la mission Rapkine, le développement de la recherche médicale en France », *Sciences sociales et santé,* 10 (1992), pp. 11-23; D. Dosso, « Louis Rapkine (1904-1948) et la mobilisation scientifique de la France libre », thèse de doctorat, Paris VII, 1998, pp. 369-78.

[34] Quirke, *Collaboration in the pharmaceutical industry*, Ch. 4.

[35] P. Broch, J. Kerharo, J. Netick, et J. Desbordes, *Une Expérience française de récupération de la pénicilline*, Vigot Frères, Paris, 1945, p. 9.

[36] RPS 186, I : lettre de Rhône-Poulenc au Ministre de la Santé Publique (7 août 1945).

notamment une perte grave de marchés extérieurs[37]. Les chiffres que nous donne Pierre Cayez sont parlants. Ce n'est qu'en 1958 que les exportations de Rhône-Poulenc retrouvent leur niveau d'avant guerre, c'est à dire vingt pour cent des ventes, tandis qu'au même moment May & Baker exporte jusqu'à soixante pour cent de sa production[38].

Mais l'écart qui se crée pendant la guerre est autant psychologique qu'économique. En témoigne Daniel Bovet, qui dans une lettre confie à Raymond Paul ses impressions des Etats-Unis, glanées au cours d'une tournée de conférences sur les antihistaminiques :

> En ce qui concerne notre point de vue, à nous Européens, je suis revenu pleinement optimiste et convaincu qu'il nous reste beaucoup de place dans le domaine des recherches. Toute question politique mise à part, les américains se précipitent tête baissée sur la voie d'un capitalisme gigantesque qui laisse de moins en moins de place à notre individualisme, à la personne et au génie latin[39].

Dans une note séparée, Filomena Bovet-Nitti, la femme de Bovet, et sœur de Nitti, met elle aussi l'accent sur les impressions négatives que son mari a retenues d'Amérique :

> Daniel trouve les Etats-Unis un pays affreux, et les américains des gens polarisés sur les antibiotiques et les antihistaminiques dans le but principal de gagner beaucoup d'argent. Il m'écrit qu'il nous reste un monde à découvrir, auxquels ils ne songent pas[40].

Les sentiments anti-américains ne sont pas d'aujourd'hui[41] !

Une évolution divergente dans l'après-guerre ?

En plus des missions de la pénicilline effectuées en Angleterre et aux Etats-Unis pour prendre connaissance des travaux réalisés pendant la guerre, de nombreuses visites sont échangées entre Rhône-Poulenc et

---

[37] Chauveau, *L'Invention pharmaceutique*, 2ᵉ Partie.

[38] Cayez, *Rhône-Poulenc*, p. 173.

[39] RPS Daniel Bovet: Début à ... (11 nov. 1947).

[40] Ibid., (1 oct. 1947).

[41] Sur les relations complexes entre la France et l'Amérique dans le domaine scientifique, voir J.-P. Gaudillière, *Inventer la biomédecine: la France, l'Amérique et la production des savoirs du vivant*, La Découverte, Paris, 2002; J. Krige, *American hegemony and the postwar reconstruction of science in Europe*, MIT Press, Cambridge, MA, 2006, Ch. 4-5.

May & Baker afin de renouer les liens entre les deux entreprises. C'est ainsi qu'en juin 1945 s'effectue une première visite de Raymond Paul et Joseph Koetschet (directeur technique de Rhône-Poulenc) à Londres. Trois mois plus tard, leurs homologues britanniques, Arthur Ewins et R.W.E. Stickings, se rendent à Paris. En novembre, a lieu la deuxième visite de Paul et Koetschet à Londres. Ces échanges mènent à un nouvel accord commercial, signé par les représentants des deux entreprises en 1946[42].

Une constatation résulte de ces aller-et-retours : May & Baker, qui a participé aux grands projets anglo-américains sur les antipaludéens et la pénicilline, est sortie de la guerre forte de nouvelles connaissances en chimiothérapie, ainsi que de ses liens avec le gouvernement britannique[43]. Qui plus est, sous l'influence d'un nouveau directeur, l'américain T.B. Maxwell, May & Baker acquiert une structure multi-divisionnelle, inspirée des structures entrepreneuriales américaines, et entame une nouvelle période d'expansion[44]. Dans les années 1950-60, May & Baker enrichit donc le groupe, à la fois par ses recherches propres, et par sa contribution à la diffusion des nouveaux médicaments issus du nouveau centre de recherche de Vitry, le Centre Nicolas Grillet (voir figure 4). Cela se fera suivant les deux axes principaux nés de la guerre : 1) les antibiotiques ; 2) les antihistaminiques de synthèse, et les médicaments du système nerveux central qui en découlent.

1) Les antibiotiques

Malgré sa participation au développement de la pénicilline pendant la seconde Guerre Mondiale, May & Baker demeure relativement faible dans le champs des antibiotiques, alors que Rhône-Poulenc acquiert des compétences considérables dans ce domaine. Ceci se produit surtout avec la streptomycine, que le groupe fabrique, tout comme la pénicilline, sous licence Merck. A cette occasion, Rhône-Poulenc entreprend un vaste programme de récolte de streptomyces provenant du monde entier, qui le conduira à la spiramycine, la pristinamycine, et surtout à la daunorubicine. Cette dernière est l'un des premiers médicaments efficaces contre

---

[42] RPS 10063 : dossier May & Baker.
[43] Ibid., « Visite à la Société May & Baker » (2 nov. 1945).
[44] Slinn, *May & Baker*, p. 143.

le cancer, plus précisément les leucémies, à être produits par le groupe, et elle est toujours en usage aujourd'hui[45].

Malgré ces inégalités entre Rhône-Poulenc et sa filiale britannique dans le champs antibiotique, il y aura collaboration entre elles sur un nouveau procédé de fabrication pour le chloramphénicol, qui permettra au groupe de contourner le brevet de Parke-Davis, donc de produire l'antibiotique indépendamment de l'entreprise américaine[46].

2) Les médicaments de synthèse

Dans le domaine de la chimie organique de synthèse, il y a non seulement les sulfamides et les antihistaminiques, mais aussi les médicaments du système nerveux central qui en découlent : un des premiers curarisants de synthèse, le Flaxedil, issu des recherches de Bovet poursuivies dans un premier temps à l'Institut Pasteur, et par la suite à Vitry ; le Parsidol contre la maladie de Parkinson ; et surtout le premier neuroleptique, le Largactil. Ce dernier va transformer la pratique de la psychiatrie, donner naissance à une nouvelle discipline scientifique, la psychopharmacologie, et stimuler la recherche pharmaceutique[47]. La diffusion rapide de la chlorpromazine à travers le monde témoigne non seulement des mérites du nouveau médicament, mais aussi du succès de la stratégie commerciale de Rhône-Poulenc, qui s'appuie sur May & Baker pour commercialiser le Largactil en Grande Bretagne et dans le Commonwealth, et sur SmithKline & French pour le vendre aux Etats-Unis[48].

A la même époque, May & Baker, devenue innovante à son propre titre, développe des médicaments pour le traitement des maladies cardiovasculaires. S'inspirant des travaux de James Black à ICI, la filiale britannique découvre un des bêta-bloquants dont l'historien américain Thomas chante les louanges : l'acébutolol, commercialisé par Spécia sous

---

[45] F. Gambrelle, *Innover pour la vie : Rhône-Poulenc, 1895-1995*, Albin Michel, Paris, 1995, pp. 34-5.

[46] Slinn, *May & Baker*, p. 160.

[47] A.E. Caldwell, *Origins of psychopharmacology: from CPZ to LSD*, Charles C. Thomas, Springfield, IL, 1970 ; J.-P. Olie, D. Ginestet, G. Jollès, et H. Lôo (éd.) *Histoire d'une découverte en psychiatrie: 40 ans de chimiothérapie neuroleptique*, Doin, Paris, 1992 ; D. Healy, *The Antidepressant Era*, Harvard University Press, Cambridge, MA, 1997 ; E.M. Tansey, « 'They used to call it psychiatry': aspects of the development and impact of psychopharmacology », in M. Gijswijt-Hofstra and R. Porter (éd.), *Cultures of psychiatry and mental health care in postwar Britain and the Netherlands*, Rodopi, Amsterdam, 1998, pp. 79-101.

[48] J. Swazey, *Chlorpromazine in psychiatry; a study of therapeutic innovation*, MIT Press, Cambridge, MA, 1974, 2e Partie.

le nom de Sectral dans les années soixante-dix. Entre les deux entreprises s'instaurent donc des relations plus égales, basées sur leurs compétences dans des niches thérapeutiques complémentaires. Pourtant, à la différence des bêta-bloquants, et malgré son impact non seulement sur la médecine psychiatrique, mais aussi sur l'industrie pharmaceutique, la chlorpromazine semble avoir été « oubliée » par Thomas et Chandler – un oubli qui ne s'excuse pas par la langue puisqu'il existe plusieurs livres en anglais sur l'histoire de la chlorpromazine.

Un autre oubli consiste en l'existence de relations réciproques entre Rhône-Poulenc et Merck. Contrairement à ce qu'a écrit Roy Vagelos, ancien président des Laboratoires Merck, selon lequel ils auraient traditionnellement refusé de vendre tout produit qu'ils n'aient pas inventé eux-mêmes (la « not invented here mentality » qu'il avait dû changer afin d'assurer la compétitivité du groupe dans les années soixante-dix)[49], dès l'entre-deux-guerres Merck signe un accord pour fabriquer et vendre certains produits Spécia aux Etats-Unis. Cet accord est renouvelé en 1947, permettant à Merck d'accéder entre autres au Néo-Antergan et au Phénergan, au Flaxedil, au Diparcol et au Parsidol[50]. En échange, Rhône-Poulenc obtient des informations scientifiques et techniques sur les antibiotiques, la vitamine B_{12} et la cortisone[51]. Encore une fois, ces relations sont donc beaucoup plus égales que ne le suggère l'historiographie anglophone.

Conclusions

Par ses liens étroits avec May & Baker, établis pendant la première Guerre Mondiale, Rhône-Poulenc a non seulement contribué à la création d'une industrie scientifique moderne en Grande Bretagne, il a produit des médicaments qui ont eu un impact considérable sur la pratique médicale et la recherche pharmaceutique dans le monde. Cet impact a perduré malgré l'interruption des relations franco-britanniques pendant la seconde Guerre Mondiale, au-delà des années soixante-dix, lorsque de part et d'autre de la Manche le grand groupe français a su maintenir sa capacité innovante en dépit des difficultés du secteur, notamment avec le Taxotère, une innovation qui, tout comme la chlorpromazine, est fréquemment

---

[49] R. Vagelos et L. Galambos, *Medicine, science, and Merck*, Cambridge University Press, Cambridge/New York, 2004, p. 131.
[50] RPS 10285: « Visite des Drs Major et Molitor » (20 mai 1948).
[51] Ibid., « Entretien avec Mr Georges de Merck » (13 mai 1949).

« oubliée » par les auteurs anglo-saxons[52]. En décrivant l'évolution des rapports entre l'entreprise française et sa filiale britannique, ainsi que des médicaments auxquels ils ont donné naissance, j'espère donc avoir apporté des éléments pour une correction de la vision partielle et partiale qui émane parfois de l'historiographie anglophone.

Malgré tout, l'on doit se demander dans quelle mesure notre histoire ne se termine pas mal pour May & Baker. Celle-ci, qui n'effectue plus de recherches, et dont le nom a disparu, symbole de sa place réduite au sein du groupe, fut la victime des fusions successives – d'abord avec la compagnie américaine Rorer pour former Rhône-Poulenc-Rorer (une fusion mal gérée et désastreuse pour Rhône-Poulenc d'après Thomas)[53], ensuite Aventis, et finalement Sanofi-Aventis.

Cette question nous amène au-delà du sujet de cette contribution. Quelle qu'en soit l'explication, j'espère cependant avoir montré :

1) qu'une histoire de l'industrie pharmaceutique doit prendre en compte d'autres mesures que les cotes en bourse et la valeur des actions. Elle doit donner une place centrale à l'innovation et l'impact médical de ses produits, tous deux « oubliés » dans cette histoire telle qu'elle est racontée par Thomas et Chandler ;

2) qu'il faut éviter les préjugés qui viennent d'un regard rétrospectif, et qui mènent souvent à une histoire à la fois partielle et partiale ;

3) pour cela, il faut préserver les archives industrielles.

Références

Bernard, J. (1947). *La pénicilline*. Paris : Corréa.

Bovet, D. (1988). *Une Chimie qui guérit: histoire de la découverte des sulfamides*. Paris : Payot.

Broch, P., Kerharo, J., Netick, J. et Desbordes, J. (1945). *Une Expérience française de récupération de la pénicilline*. Paris : Vigot Frères.

Caldwell, A.E. (1970). *Origins of psychopharmacology: from CPZ to LSD*. Springfield, IL: Charles C. Thomas.

Cayez, P. (1988). *Rhône-Poulenc, 1895-1975*. Paris : Armand Colin/Masson.

Cayez, P. (1993). « Négocier et survivre : la stratégie de Rhône-Poulenc pendant la seconde Guerre Mondiale », *Histoire, Economie et Société*. 4, pp. 479-91

Chandler, A.D. (2005). *Shaping the industrial century : the remarkable story of the evolution of the modern chemical and pharmaceutical industries*. Cambridge, MA: MIT Press.

---

[52] V. Walsh et M. Le Roux, « Contingency in innovation and the role of national systems: taxol and taxotère in the USA and France », *Research Policy*, 33 (2004), pp. 1307-27.

[53] Thomas, « Implicit industrial policy », note 7, p. 485.

Chauveau, S. (1999). *L'Invention pharmaceutique: la pharmacie française entre l'Etat et la société au XXe siècle*. Paris : Institut d'édition Sanofi-Synthélabo.

Chauveau, S. (2000). « L'Etat français et l'industrie pharmaceutique : modernisme, corporatisme et réquisitions ». In *L'Occupation, l'Etat français et les entreprises*, éd. O. Dard, J.-C. Daumas, et F. Marcot. Paris : A.D.H.E., pp. 347-60.

Chevassus-au-Louis, L. (2004). *Savants sous l'Occupation: enquête sur la vie scientifique française entre 1940 et 1944*. Paris : Le Seuil.

Dosso, D. (1998). « Louis Rapkine (1904-1948) et la mobilisation scientifique de la France libre ». Thèse de doctorat, Paris 7.

Gambrelle, F. (1995). *Innover pour la vie : Rhône-Poulenc, 1895-1995*. Paris : Albin Michel.

Gaudillière, J.-P. (2002). *Inventer la biomédecine: la France, l'Amérique et la production des savoirs du vivant*. Paris : La Découverte.

Halpern, B.N. (1942). « Les antihistaminiques de synthèse. Essais de chimiothérapie des états allergiques ». *Archives internationales de pharmacodynamie et de thérapie*, 68, pp. 339-408.

Healy, D. (1997). *The Antidepressant Era*. Cambridge, MA: Harvard University Press.

Krige, J. (2006). *American hegemony and the postwar reconstruction of science in Europe*. Cambridge, MA : MIT Press.

Lachenal, G. (2006). « Biomédecine et décolonisation au Cameroun, 1944-1994. Technologies, figures et institutions médicales à l'épreuve ». Thèse de doctorat, Université de Paris 7.

Massat-Bourrat, S. (2004). « Des phénothiazines à la chlorpromazine : les destinées multiples d'un colorant sans couleur ». Thèse de doctorat, Université Louis Pasteur, Strasbourg.

Olie, J.-P., Ginestet, D., Jollès, G. et Lôo, H. (éd.) (1992). *Histoire d'une découverte en psychiatrie: 40 ans de chimiothérapie neuroleptique*. Paris: Doin.

Quirke, V. (2000). « Experiments in collaboration: the changing relationship between scientists and pharmaceutical companies in Britain and France, 1935-1965 ». Thèse de doctorat, Université d'Oxford.

Quirke, V. (2004). « War and change in the pharmaceutical industry: a comparative study of Britain and France in the twentieth century ». *Entreprises et Histoire*, 36, pp. 64-83.

Quirke, V. (2005). « From evidence to market : Alfred Spinks's 1953 survey of new fields for pharmacological research, and the origins of ICI's cardiovascular program ». In *Medicine, the market and the mass media: producing health in the twentieth century*, éd. V. Berridge and K. Loughlin. London-New York: Routledge, pp. 146-71.

Quirke, V. (2008). *Collaboration in the pharmaceutical industry : changing relationships in Britain and France 1935-1965,* London-New York: Routledge.

Robson, M. (1990). « The French pharmaceutical industry, 1919-39 ». In *Pill peddlers: essays on the history of the pharmaceutical industry*, éd. J. Liebenau, G.J. Higby, and E.C. Stroud. Madison, WI: American Institute of the History of Pharmacy, pp. 107-22.

Robson, M. (1993). « The pharmaceutical industry in Britain and France, 1919-1939 ». Thèse de doctorat, London School of Economics.

Slinn, J. (1984). *A History of May & Baker, 1834-1984*. Cambridge: Hobsons Ltd.

Swazey, J. (1974). *Chlorpromazine in psychiatry; a study of therapeutic innovation*. Cambridge, MA: MIT Press, 1974.

Tansey, E.M. (1998). « 'They used to call it psychiatry': aspects of the development and impact of psychopharmacology ». In *Cultures of psychiatry and mental health care in postwar Britain and the Netherlands*, éd. M. Gijswijt-Hofstra and R. Porter. Amsterdam: Rodopi, pp. 79-101.

Thomas, L.G. (1994). « Implicit industrial policy : the triumph of Britain and the failure of France in global pharmaceuticals ». *Industrial and Corporate Change*, 3, pp. 451-89.

Vagelos, R. et Galambos, L. (2004). *Medicine, science, and Merck*, Cambridge-New York: Cambridge University Press.

Walsh, V. et Le Roux, M. (2004). « Contingency in innovation and the role of national systems: taxol and taxotère in the USA and France ». *Research Policy*, 33, pp. 1307-27.

Zallen, D.T. (1992). « Le cycle Rapkine et la mission Rapkine, le développement de la recherche médicale en France ». *Sciences sociales et santé*, 10, pp. 11-23.

Figure 1

La boutique Poulenc Frères à Paris au début du XXe siècle

Source : phototèque du centre de recherches de Vitry, Sanofi-Aventis

Figure 2

Le Laboratoire de chimie thérapeutique (LCT) dans les années trente

Source: photothèque de l'Institut Pasteur

Figure 3

Le Conseil d'Administration de la SCUR en bateau sur le Rhône
(mai 1920)

Source : phototèque du centre de recherches de Vitry, Sanofi-Aventis.

Figure 4

Photo aérienne du Centre Nicolas Grillet dans les années cinquante

Source : phototèque du centre de recherches de Vitry, Sanofi-Aventis.

Index des noms propres

Adam, Charles, 4.
Adrian, Edgar Douglas, XXIX, 285-296.
Alain (Emile Chartier), 272.
Albe-Fessart, Denise, 291-293.
Alembert, Jean le Rond d', 100n, 103n, 132, 169, 187.
Algarotti, Francesco, 167.
Ampère, André Marie, 258.
Andral, Gabriel, 247n.
Anson, George, 168.
Apollonius, 108.
Arago, François, 215-224.
Archimède, 108, 113, 113n.
Arvanitaki, Angélique, 294-295.
Aspin, Jehoshaphat, 208.
Atkinson, Edmund, 257.
Atlan, Henri, 182.
Aubert, Jean, imprimeur, 146, 146n, 151.
Auger, Victor, 271n, 276, 278, 279n, 281.
Auzout, Adrien, 17n, 23n, 160.
Babbage, Charles, XXVII, 187-95.
Bacon, Francis, 30n, 120-124, 127, 132, 182.
Badinter, Elisabeth, 166.
Baer, Karl Ernst Von, 225, 232.
Baglivi, Giorgio, 181.
Baillière, Germer, XXIX, 245, 246-247, 251-259.
Baillière, Hippolyte, XXIX, 244-245, 248-259.
Baillière, Jean-Baptiste, XXIX, 245-249, 252-259.
Baker, Henry, 141-142.
Baker, John, 283.
Balan, Bernard, 228-229.
Bange, Christian, 294.

Banks, Joseph, 170, 219.
Barcroft, Joseph, 294.
Barlet, Annibal, 36, 37.
Baron, Annette, 291.
Barry, Martin, 231, 232.
Bartholin, Erasmus, 18.
Bathurst, Ralph, 37.
Batteux, Charles, 47n.
Bayle, Pierre, XXVI, 45-47, 52-58, 159-160.
Beale, John, 18.
Beaumont, John, 96.
Becquerel, Antoine César, 258.
Beeckman, Isaac, 2-3.
Beeson, David, 166.
Beguin, Jean, 29n, 31.
Behr, Henri, 269.
Berge, Matthew, 218-219.
Berger, Hans, 289.
Berkeley, George, 111, 113n.
Bernal, John, 266-267, 270, 272-273, 276-283.
Bernard, Claude, 247n.
Bernouilli (les), 102.
Bernouilli, Jean, 100n, 102n, 127.
Bert, Paul, 247n.
Berthoud, Ferdinand, 151.
Bézout, Etienne, 117-118.
Bichat, Xavier, 247n.
Bignon, Jean-Paul, XXV, 81-97, 127.
Billon, Francis, 301.
Binns, William, 209, 212.
Biot, Jean-Baptiste, XXVIII, 258, 215-224.
Biquard, Pierre, 266, 275.
Biran, Maine de, 95.
Birch, Thomas, 27n, 169.
Bird, John, 226.

Black, James, 310.
Blackett, Patrick, 266-267, 273, 275, 277-282.
Blagden, Charles, xxv, 170, 217.
Blanchard, Jean-Baptiste, 139, 144, 149.
Blay, Michel, 99, 100.
Blenkinsop, Richard, 302.
Blum, Léon, 271n.
Boethius, 2-3.
Bonet-Maury, Paul, 279-280.
Bonnet, Henri, 271n.
Boole, George, 194.
Borda, Charles, chevalier de, 170, 216, 219.
Borel, Emile, 279n.
Boscovich, Roger Joseph, 170.
Bosquet, Joseph Augustin Hubert de, 258.
Bossange, éditeur et libraire, 251n.
Bosse, Abraham, 203n.
Bossut, Charles, 100n, 117-118.
Bouchardat, Apollinaire, 257n.
Bougainville, Louis-Antoine de, 117.
Bouguer, Pierre, 128, 150, 166, 168.
Bouillaud, Jean-Baptiste, 6n.
Bouillet, Jean, 68.
Boukharine, Nokolaï, 267n.
Bourdelin, Claude, 42n.
Boussingault, Jean-Baptiste, 255.
Bovet, Daniel, 301, 304-305, 308, 310.
Bovet-Nitti, Filomena, 308.
Bowrey, Thomas, 96.
Boyle, Robert, xxiv, 28-31, 33n, 35n, 41, 41n, 42, 42n.
Bradley, James, xxv, 119-133.
Bradley, Thomas, 209, 212, 217.
Breguet, Abraham-Louis, 219.
Bremer, Frédéric, 295.
Brézillac (Dom), 114n.
Brockliss, Laurence, 100.
Brougham, Henry, Lord, 211-212.
Brouncker, William, 5, 8, 16.
Browne, Edward, 37.
Brown-Séquard, Charles-Edouard, 247n, 255.
Brunet, Jacques, 269.
Brunet, Pierre, 70, 100, 166.
Buffon, Georges Louis Leclerc, 73, 100n, 101, 104-109, 117, 169.

Burgers, Jan, 279-280.
Burnet, Thomas, 37, 162.
Buser, Pierre, 291.
Buzon, Frédéric de, 4, 8.
Byzance, Louis, 100n.
Campani, Giuseppe, 17.
Camus, Etienne, 117.
Canguilhem, Georges, 182.
Cappeau, Marguerite, veuve Girard, 143, 146, 146n, 151, 154.
Cardot, Henri, 294.
Carpenter, William, 231-232.
Carré, Louis, 100n, 103n, 111.
Carus, Carl Gustav, 225, 238.
Cassini de Thury, César François [Cassini III], xxiv, 169, 170, 216, 218.
Cassini, Giovanni Domenico (Jean-Dominique) [Cassini I], xxiv, 14-24, 160-161, 164, 216.
Cassini, Jacques [Cassini II], 85n, 153n, 164-165, 216.
Cassini, Jean-Dominique [Cassini IV], 170-171 , 217.
Castel, Louis Bertrand, xxvi, 101-105, 110, 117.
Caswell, John, 16.
Cavalieri, 105n.
Caventou, Joseph-Bienaimé, 247n.
Celsius, Anders, 167-168.
Cerda, Tomas, 155.
Chandler, Alfred, 297-299, 305, 311-312.
Chanet, Pierre, 46.
Charles I, 179.
Charles II, 15-16, 37-38.
Charleton, Walter, 8.
Charpentier, Paul, 305.
Charron, Pierre, 47.
Cheyne, George, 102n.
Chmielewski, Ignacy, 155.
Churchill, A. and J., libraires, 92, 248.
Churchill, Winston, 303.
Clairaut, Alexis Claude, xxv, 69, 72, 74, 75, 77, 100n, 103n, 120, 125-132, 149, 169.
Claret de Fleurieu, Pierre, 154.
Clarke, Timothy, 39.
Clavius, Christopher, 105n.

Cockroft, John, 277.
Cogniot, Georges, 270.
Colbert, Jean-Baptiste, 17, 18n, 160, 161.
Colson, John, 105-106.
Condé, prince de Clermont, 173.
Condillac, Etienne Bonnot de, XXVII, 188-195.
Conduitt, John, 75.
Cook, James, 219.
Copernic, Nicolas, 122.
Coraboeuf, Edouard, 295.
Cordier, Daniel, 292, 294.
Corréard, Rodolphe, 139, 144.
Costabel, Pierre, 70, 100.
Côtes, Roger, 102n.
Cottereau, voir Du Clos.
Courtivron, Gaspar le Compasseur marquis de, 144.
Cousinery, Barthélémy Edouard, 204n.
Coxe, Thomas, 40.
Craige, John, 102n.
Cramer, Gabriel, 67, 69, 114n, 115, 115n.
Croone, William, 39.
Crosland, Maurice P., 243-244, 250.
Crowther, James, 266, 273, 275-280.
Crozet, Claude, 204n.
Cruveilhier, Jean, 247n.
Cudworth Masham, Francis, 60n.
Cudworth, Ralph, XXVI, 45-63.
Cureau de la Chambre, Marin, 46-47.
Curie, Paul Francis, 253.
Cuvier, Georges, XXVIII, 225-240.
Dale, Henry Hallett, 287, 300.
Daniel, Gabriel, 59n.
Darlington, Cyril, 277.
Darwin, Charles, XXVIII, 225-240, 248, 249, 258.
Darwin, Erasmus, 234.
Daudin, Henri, 228-229.
Dautry, Raoul, 276.
Davaine, Casimir-Joseph, 247n.
Davisson, William, 32, 36, 37.
Davy, Humphrey, XXVII.
De Beer, Gavin, XXVII, 83n.
De Clave, Etienne, 28n.
De Morgan, Augustus, 189n.
Deidier, Antoine (M. l'abbé) 111.
Delambre, Jean-Baptiste, 218-219, 222-223.

Delay, Jean, 293.
Deleuze, Joseph-Philippe-François, 247n, 254.
Delisle, Joseph-Nicolas, 136, 145.
Dell, Paul, 292-293.
Derand, François, 203n.
Desaguliers, Jean Théophile, 72, 141, 165, 166.
Descartes, René, XXV, 1-12, 30n, 67, 71, 100n, 103, 104, 164-165, 180, 182.
Desmond, Adrian, 225n, 228-229, 231.
Destutt de Tracy, Antoine Louis Claude, 189, 194-195.
Desventes (libraire-imprimeur), 173.
Diderot, Denis, 169.
Digby, Kenelm, 35n, 36, 39, 41.
Dimitrov, Georgi, 270.
Dirac, Paul, 276, 279, 279n.
Dixon, Jeremiah, 170.
Dollond, John, 131, 148.
Donné, Alfred, 247n.
Dortous de Mairan, Jean-Jacques, XXV, 67-77.
Du Châtelet, Gabrielle Emilie, marquise, 69, 74, 101, 167.
Du Chesne, Joseph, 33.
Du Clos, Samuel Cottereau, 41, 41n, 42n.
Du Potet de Sennevoy, Jules Denis, 247n, 254.
Dudgeon, Robert Ellis, 253n.
Dufay, Charles, 92.
Dugès, Antoine, 230n.
Duhamel du Monceau, Henri-Louis, 72, 137.
Duhamel, Jean-Baptiste, 46, 92.
Dumas, Jean-Baptiste, 255.
Dumeril, Achille, 229.
Dumeril, André Marie, Constant, 220.
Dunsford, Harris, 253.
Dupin, Charles, XXVIII.
Dupuytren, Guillaume, 247n.
Dürer, Albrecht, 206n.
Dutrochet, Henri, 247n.
Duval-le-Roy, Nicolas-Claude, 149-150.
Dyche, Thomas, 141, 143.
Eccles, John, 291.
Echlin, Francis, 290.
Edmonston, Thomas, 220-221.
Ehrenberg, Christian Gottfried, 258.

Ehrlich, Paul, 301.
Elliotson, John, 254, 257.
Ellis, Robert Leslie, 210.
Epps, John, 253n.
Eratosthenes, 163.
Euclide, 113.
Euler, Leonhard, 103n, 114n, 115n, 116, 118.
Evelyn, John, 28n, 35, 35n, 36, 41.
Ewins, Arthur, 300, 303, 309.
Fabre, Pierre-Jean, 33.
Faraday, Michael, 258.
Farish, William, xxix, 204-207.
Fauque de Jonquière, Jean-Philippe-Ernest de, 77.
Feldberg, Wilhelm Siegmung, 291.
Féraud, Jean-François, 162-163.
Fessard, Alfred, xxx, 286, 288-293, 296.
Flamsteed, John, xxiv, 15-24.
Fleming, Alexander, 306.
Flourens, Pierre, 247n.
Folkes, Martin, 69, 75, 91, 169.
Fontaine, Alexis, 103n.
Fontenelle, Bernard le Bovier de, 72, 85, 103, 106-107, 153, 159, 164-165, 181.
Fortin, Nicolas, 219.
Foucault, Michel, 176, 228-229.
Fourneau, Ernest, 301-302, 304.
Fournier (libraire-imprimeur), 173.
Fox Talbot, William Henry, 249, 258.
Franklin, Benjamin, 168.
Frédéricq, Henri, 292.
Fresnel, Augustin, 131.
Frezier, Amédée François, 203n.
Friedmann, Georges, 269.
Galilée, xxiii, 30n, 105n, 120.
Ganot, Adolphe, 256-257.
Gassendi, Pierre, 30n.
Gasser, Herbert Spencer, 285, 288, 292, 295.
Gastaut, Henri, 293.
Gayet, René, 292.
Geoffroy Saint-Hilaire, Etienne, xxviii, 225-240.
Geoffroy Saint-Hilaire, Isidore, 230.
Geoffroy, Claude Joseph, 87n.
Geoffroy, Etienne François, 87n.

George III, 216.
Gérando, Joseph Marie de, 188-189, 191-195.
Gergonne, Joseph 195.
Girard, François, 146n.
Girard, veuve, voir Cappeau Marguerite.
Glaser, Christophle, 37.
Glauber, Rudolph, 33.
Glisson, Francis, 46.
Goddard, Jonathan, 39-41.
Godin, Louis, 166, 169.
Goethe, 226, 228.
Golinski, Jan Victor, 42n.
Graham, George, 167-168, 216.
Graham, Thomas, 256-257.
Grandjean de Fouchy, Jean-Paul, 72, 86-87, 169.
Granger, Gilles Gaston, 125n.
Grant, Robert, 251-252, 255.
Granvill, Joseph, 120.
'sGravensande, Willem Jacob, 114, 115n.
Gregory, David, 102n.
Gregory, Duncan Farquharson, 189n.
Gregory, Richard, 268, 277.
Grew, Nehemiah, xxvi, 45-63.
Grey Walter, William, 293.
Guibelet, Jourdain, 46.
Guillo, Dominique, 228-229.
Guillot, Natalis, 247n.
Guldin, Paul, 105n.
Hachette, Jean Nicolas Pierre, 199.
Hadamar, Jacques, 271n.
Haeckel, Ernst, 232.
Hahnemann, Samuel, 253.
Halban, Hans, 277.
Haldane, John, 270, 276-277.
Haldat, Charles Nicholas Alexandre de, 258.
Hall, Marshall, 255-257.
Hall, T. G., 204.
Halley, Edmund, 17, 72, 84, 119n, 121, 159, 215-216.
Halpern, Bernard, 304-305.
Hamilton, Edward, 253n.
Hammond, William, 39.
Harrison, John, 150-154.
Harrison, William, 152.
Harvey, William, 46, 182.
Hassall, Arthur Hill, 255-257.

Heather, John Fry, 204.
Helmont, voir Van Helmont.
Henderson, William, 253n.
Henshaw, Thomas, 40, 40n.
Heredia, Marcelle de, 287.
Herschel, John F. W., 195.
Hevelius, Johannes, 14, 18, 22-23.
Highley, Samuel, 248.
Hill, Archibald, 271, 287-288, 296.
Hobbes, Thomas, 30n.
Hodgkin, Alan, 295-296.
Hogben, Lancelot Thomas, 270, 277.
Holton, Gerald, 229.
Hooke, Robert, 2, 22, 41n, 92, 159.
Hooker, William Jackson, 257.
Hopkins, Gowland, 272.
Humboldt, Alexander von, 222.
Hunter, John, 226, 231n.
Huxley, Aldous, 272-273.
Huxley, Andrew, 296.
Huxley, Julian, 272, 274n, 276-277, 279, 279n, 281, 283.
Huygens, Christian, 17n, 18, 41n, 161.
Huygens, Constantijn, 3, 7.
Huygens, Christiaan, 161.
Jackson, Richard, 206n.
Jallabert,Jean, 67, 69.
James II, 16-18.
Jaquemet, Claude, 100n.
Jasper, Herbert, 293.
Joliot-Curie, Frédéric, 266-267, 270, 273n, 276, 278-282.
Joliot-Curie, Irène, 273, 273n, 281, 283.
Jombert, Charles-Antoine, 136, 139-140, 156.
Joncourt, Elie de, 114n, 140.
Jones, Richard (Pyrophile), 43.
Jousse, Mathurin, 203n.
Juan y Santacilia, Jorge, 168.
Jussieu, Bernard de, 72, 92, 165, 169.
Kater, Henry, 219.
Kayser, Charlese, 295.
Keir, James, 160.
Kepler, Johannes, 6-7, 23, 105n.
King, Harold, 300, 303.
Kircher, Athanasius, 2.
Klingenstierna, Samuel, 131, 148, 149n.
Knapp, Friedrich Ludwig, 256, 257.
Koetschet, Joseph, 309.

Kohn, David, 237n.
Kossowski, Mikolaj, 155.
Kuhn, Thomas, 181, 181n.
L'Hôpital, Guillaume François Antoine, marquis de, 99n, 100n, 101, 102n, 103, 106, 127.
La Condamine, Charles Marie de, 136, 145, 166, 168-169.
La Hire, Philippe de, 127.
La Rive, Auguste Arthur de, 258.
La Rue, Jean-Baptiste de, 213.
Labérenne, Paul, 279.
Lacaille, Nicolas Louis de, 114, 125, 144-145, 150, 153, 169-170, 216, 218.
Lacroix, Sylvestre-François, XXVII, 100n, 117-118, 187.
Lafontaine, Charles, 247n.
Lagrange, Joseph-Louis, 100n.
Lagrange, Louis, 139, 144, 149, 156.
Lalande, Joseph-Jérôme de, 145, 151.
Lalouvère, Antoine de, 105n.
Lamarck, 227, 228n.
Lamoignon de Basville, 89.
Lamy, Bernard, 100n.
Langevin, Paul, 267, 269, 270, 271n, 272, 273n, 276.
Langley, Batty, 203n.
Langlois, Claude, 216.
Lapicque, Louis, XXX, 271n, 287-289, 292-293, 295-296.
Laplace, Pierre Simon, 187.
Laporte, Yves, 292.
Laugier, Henri, 271, 276-277, 281.
Lavirotte, Louis-Aimé, 75, 108.
Lavoisier, Antoine Laurent, 192.
Le Clerc, Jean, XXVI, 45-63.
Le Cozic, XXVI, 101, 114-117.
Le Febvre, Nicaise, XXIV, 27-43.
Le Monnier, Pierre Charles, 141, 169.
Legendre, Adrien Marie, 170, 217.
Leibniz, 100, 102, 105-106, 115, 127-128, 182.
Lemery, Nicolas, 37.
Lenoir, Etienne, 170, 216.
Levy, Hyman, 270, 276-277.
Liebig, Justus von, 252, 255.
Locke, John, 37, 59n, 60-62.
Longchambon, Henri, 276-277.
Longman, éditeur, 248.

Louis XIV, 84.
Louis, Pierre Charles Alexandre, 247n.
Lower, Richard, 37.
Lowry, Wilson, 208.
Lowthorp, John, XXVI.
Lucas, Keith, 285-287.
Maclaurin, Colin, XXV, 67-77, 99n, 101, 108, 109-118, 139-141, 147.
Macquer, Pierre Joseph, 160.
Magnol, Pierre, 83.
Magoun, Horace, 296.
Maine de Biran, Pierre, 195.
Mairan, Jean Jacques Dortous de, 164-165.
Maire, Christophe, 137, 170.
Malassis, Romain, 149.
Malebranche, Nicolas, 46, 57, 100n.
Malthus, Thomas, 238, 241.
Manfredi, Gabriele, 128n.
Maraldi, Jacques-Philippe, 70.
Marey, Etienne-Jules, 286-287.
Marie (abbé), 114.
Marx, Charles, 295.
Masham, Damaris, Lady, 60n.
Maskelyne, Nevil, 151-154.
Mason, Charles, 170.
Mathieu, Claude-Louis, 219.
Matthews, Brian Harold Cabot, 296, 289-290, 294.
Maupertuis, Pierre Louis Moreau de, 71, 100n, 125, 159, 165-167, 218.
Maurepas, Jean-Frédéric Phélypaux de, 136.
Mauss, Marcel, 271n.
Maxwell, T. B., 309.
Mayer, André, 276.
Mayer, Tobias, 150, 216.
McNiven, Hellen, 67.
Méchain, Pierre François, 170, 217-218.
Meckel, Johann Friedrich, 232.
Mengoli, Pietro, 10.
Mercator, Nicolaus, 10.
Mersenne, Marin, 2.
Meslans, Maurice, 301.
Metz (monsieur de), duc de Verneuil, 36.
Metzger, Hélène, 269.
Midorge, Claude, 105n.
Millington, Thomas, 37.
Millot, Jacques, 276.

Milne Edwards, Henri, 258.
Mineur, Henri, 269.
Mitchell, Mr., 208.
Moivre, Abraham de, 102n, 166.
Molyneux, William, 17.
Monge, Gaspard, XXIX, 187, 199-212.
Monnier, Alexandre, 288, 292-293.
Monnier, Andrée, 292-293.
Montaigne, Michel Eyquem de, 46.
Montcarville, Robert Benet de, 139, 141.
Montucla, Jean-Etienne, 100, 112n, 113.
Morand, Sauveur François, 92.
More, Henry, 45-46.
Morey, Robert, 37-39, 42n.
Morland, Samuel, 89.
Morlot, Adolf von, 248.
Moruzzi, Giuseppe, 296.
Mossy, Jean, 145-146, 146n.
Mott, Nevill, 278, 279n.
Mouraille, Jean-Raymond Pierre, 145.
Moxon, Joseph, 203n.
Mudge Richard, 220.
Mudge, William, 218-221, 223.
Müller, Johann, 225n, 256.
Murdoch, Patrick, 149.
Nachmansohn, David, 291.
Napier, John, 6.
Napoléon, XXVII.
Naquet, Robert, 293.
Naruszewicz, Kazimierz Adam, 155-156.
Needham, John Turberville, 169.
Needham, Joseph, 266, 270, 275, 277-282.
Newton, Isaac, XXIV, 10, 18, 67-77, 91, 101, 102n, 103-106, 110-111, 112n, 113n, 114-115, 115n, 117, 125, 131-132, 153n, 161, 162, 164-165, 181, 182.
Nicholson, Peter, 207-210, 216, 218.
Nicole, François, 70, 103n.
Nitti, Frederico, 306.
Nollet, Jean Antoine, 92.
Oken, Lorenz, 229.
Oldenburg, Henry, 14, 16, 18-19, 22, 41, 43, 159.
Orbigny, Alcide Dessalines d', 258.
Orfila, Matthieu, 247n.
Ortiz, Eduardo, XXVII.

Ospovat, Don, 228-229.
Otegem, Matthijs van, 3, 7, 8.
Owen, Richard, 226, 230, 255, 257, 232-233.
Ozanam, Jacques, 160.
Panckoucke, Charles, 173.
Paracelse, Théophraste, 33.
Pardies, Ignace Gaston, 46.
Paul, Raymond, 306, 308-309.
Peacock, George, 189n.
Pell, John, 3.
Pemberton, Henry, 71.
Perrin, Jean, 271n, 273, 274, 276, 278, 279n, 281.
Petty, William, 37.
Pezenas, Esprit, XXVI, 101, 109-114, 117, 135-157.
Piazzi de Palerme, Giuseppe, 217.
Picard, Jean, 17n, 23n, 163-165, 215.
Picavet, François, 188n.
Piéron, Henri, 288.
Piorry, Pierre Adolphe, 247.
Pitot, Bernard, 72.
Place, Francis, 16n.
Poczobut, Martin Odlanicki, 155-156.
Poisson, Nicole, 8-9.
Polanyi, Michael, 283.
Poncelet, Jean Victor, 97, 212.
Pontchartrain, Louis Phélypeaux, comte de, 84-85.
Pouillet, Claude Servais Mathias, 256.
Poulenc, Camille, 301.
Prenant, Marcel, 269.
Prichard, James Cowles, 257.
Queckett, John, 255-257.
Ramsden, Jesse, 216, 218-219.
Raphson, Joseph, 160.
Rapkine, Louis, 266, 271, 275-278, 281.
Ratte, Etienne de, 139-140.
Rayer, Pierre François Olive, 247n, 251.
Réaumur, René-Antoine Ferchault de, 70.
Rémond de Montfort, Pierre, 92, 100n.
Rémond, Antoine, 292-293.
Renau d'Elisagaray, Bernard, 100n.
Reyneau, Charles, 100n, 102n, 111, 128.
Richards, Robert, 228-229.
Richer, Jean, 161.

Rivet, Paul, 271n, 272, 274.
Rivoire, Antoine, 142.
Robin, Charles Philippe, 247n.
Robinet, André, 100.
Roché, Georges, 302.
Rodrigez, 219.
Roemer, Ole Cristensen, 17n, 123.
Roger, Jacques, 108.
Rolle, Michel, 127.
Rollin, Jacques, 139.
Rondet, 101, 105.
Rouillé, Antoine-Louis, 136-137.
Rousseau, Georges, 181.
Roy, William, 169, 170-171, 216-217.
Rupert, le Prince, 38n.
Rushton, William, 287.
Rutherford, Ernest, 272.
Saint-Jacques de Silvabelle, Guillaume, 145-146.
Saint-Vincent, Grégoire de, 105, 108.
Sallier, Claude, 169.
Sand, Alexander, 290.
Sartre, Jean-Paul, 283.
Saunderson, Nicholas, 114, 115n, 139.
Saurin, Joseph, 70, 100n, 103n.
Sauveur, Joseph, 99n, 100n.
Savary, Thomas, 178, 181.
Schelling, 226, 228.
Scherrer, Jean, 291.
Schooten, Frans van, 3, 7.
Schreiner, Christopher, 105n.
Schröder, Johann, 33.
Secord, James A., 243-244.
Séguier, Jean-François, 142.
Seguin, Dominique, 146n.
Seguin, François, 146n, 151, 154.
Seignebos, Charles, 271n.
Serres, Etienne, 230, 231n, 232.
Shaftesbury, Anthony Ashley Cooper, Third Earl of, 60n.
Shapley, Harlow, 179n.
Short, James, 137.
Silberstein, Ludwick, 188n.
Simson, Robert, 69, 74.
Sivers, Heinrich, 18.
Sloane, Hans, XXV, 72, 81-97, 159, 165.
Sloane, Phillip, 228-229.
Smirke, Robert, 142, 207.
Smith, Crosbie W., 243-244, 250.

Smith, Robert, 102n, 144, 146-151, 154.
Snow, Charles Percy, 273.
Sopwith, Thomas, 206.
Sorbière, Samuel, 30n, 37.
Soula Camille, 292.
Spinoza, Benedict de, 56n.
Stahl, Peter, 37.
Staub, Anne-Marie, 304.
Stephanini, Jean, 143.
Stickings, Ralph William Ewart, 309.
Stirling, James, 69.
Stone, Edmund, XXVI, 99n, 101-104, 111, 117.
Strakey, George, 33n, 40n.
Straton of Lampascus, 56n.
Sturdy, David, XXV.
Sydenham, Thomas, 179, 182.
Talbot, Gilbert, 39.
Tannery, Paul, 4.
Tauc Ladislav, 291.
Taylor, Brook, 102n, 128n, 143n.
Terral, Mary, 166.
Terroine, Emile, 294.
Teste, Alphonse, 247n, 254-255.
Thomas, Lacy, 297-299, 310-312.
Thomson, Robert Dundas, 252.
Thomson, Thomas, 252-253, 256.
Topham, Jonathan R., 244n, 248.
Torricelli, 105n.
Toulouse, Edouard, 288.
Tournefort, Joseph Pitton de, 83.
Tréfouël, Jacques, 301.
Treuttel and Würtz, libraires, 251n.
Trousseau, Armand, 247n.
Tschirnhaus, Ehrenfried Walther von, 86.
Turquet de Mayerne, Théodore, 37n.
Ulloa, Antonio de, 168.
Urbain, Georges, 271n.
Urban, Hjame, 27.
Vacher, Caroline, 271n.
Vagelos, Roy, 311.
Vaillant, Paul, 95n.
Valenciennes, Auguste, 229.
Valéry, Paul, 271n.
Van Helmont, Jean-Baptiste, 33.
Varignon, Pierre, 100n, 127.
Vermuyden, Cornelius, 39.
Vernon, Edward, 168.
Viviani, Vincenzo, 108.

Voltaire, François Marie Arouet, 71, 73, 108-109, 159-160, 165-167.
Waddington, Conrad, 276-277.
Waller, Richard, 92n.
Wallis, John, 37, 102n, 105n.
Wallon, Henri, 269, 283.
Walmesley, Charles, 101, 169.
Walsh, Benjamin Dann, 258.
Walthert, France, 304-305.
Ward, John, 139-140.
Webster, drawing clerk, 208.
Weddell, Hugh Algernon, 258.
Weigel, libraire, 253, 257.
Whewell, William, 230.
Whistler, Daniel, 39.
Williamson, Joseph, 37.
Willis, Thomas, XXVII, 173-184.
Windheim, Christian Ernst von, 47.
Wolf, Chrétien, 114n, 115n, 220.
Wolff, Christian, 62-63.
Woolf Leonard, 273.
Woolf, Virginia, 272-273.
Worden, John, 17.
Wren, Christopher, 15, 37, 180.
Young, Thomas, 131.
Zach, Franz-Xaver baron de, 138.
Zarlino, Gioseffo, 2, 3.
Zuckerman, Solly, 276, 278, 281-282.
Zwelfer, Johann, 33.